U0058266

旗　標　事　業　群

好書能增進知識　提高學習效率　卓越的品質是旗標的信念與堅持

Flag Publishing

http://www.flag.com.tw

Flag Publishing

http://www.flag.com.tw

不二桜 著

最強
大公開！Excel 達人の表の並べ替え・作り替えテクニック Bible
2013 / 2010 / 2007 適用
Excel
資料整理術
三步驟
搞定

感謝您購買旗標書,
記得到旗標網站
www.flag.com.tw

更多的加值內容等著您…

● FB 官方粉絲專頁:旗標知識講堂

● 旗標「線上購買」專區:您不用出門就可選購旗標書!

● 如您對本書內容有不明瞭或建議改進之處, 請連上旗標網站, 點選首頁的 聯絡我們 專區。

若需線上即時詢問問題,可點選旗標官方粉絲專頁留言詢問, 小編客服隨時待命, 盡速回覆。

若是寄信聯絡旗標客服emaill, 我們收到您的訊息後,將由專業客服人員為您解答。

我們所提供的售後服務範圍僅限於書籍本身或內容表達不清楚的地方, 至於軟硬體的問題, 請直接連絡廠商。

學生團體　訂購專線:(02)2396-3257 轉 362
　　　　　傳真專線:(02)2321-2545

經銷商　　服務專線:(02)2396-3257 轉 331
　　　　　將派專人拜訪
　　　　　傳真專線:(02)2321-2545

國家圖書館出版品預行編目資料

三步驟搞定!最強 Excel 資料整理術
Excel 2013/2010/2007 適用 /
大公開!Excel 達人の表の並べ替え・
作り替えテクニック Bible
不二 桜 著;許淑嘉, 牛瑞雰 譯
臺北市:旗標, 2015.1　面;　公分

ISBN 978-986-312-233-3(平裝附光碟片)

1.EXCEL(電腦程式)

312.49E9　　　　　　　　　103019934

作　　者/不二桜

翻譯著作人/旗標科技股份有限公司

發 行 所/旗標科技股份有限公司

　　　　　台北市杭州南路一段15-1號19樓

電　　話/(02)2396-3257(代表號)

傳　　真/(02)2321-2545

劃撥帳號/1332727-9

帳　　戶/旗標科技股份有限公司

執行企劃/林佳怡

執行編輯/林佳怡

美術編輯/薛詩盈・薛榮貴・陳慧如

封面設計/古鴻杰

校　　對/林佳怡

新台幣售價:490 元

西元 2020 年 11 月 初版 10 刷

行政院新聞局核准登記-局版台業字第 4512 號

ISBN　978-986-312-233-3

版權所有・翻印必究

DAIKOKAI!Excel TATSUJIN NO HYO NO NARABEKAE.
TSUKURIKAE TECHNIQUE BIBLE by Sakura Fuji
Copyright©2013 Sakura Fuji
All rights reserved.
Original Japanese edition published by Gijutsu-Hyoron
Co., Ltd.,Tokyo
This Complex Chinese edition is published by
arrangement with Gijutsu-Hyoron Co.,Ltd., Tokyo in care
of Tuttle-Mori Agency, Inc., Tokyo

Complex Chinese Character translation copyright
©2019 by Flag Technology Co.,Ltd.

序

當我們在 EXCEL 表格裡輸入完資料與公式後, 若想要依照自己的想法改變表格的呈現形式, 便可能需要將資料重新排序或套入各種數據。所以本書幫我們整理出各種相關的密技。

「想要做出完美的表格, 卻怎樣也不能如意…, 等到東弄西弄終於完成自己滿意的表格時, 卻已經浪費掉很多的時間跟力氣了…」

這樣的情況是否常常上演呢?

「明明只需要插入空格, 卻因為資料筆數太多, 必須不停地重複同樣的操作…啊!實在有夠麻煩!有時候會不會想這樣大喊呢?」

本書的目的, 便是為了讓讀者們可以將更改表格時所遇到的困難及麻煩一次解決, 並且用最快的方法完成下一個步驟。

希望本書能在各位讀者們使用 EXCEL 時派上用場。

最後, 對於本書的出版給予大力相助的**技術評論社**編輯部的**荻原祐二**先生及**勝俣真弓**副編輯長, 謹在此致上深深謝意。

不二 桜

關於光碟

本書書附光碟收錄了各章的範例檔案, 方便您一邊閱讀、一邊操作練習, 讓學習更有效率。使用本書光碟時, 請先將光碟放入光碟機中, 稍待一會兒就會出現**自動播放**交談窗, 按下**開啟資料夾以檢視檔案**項目就會看到如下的畫面:

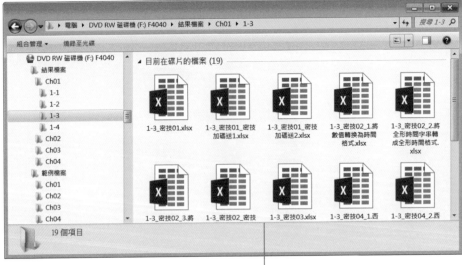

逐一點開各章及各節資料夾, 即可瀏覽範例檔案, 在檔案上雙按即可開啟

各章的範例檔案分別存放在「範例檔案」及「結果檔案」資料夾中,「範例檔案」裡收錄的是未經 Excel 公式處理或設定格式的「原始資料」檔, 方便您開啟後跟著書中的內容做練習。「結果檔案」裡存放的檔案, 則是經過公式計算、設定過格式後的「執行結果」檔, 方便您對照完成後結果。

各個範例檔案是依照章、節的順序來存放, 檔案名稱則是依書中的密技順序來命名, 例如第 1 章 1-1 節的密技01, 其範例檔案的命名方式為「1-1_密技01.xlsx」、第 3 章 3-1 節的密技08則是以「3-1_密技08.xlsx」來命名、…請依此類推。

本書各個密技下還包含了「密技加碼送」專欄, 其範例檔案的命名方式同樣依密技順序命名, 並且加上 "密技加碼送" 做標示。例如第 3 章 1-1 節的密技05底下的密技加碼送專欄, 其範例檔案名稱為「3-1_密技05_密技加碼送.xlsx」。若密技加碼送專欄不只一個, 則會再加上順序編號。

此外, 書中的範例檔案有少數含有巨集指令, 其副檔名為 *.xlsm, 當您開啟檔案時會出現如下的提示訊息, 請按下【啟用內容】鈕就可開啟檔案做編輯。

若是不想每次開啟檔案都要做確認, 那麼您可以調整 Excel 的巨集安全性設定。請切換到**檔案**頁次, 點選**選項**項目, 開啟 **Excel 選項**交談窗, 如下操作:

① 切換到**信任中心**頁次

② 點選此鈕

④ 在此區設定巨集的安全性

停用所有巨集 (事先通知) 為預設選項, 當開啟含有含巨集指令時, 就會出現通知

③ 切換到**巨集設定**頁次

若是不想每次在開啟巨集檔案都出現通知, 可選擇此項, 這樣日後開啟含有巨集指令的檔案時就不會跳出通知。選擇此項, 請勿開啟來路不明的檔案, 以免遭受惡意的巨集程式攻擊

目 錄

第 1 章 資料轉換的整理術

1-1　活用空白的表格整理術 1-2

密技 01　將相同的日期資料整合成一個！ 1-2

密技 02　插入空白列來區隔不同日期！ 1-4

密技 03　在每一筆資料下隔列插入空白 1-6

密技 04　在舊表格更改資料後, 讓新表格也能同步更新！ 1-8

密技 05　一次刪除「含有空白儲存格」的整列資料 1-11

密技 06　在跳號的地方插入空白列 1-12

1-2　通訊錄的整理術 1-17

密技 01　省略公司名稱中的「有限公司」、「股份有限公司」 1-17

密技 02　忘記輸入「股份有限公司」、「有限公司」時自動跳出通知 1-22

密技 03　自動在「姓與名」之間、「地址與公司名稱」間插入空格 1-24

密技 04　在姓名後面以「( )」附註年齡 1-26

密技 05　將地址中的縣市省略 1-30

密技 06　將地址中的縣市名稱與其餘地址拆成兩欄 1-31

密技 07　統一電話號碼的格式, 將缺少的區碼補齊 1-32

密技 08　將電話號碼的區碼加上「( )」 1-34

密技 09　按一下立即開啟輸入好的 E-mail 地址/主旨/內文的新郵件視窗 1-35

1-3　日期、時間的表格整理術 ⋯⋯⋯⋯⋯⋯⋯ 1-38

密技01　將數值或「1970.7.7」之類的字串日期轉換為日期格式 ⋯⋯⋯ 1-38

密技02　將數值或字串格式的時間轉換為時間格式 ⋯⋯⋯⋯⋯⋯⋯ 1-43

密技03　讓儲存格可輸入「數值」或「日期」兩種格式 ⋯⋯⋯⋯⋯⋯ 1-48

密技04　將西元日期轉換為民國日期 ⋯⋯⋯⋯⋯⋯⋯⋯⋯⋯⋯⋯ 1-49

密技05　讓時間資料顯示出「上午」、「下午」 ⋯⋯⋯⋯⋯⋯⋯⋯ 1-53

密技06　將分鐘數轉換為以時、分為單位, 並且隱藏「0 小時」或「0 分」⋯⋯ 1-55

密技07　將西元或民國日期中的年月日分割至不同欄位 ⋯⋯⋯⋯⋯ 1-58

密技08　依輸入的年、月自動填入日期與星期 ⋯⋯⋯⋯⋯⋯⋯⋯ 1-61

1-4　統計表的資料整理術 ⋯⋯⋯⋯⋯⋯⋯⋯⋯ 1-65

密技01　將同一儲存格內以頓號或空格分隔的資料換行 ⋯⋯⋯⋯⋯ 1-65

密技02　將同一儲存格內的多行資料合併成一行 ⋯⋯⋯⋯⋯⋯⋯ 1-67

密技03　統一副編號格式 ⋯⋯⋯⋯⋯⋯⋯⋯⋯⋯⋯⋯⋯⋯⋯⋯ 1-68

密技04　在表格內加上輔助圖示, 可以清楚顯示數據的多寡 ⋯⋯⋯ 1-72

密技05　將數值以萬元、千元為單位顯示 ⋯⋯⋯⋯⋯⋯⋯⋯⋯⋯ 1-75

密技06　將萬位或千位之後的位數皆轉換為 0 ⋯⋯⋯⋯⋯⋯⋯⋯ 1-85

密技07　在以萬、千為單位顯示的數值後加上 0, 並將單位改成一元 ⋯⋯ 1-89

密技08　以特定的數值進行四則運算 ⋯⋯⋯⋯⋯⋯⋯⋯⋯⋯⋯⋯ 1-90

密技09　貨幣符號與分位符號的整理術 ⋯⋯⋯⋯⋯⋯⋯⋯⋯⋯⋯ 1-92

密技10　製作下拉式清單, 就不用重複輸入固定出現的資料 ⋯⋯⋯ 1-95

密技11　從清單中點選「地區」後, 自動列出該地區的所有「分店」⋯⋯ 1-99

密技12　只要輸入姓氏就能篩選出同姓的會員－讓清單更容易搜尋 ⋯⋯ 1-101

密技13　點選「商品編號」清單時一併顯示「商品名稱」 ⋯⋯⋯⋯ 1-105

第 2 章　變更表格欄列位置及形式的整理術

2-1　更改欄列設定的表格整理術 ················· 2-2

密技01　將垂直的表格轉為水平表格 ·· 2-2

密技02　將包含公式的垂直表格轉為水平表格 ································ 2-3

密技03　將垂直表格轉為水平表格, 並讓資料順序顛倒 ················· 2-4

密技04　將多欄的垂直表格轉換為水平表格 ································· 2-6

密技05　將分割為多欄的資料合併成一欄 ······································ 2-7

密技06　利用分欄符號將一筆資料分割成多欄 ···························· 2-10

密技07　原始資料沒有分欄符號, 如何分割到各欄位 ·················· 2-12

密技08　依指定的分店數量增加資料的列數 ······························· 2-14

密技09　依據輸入的數值自動增加資料的列數 ···························· 2-16

密技10　依照指定列數合併多列的儲存格 ··································· 2-17

密技11　將合併數列的資料轉換成一列 ······································ 2-20

密技12　將同一儲存格內的多列資料拆開到單一儲存格內 ··········· 2-22

密技13　將多欄資料合併到同一儲存格, 並會換行顯示 ··············· 2-23

密技14　將一筆多列的資料轉換為一筆一列 ······························· 2-26

密技15　將一筆多列的資料轉換為一筆一列, 並建立資料的連結 ···· 2-28

密技16　將一筆多列的資料轉換為一筆多欄 ······························· 2-30

密技17　將一筆多列的資料轉換為一筆多欄, 並建立資料間的連結 ·· 2-33

密技18　將一筆多欄的資料轉換為一筆多列 ······························· 2-35

密技19　將一筆多欄的資料轉換為一筆多列, 並建立資料連結 ······· 2-37

密技20　將多個欄列資料轉換為垂直列表的方法 ① ····················· 2-38

密技21　將多個欄列資料轉換為垂直列表的方法 ② 2-41

密技22　將排成一欄或一列的表格轉換為三欄三列的形式 2-44

密技23　將一欄多列的會員資料轉換成一列多欄 2-46

密技24　將單筆多列不連續的欄位資料轉換為一筆一列 2-48

密技25　將一整欄的資料改為在指定列換行的表格 2-50

密技26　將會員名單每七筆資料排成一欄 2-51

2-2　交叉分析表的整理術 2-54

密技01　保留列標題的交叉分析表 2-54

密技02　將儲存格中以頓號分隔的各個值轉換為欄標題 2-56

密技03　將表格中的值與欄標題對調 2-57

密技04　將表格內的值轉換為列標題, 並標記「●」記號 2-59

密技05　將兩欄的值轉換為欄列標題, 並在表格內帶入另一欄的值 2-62

密技06　將表格中的休假日轉換成欄標題, 並以「●」做標記 2-66

2-3　轉換統計表形式的整理術 2-67

密技01　刪除分散的空白儲存格, 並將其他資料往左補 2-67

密技02　將多個欄位內的值轉換為表格裡的選項,
　　　　並以「●」標記被選中的選項 2-68

密技03　將有輸入資料的標題列帶入新表格內 2-70

密技04　將欄標題轉換成列標題, 並將有輸入「●」的日期資料帶入表格內 2-71

密技05　將沒有標示「●」的日期資料帶入同一個儲存格內 2-73

密技06　將沒有標示「●」的日期資料帶入不同儲存格 2-76

密技07　將送給同一位客戶的商品統整到同一個儲存格內, 並以冒號做區隔 2-78

密技08　依各個部門別列出所屬的員工姓名 2-81

密技09　將員工資料依部門分類, 並排成一欄多列的姓名清單 2-87

第 3 章　將資料轉換成更有彈性的表格

3-1　表格發生錯誤的整理術 3-2

密技 **01**　移動資料間的小計儲存格後, 合計會出現錯誤！ 3-2

密技 **02**　貼上包含公式的儲存格後, 會出現錯誤！ 3-3

密技 **03**　將貼上連結或輸入公式的表格排序後, 資料會出現錯誤！ 3-5

密技 **04**　刪除某列的資料後, 連續編號會被打亂！ 3-7

密技 **05**　刪除某列資料後, 累計資料會出現錯誤！ 3-8

密技 **06**　刪除某列資料後, 隔列顯示的底色會跟著位移！ 3-11

密技 **07**　只要將特定的列資料複製到其他表格！ 3-14

密技 **08**　只要將篩選後的儲存格內容複製到其他表格！ 3-15

密技 **09**　相同日期只輸入一次時, 無法將資料正確篩選！ 3-17

密技 **10**　篩選或資料列被隱藏後, 連續編號會被打亂！ 3-18

密技 **11**　不小心將資料重複輸入了！ 3-20

密技 **12**　在 Excel 中開啟文字檔後,「-」會變成日期資料 3-24

3-2　將大型表格轉換成
可以快速編輯的表格 3-26

密技 **01**　讓新增的資料可以自動套用表格設定的公式或格式 ① 3-26

密技 **02**　讓新增的資料可以自動套用表格設定的公式或格式 ② 3-28

密技 **03**　依欄位資料自動切換輸入法！ 3-32

密技 **04**　輸入資料後, 表格會自動顯示連續編號！ 3-34

密技 **05**　確保資料不會輸入到錯誤的欄位！ 3-36

密技 **06**　確保資料不會輸入到錯誤的列！ 3-40

密技**07** 只能選取需要輸入資料的儲存格, 以加快輸入的速度！ 3-44

密技**08** 自動依輸入的性別填上不同色彩 3-47

密技**09** 輸入欲查詢的資料後, 立即選取找到的資料 3-53

密技**10** 輸入 E-mail 來尋找會員姓名 3-56

密技**11** 將搜尋到的整筆會員資料, 以醒目的顏色做標示 3-59

3-3 轉換成列印用表格 3-61

密技**01** 依不同部門分頁列印！ 3-61

密技**02** 依生日月份將資料分頁列印！ 3-67

密技**03** 列印時自動設定成指定的版面或隱藏部分欄位！ 3-70

密技**04** 列印多個工作表時, 分別在每個工作表設定獨立頁碼！ 3-75

第 4 章 將表格資料整合或分散編輯

4-1 將多個表格/工作表整合在一起 4-2

密技**01** 將 2 個表格資料整合到同一個表格中！ 4-2

密技**02** 將多個表格資料整合到相同表格中！ 4-6

密技**03** 將多個工作表的部分欄位整合到同一個表格中！(數值資料) 4-12

密技**04** 將多個工作表的部分欄位整合到同一個表格中！(文字資料) 4-17

密技**05** 將追加的資料自動新增到整合的表格中！ 4-21

密技**06** 將多個表格依欄位方向整合到同一個表格中！(數值資料) 4-28

密技**07** 將多個表格依欄位方向整合到同一個表格中！(文字資料) 4-31

密技**08** 將多個工作表的表格依照工作表名稱整合到同一個表格中！ 4-33

密技**09** 將從其他表格中搜尋到的資料, 填入表格的新欄位！ 4-37

密技**10** 將多個活頁簿中的工作表整合到單一活頁簿中！ 4-39

4-2 將單一表格/工作表拆開到 多個表格/工作表 4-42

密技01 將表格資料依奇／偶數欄位分別顯示在不同工作表中！ 4-42

密技02 將會員名單中的「男」、「女」資料,
分別拆開到不同工作表中！(樞紐分析表篇) 4-44

密技03 將會員名單中的「男」、「女」資料,
分別拆開到不同工作表中！(函數篇) 4-50

密技04 將表格資料依出生月份分別顯示在不同工作表中！(樞紐分析表篇) 4-56

密技05 將表格資料依出生月份分別顯示在不同工作表中！(函數篇) 4-65

4-3 解決多個表格/ 工作表編輯困擾的密技 4-70

密技01 相同資料要輸入到不同工作表時,
要到每個工作表執行複製/貼上！？ 4-70

密技02 要為大量的工作表命名時,
只能在各個工作表標籤中一個個輸入！？ 4-72

密技03 將工作表以「週」做區分, 並將工作表名稱改成各週日期 4-74

密技04 如何將工作表名稱顯示在儲存格中？ 4-79

密技05 可以一次將單一日期分別輸入到不同工作表中嗎？ 4-82

密技06 想要一次在所有工作表中, 自動輸入每月 1 號的日期 4-86

密技07 為了避免重複預約的情況, 想確認各個工作表的資料是否重複 4-89

密技08 輸入重複的資料時讓資料自動填色, 不需人工做確認！ 4-95

密技09 不需開啟每個活頁簿, 就能比對資料是否有重複 4-101

密技10 將其他工作表的庫存資料彙整到一個工作表,
並以〇、× 來顯示庫存狀態 4-107

密技 **11** 輸入商品編號後自動帶出商品名稱及單價 4-110

密技 **12** 一次在所有工作表中輸入各月份的日期 4-112

密技 **13** 當「員工名單」的資料變動時, 會自動更新「出勤表」內容 4-116

密技 **14** 在資料來源表格中刪除列、插入列後, 連結資料會出現錯誤!? 4-118

密技 **15** 自動將上個月的「餘額」當成下個月的「收入」 4-122

密技 **16** 將各地區的預算資料自動帶入各地區的銷售實績工作表 4-127

密技 **17** 讓「銷售報告書」工作表, 可以自動抓取當月工作表中的銷售量 4-131

密技 **18** 活頁簿中的工作表太多,如何快速開啟? 4-133

密技 **19** 想用目錄方式開啟目的工作表時,
得將每個工作表個別設定超連結? 4-134

密技 **20** 要從多個工作表中選取目的儲存格時,
每次都要透過尋找與選取功能來搜尋嗎!? 4-139

密技 **21** 在一個視窗中無法顯示下方或右邊的資料需要用捲軸來移動? 4-146

密技 **22** 即使開啟多個活頁簿或工作表
也只能顯示單一活頁簿或工作表!? 4-148

密技 **23** 將單一表格進行篩選後, 相鄰的表格資料也會被隱藏!? 4-154

1

資料轉換的整理術

1-1 活用空白的表格整理術

密技 01 將相同的日期資料整合成一個！

一次 OK 的重點提示 利用「設定格式化的條件」

活用空白的表格整理術！

相同的日期或項目內容連續排列下來，會使表格不易閱讀。想要將相同的項目內容整理成清爽的表格！試試這個方法吧！

7月銷售量			
日期	地區	店名	銷量
07/01(週二)	台北	信義店	52
07/01(週二)	高雄	三多店	45
07/03(週四)	高雄	前鎮店	88
07/05(週六)	台中	中港店	172
07/05(週六)	台北	站前店	186
07/05(週六)	台中	中港店	82
07/06(週日)	高雄	三民店	128
07/06(週日)	台北	信義店	179
07/06(週日)	台北	忠孝店	149
07/07(週一)	台中	大甲店	94
07/07(週一)	高雄	前鎮店	152
07/07(週一)	高雄	旗津店	119
07/07(週一)	台北	中正店	146

→

7月銷售量			
日期	地區	店名	銷量
07/01(週二)	台北	信義店	52
	高雄	三多店	45
07/03(週四)	高雄	前鎮店	88
07/05(週六)	台中	中港店	172
	台北	站前店	186
	台中	中港店	82
07/06(週日)	高雄	三民店	128
	台北	信義店	179
	台北	忠孝店	149
07/07(週一)	台中	大甲店	94
	高雄	前鎮店	152
	高雄	旗津店	119
	台北	中正店	146

STEP 1 利用「設定格式化的條件」讓相同的內容不要顯示

❶ 選取儲存格範圍 (A3:A15)，從**常用**頁次**樣式**區中按下**設定格式化的條件**，再選取**新增規則**。

❷ 開啟**新增格式化規則**交談窗後，選取規則類型中的**使用公式來決定要格式化哪些儲存格**。

❸ 在**編輯規則說明**內輸入「=A3=A2」。

❹ 按下**格式**鈕後，從**儲存格格式**交談窗的**字型**頁次標籤中，將色彩設為白色。按下**確定**鈕。

❺ 同樣的日期便會被整合成一項。

Check!

在某些狀況下若無法將字型設成白色，請在步驟❹ 按下**格式**鈕後，從**儲存格格式**交談窗的**數值**頁次中選擇**自訂**來修改，若資料是字串便輸入「;;;」；若只有數值的話便輸入「;;」，再按下**確定**鈕。

密技 **02** | 插入空白列來區隔不同日期！

一次 OK 的重點提示 利用「小計」功能

活用「空白」的表格整理術！

想要在不同日期間插入分隔的數據, 讓分項的資料一目瞭然。不必使用**篩選**功能來顯示各分項的項目, 便可一次搞定！

7月銷售量			
日期	地區	店名	銷量
07/01(週二)	台北	信義店	52
07/01(週二)	高雄	三多店	45
07/03(週四)	高雄	前鎮店	88
07/05(週六)	台中	中港店	172
07/05(週六)	台北	站前店	186
07/05(週六)	台中	中港店	82
07/06(週日)	高雄	三民店	128
07/06(週日)	台北	信義店	179
07/06(週日)	台北	忠孝店	149
07/07(週一)	台中	大甲店	94
07/07(週一)	高雄	前鎮店	152
07/07(週一)	高雄	旗津店	119
07/07(週一)	台北	中正店	146

→

7月銷售量			
日期	地區	店名	銷量
07/01(週二)	台北	信義店	52
07/01(週二)	高雄	三多店	45
07/03(週四)	高雄	前鎮店	88
07/05(週六)	台中	中港店	172
07/05(週六)	台北	站前店	186
07/05(週六)	台中	中港店	82
07/06(週日)	高雄	三民店	128
07/06(週日)	台北	信義店	179
07/06(週日)	台北	忠孝店	149
07/07(週一)	台中	大甲店	94
07/07(週一)	高雄	前鎮店	152
07/07(週一)	高雄	旗津店	119
07/07(週一)	台北	中正店	146

在不同日期間插入空白

STEP 1 插入「小計」功能

❶ 利用**排序**功能, 將想要插入空白列的部分先依項目別排序好。

❷ 選擇表格內的任一個儲存格, 從**資料**頁次的**大綱**區中, 按下**小計**鈕。

❸ 開啟**小計**交談窗後, 將**分組小計欄位**指定為**日期**。

❹ 將**使用函數**指定為**加總**。

❺ **新增小計位置**裡指定為**銷量**, 並按下**確定**鈕。

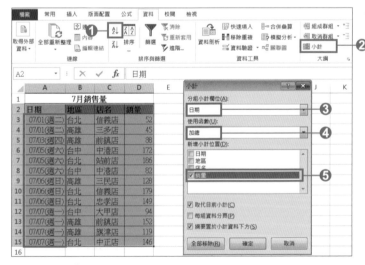

Check!

若資料中沒有數值, 請將**使用函數**指定為**項目個數**。

讓表格只顯示小計後, 再刪除資料

❶ 按下左側的層級 ☐2☐ 鈕, 讓表格只顯示小
計結果。

❷ 選取 A5：D21 儲存格, 按下 ☐Alt☐ + ☐;☐ 鍵
選擇可見儲存格後, 按下 ☐Delete☐ 鍵刪除資
料。

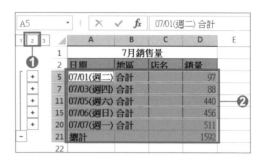

Check！

要選擇可見儲存格, 通常得切換到**常用**頁次的**編輯**區, 按下**尋找與選取**鈕, 再點選**特殊目標**, 在開啟
的**特殊目標**交談窗中選擇**可見儲存格**。在此利用 ☐Alt☐ + ☐;☐ 快速鍵, 不用進行上述動作便能一次選
好可見儲存格。

清除大綱讓表格還原

❶ 按下左側的層級 ☐3☐,
顯示整個表格。

❷ 從**資料**頁次的**大綱**區
中, 按下**取消群組**中
的**清除大綱**將大綱刪
除。

❸ 不同日期的項目之間
便會被插入空白行。

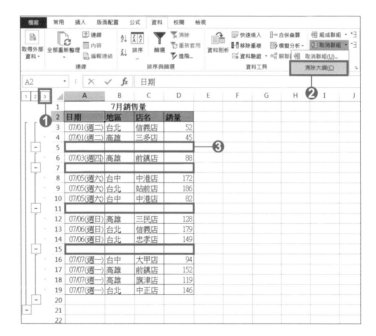

Check！

STEP2 中將表格內的數據刪除後, 若是從**資料**頁次的**大綱**區中按下**小計**鈕, 在開啟的**小計**交談窗中
按下**全部移除**鈕, 也不能刪除大綱。因此這邊我們使用的是清除大綱的功能。

密技 03 | 在每一筆資料下隔列插入空白

一次 OK 的重點提示 輸入連續的序號

將數據排序！

以此範例而言，除了手機
號碼，也想加入 E-mail 資
料，但是逐一插入空白列
又很麻煩，想要一次搞定
插入的作業！

手機會員名單		
No.	姓名	手機
1	張明惠	0900-000-000
2	王雨辰	0900-000-001
3	沈嘉欣	0900-000-002
4	陳高美華	0900-000-003
5	林安里	0900-000-004

→

手機會員名單		
No.	姓名	手機
1	張明惠	0900-000-000
		sachiko@***.ne.jp
2	王雨辰	0900-000-001
		mikiyasaku@***.ne.jp
3	沈嘉欣	0900-000-002
		maemae@***.ne.jp
4	陳高美華	0900-000-003
		yuuka@***.ne.jp
5	林安里	0900-000-004
		takumin@***.ne.jp

STEP 1 要在隔列分別空一列，請根據表格的資料數輸入兩組序號

❶ 在表格的右側欄，依據此次的資料數輸入
兩組「1」～「5」序號。

STEP 2 將序號由小至大排序

❶ 點選其中一個序號儲存格，按下**資料**頁次
排序與篩選區的**從最小到大排序**鈕 **A↓** 。

❷ 每筆資料下，會每隔一列插入空白。

❸ 請將剛才的序號刪除，並自行輸入 E-mail
帳號。

密技加碼送　如何將 E-mail 欄的資料移至前一欄的下一列？

要將 E-mail 欄的資料移至前一欄的下一列, 並忽略 E-mail 欄資料的空白列, 直接貼入前一欄, 可以試試這麼做。

❶ 請選取 D3：D11 儲存格, 按下**常用**頁次**剪貼簿**區的**複製**鈕。

❷ 點選 C4 儲存格, 按下**常用**頁次**剪貼簿**區貼上鈕下方的▼鈕, 選取選單中的**選擇性貼上**鈕。

❸ 在開啟的**選擇性貼上**交談窗中, 勾選**略過空格**項目, 再按下**確定**鈕。

❹ 第 4 欄的資料便會被移到第 3 欄的第二列。

❺ 請自行刪除第 4 欄的資料, 並調整表格的寬度, 以便顯示完整的資料。

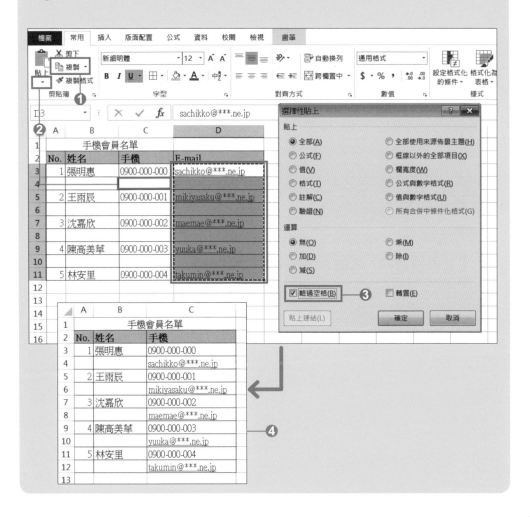

密技 04 在舊表格更改資料後, 讓新表格也能同步更新！

一次 OK 的重點提示 利用「資料剖析精靈」

活用「空白」的表格整理術！

將原本的資料表整理成分隔兩列的新表格時, 若是使用「**密技 03**」的方法, 之後想更改原始表格的內容時, 新表格內容不會一起更新。在此希望能一次搞定插入分隔列的作業, 並讓新舊表格之間可以同步更新！

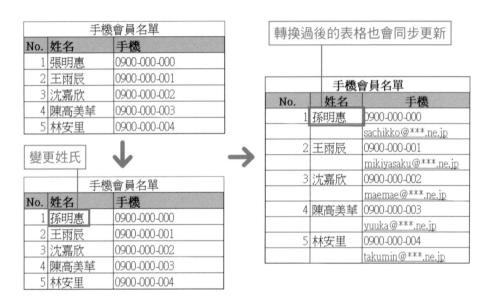

STEP 1	在新表格的第一列輸入參照儲存格的字串

❶ 分別在儲存格 E3、F3、G3 輸入「'=A3」、「'=B3」、「'=C3」。

❷ 想將每筆資料分別隔一列時, 便在新表格中選取兩列的範圍, 根據所需資料的筆數複製公式。

	A	B	C	D	E	F	G	H
1		手機會員名單				手機會員名單		
2	No.	姓名	手機		No.	姓名	手機	
3	1	張明惠	0900-000-000		=A3	=B3	=C3	❶
4	2	王雨辰	0900-000-001					
5	3	沈嘉欣	0900-000-002					❷
6	4	陳高美華	0900-000-003					
7	5	林安里	0900-000-004					

STEP 2 使用「資料剖析精靈」，建立儲存格參照

① 選取 E3：E11 儲存格範圍，按下**資料**頁次**資料工具**區裡的**資料剖析**鈕。

② 從開啟的**資料剖析精靈 - 步驟 3 之 1** 交談窗中勾選**分隔符號(D) - 用分欄字元，如逗號或TAB鍵**，區分每一個欄位，然後按下**完成**鈕。

③ 其他欄也重複相同的步驟。

④ 資料帶入後，就完成插入隔列的新表格，新資料也可以與原始表格同步做更新。

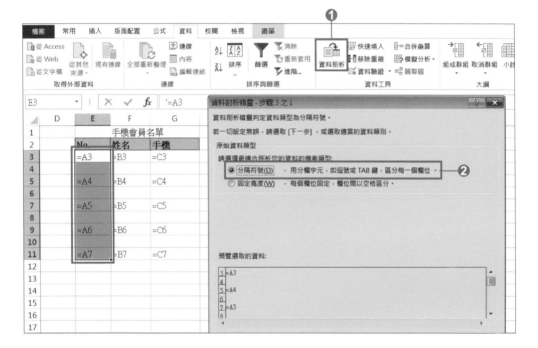

當資料中包含 E-mail 時，如何將 E-mail 的超連結一併帶入？

用上述的方法整理出隔列的表格後，網址或 E-mail 的超連結會消失。若想要將超連結一併帶入，我們要使用 HYPERLINK 函數進行儲存格參照。

① 在 E3 儲存格中輸入「'=A3」，在 F3 儲存格中輸入「'=B3」，在 G3 儲存格中輸入「=HYPERLINK("mailto:"&H3,H3)」，最後在 H3 儲存格輸入「'=C3」。

② 想將每筆資料分別隔一列時，請在新表格中選取兩列的範圍，再根據所需資料的筆數複製公式。

NEXT

❸ 除了 HYPERLINK 函數以外的儲存格, 其餘儲存格都依照 **STEP2** 的步驟, 一欄一欄進行**資料剖析精靈**的操作。

❹ 資料帶入後, 就完成隔列的新表格, E-mail 資料也能直接建立超連結, 請自行將 H 欄隱藏起來。

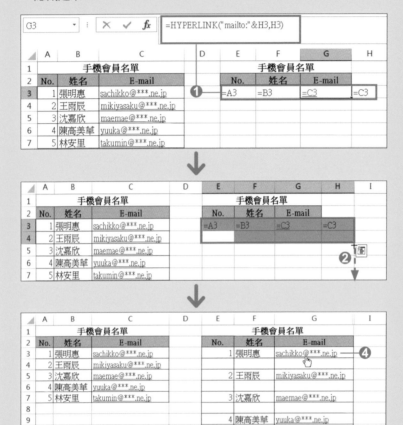

√公式 Check！

• HYPERLINK 函數會將文字建立超連結。

　函數的語法：　=HYPERLINK(連結位置, [別名])

　「=HYPERLINK("mailto:"&H3,H3)」的公式, 會將 H3 儲存格參照後的 E-mail 加上超連結。要將 E-mail 加上超連結時, 一定要輸入「mailto:」做指定。

　若資料是網頁的網址時, 便不需要「mailto:」, 輸入「=HYPERLINK(H3,H3)」即可。

密技 **05** ｜ 一次刪除「含有空白儲存格」的整列資料

一次 OK 的重點提示 選擇空白儲存格, 以整列為單位刪除

活用「空白」的表格整理術！

想將沒有預約會面的公司整列刪除。一列一列刪除實在太費力, 想要一次就將有空白儲存格的地方整列刪除完畢！

預約會面表		
公司名稱	預約日期	時間
雲乃海股份有限公司		
龜岩有限公司		
紀見川興業股份有限公司	06/10(週二)	10:00
柴喜多有限公司		
扇田重工股份有限公司		
大柳一股份有限公司	06/20(週五)	13:00
千丸股份有限公司	06/05(週四)	10:00
桃矢股分有限公司		
羽木股份有限公司	06/10(週二)	15:00
東丸股份有限公司		
松庵股份有限公司		
美吉山股份有限公司	06/05(週四)	13:00
若松丘有限公司		

→

預約會面表		
公司名稱	預約日期	時間
紀見川興業股份有限公司	06/10(週二)	10:00
大柳一股份有限公司	06/20(週五)	13:00
千丸股份有限公司	06/05(週四)	10:00
羽木股份有限公司	06/10(週二)	15:00
美吉山股份有限公司	06/05(週四)	13:00

STEP 1　選取空白儲存格

❶ 選取儲存格範圍 B3：C15, 按下**常用**頁次**編輯**區中的**尋找與選取**鈕, 選擇**特殊目標**。

❷ 從**特殊目標**交談窗中選取**空格**項目, 按下**確定**鈕。

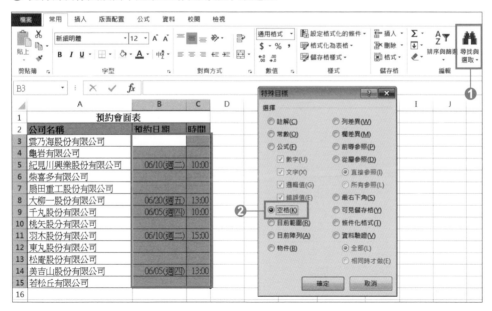

STEP 2 以整列為單位刪除

❶ 按下**常用**頁次**儲存格**區中的**刪除**鈕，選擇**刪除工作表列**。

❷ 有空白儲存格的地方便會被整列刪除。

密技 06 | 在跳號的地方插入空白列

一次 OK 的重點提示 使用 IF+COUNTIF+ROW+IFERROR+VLOOKUP+COLUMN 函數

活用「空白」的表格整理術！

從表格中刪除幾列資料後，會使資料的編號不連續。刪除的序號列以後可能會填入新的資料，因此想在每個編號跳號的地方插入空白列！

手機會員名單		
No.	姓名	手機
1	張明惠	0900-000-000
2	王雨辰	0900-000-001
4	陳高美華	0900-000-003
6	許文惠	0900-000-005
7	柯文明	0900-000-006
10	連勝丼	0900-000-009

→

手機會員名單		
No.	姓名	手機
1	張明惠	0900-000-000
2	王雨辰	0900-000-001
4	陳高美華	0900-000-003
6	許文惠	0900-000-005
7	柯文明	0900-000-006
10	連勝丼	0900-000-009

利用列編號讓跳號部分插入空白列, 作成連續編號

❶ 選取要製作連續編號的儲存格 (E3), 輸入「=IF(COUN TIF($A$3:$A$8,ROW(A1)), ROW(A1),"")」。

❷ 根據所需資料的筆數複製公式, 此例為十筆資料。

E3	▾	:	×	✓	fx	=IF(COUNTIF($A$3:$A$8,ROW(A1)),ROW(A1),"")

	A	B	C	D	E	F	G	H
1		手機會員名單						❶
2	No.	姓名	手機		No.	姓名	手機	
3	1	張明惠	0900-000-000		1			
4	2	王雨辰	0900-000-001					
5	4	陳高美華	0900-000-003					
6	6	許文惠	0900-000-005					
7	7	柯文明	0900-000-006		❷			
8	10	連勝丼	0900-000-009					
9								
10								
11								
12								

✓公式 Check !

• IF 函數會依據是否滿足條件來判斷要回傳的結果。

　　函數的語法：=IF(條件式,[條件成立], [條件不成立])

滿足引數「條件式」所指定的條件時, 會回傳「條件成立」所指定的值。沒有滿足時則回傳「條件不成立」所指定的值。

• COUNTIF 函數會計算符合條件的儲存格個數。

　　函數的語法：=COUNTIF(條件範圍, 搜尋條件)

引數「條件範圍」會找出符合條件的儲存格範圍、「條件」則指定判斷條件。

• ROW函數會取得儲存格的列編號。

　　函數的語法：=ROW(參照)

「=IF(COUNTIF($A$3:$A$8,ROW(A1)),ROW(A1),"")」的公式, 是將「在 A3：A8 儲存格的數值中, 列編號是「1」的總件數」指定為條件式。若總件數有一件以上, 儲存格中便帶入列編號「1」, 連一件都沒有時則帶入空白。

第一個儲存格符合條件, 因此顯示為列編號「1」。將公式下拉複製, 第二個儲存格被寫入「=IF(COUNTIF($A$3:$A$8,ROW(A2)),ROW(A2),"")」, 符合條件, 因此顯示為列編號「2」。第三項寫入「=IF(COUNTIF($A$3:$A$8,ROW(A3)),ROW(A3),"")」, 不符合條件, 所以顯示為空白。

以此公式, 編號中跳號的部分會以空白列代替, 依序排列。

STEP
2 **利用 IFERROR+VLOOKUP 函數抽出依編號排列的資料**

❶ 選取儲存格 F3, 輸入「=IFERROR(VLOOKUP($E3,$A$3:$C$8,COLUMN(B1),0),"")」。

❷ 根據所需資料的筆數複製
公式。

❸ 原本跳號的部分會以空白
列代替。

✔ **公式 Check！**

- IFERROR 函數會在發生錯誤時回傳指定的值。

    函數的語法：=IFERROR(值, 錯誤時的回傳值)

    將引數「錯誤時的回傳值」指定為「" "」時, 引數「值」所指定的值在發生錯誤之下, 會回傳
    空白。

- VLOOKUP 函數會在搜索範圍縱向做搜尋, 從指定的欄提取與搜尋值相符的值。

    函數的語法：=VLOOKUP(搜尋值, 範圍, 欄編號, [搜尋方法])

    引數「搜尋方法」是指用來尋找「搜尋值」的方法, 指定方法如下。

搜尋方法	搜尋範圍的方法
0、FALSE	搜尋與「搜尋值」完全相符的值
1、TRUE、省略	搜尋不到「搜尋值」時, 搜尋僅次於搜尋值的最大值 ※此狀況下,「範圍」最左欄必須以遞增方式排序

VLOOKUP 函數在搜索不到目標值或搜尋到空白時, 會回傳錯誤值, 因此我們在 IFERROR 函數
的引數 [值] 內寫入 VLOOKUP 的公式,「錯誤時的回傳值」內則指定為空白, 如此一來會將
錯誤值以空白的形式提取出來。

「=IFERROR(VLOOKUP($E3,$A$3:$C$8,COLUMN(B1),0),"")」的公式, 是將「VLOOKUP 函數所
搜尋的 **No.** 在表單上搜尋不到時」的情況指定為條件式, 搜尋不到時提取空白, 搜尋到時則
提取表單上相對應的姓名資料。將公式複製, 會各自提取對應的欄編號, 讓新表格中有填入
編號的地方才會顯示姓名與手機的資料。

✓公式 Check！

- 在 EXCEL 2013 中, IFNA 函數歸類在**邏輯**函數裡。

函數的語法：=IFNA(值, #NA 時傳回的值)

IFNA 函數在公式的結果為「#N/A」錯誤值時會回傳指定的值, 除此之外的狀況下, 則會回傳公式的結果。如果錯誤值只有「#N/A」的時候, 便可以使用此函數。

密技加碼送 將不在列表上的日期以空白列代替！

要將不在電話預約表上的日期以空白列表示, 需要利用公式, 讓表格中只顯示列表上有的日期。

❶ 選取要填入日期的儲存格 (A4), 輸入「=IF(COUNTIF($D$4:$D$7,DATE(2014,6,ROW(A1))),DATE(2014,6,ROW(A1)),"")」。

❷ 根據所需資料的筆數複製公式。

❸ 選取要輸入預約者姓名的儲存格 (B4), 輸入「=IFERROR(VLOOKUP(A4,$D$4:$E$7,2,0),"")」。

❹ 根據所需資料的筆數複製公式。

❺ 不在列表上的日期便會被空白列代替。

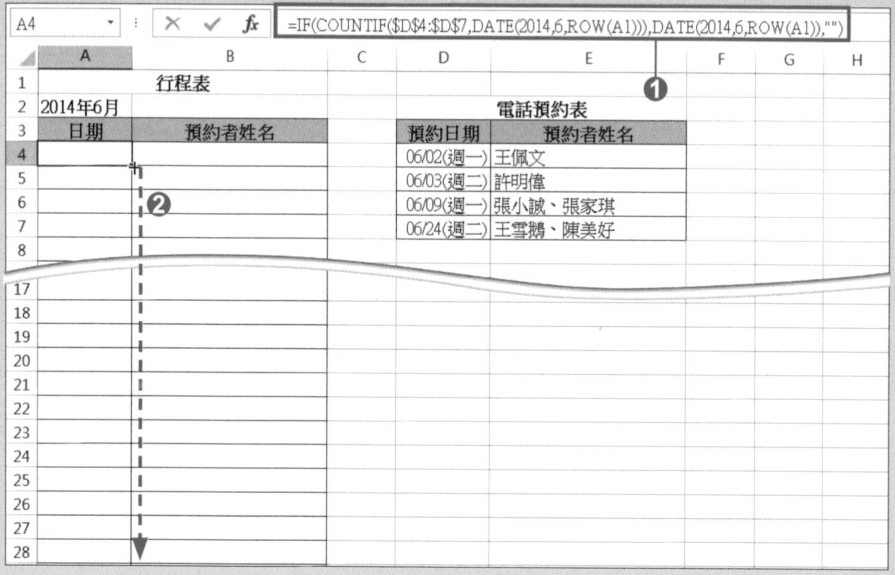

NEXT

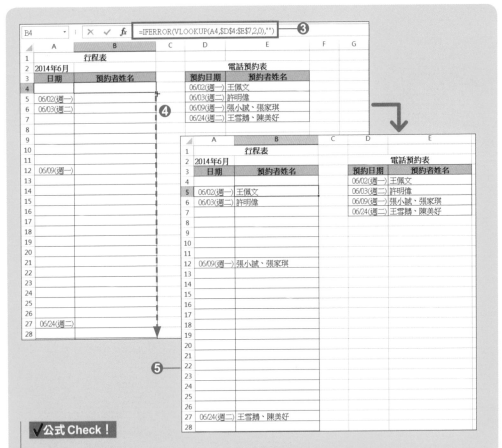

✅**公式 Check！**

- DATE 函數會將代表年、月、日的數值轉換為日期的形式。

函數的語法：=DATE(年, 月, 日)

將引數「年」寫入「2014」、「月」寫入「6」、「日」寫入「1」，便會轉換為「2014/6/1」的日期形式。

「=IF(COUNTIF($D$4:$D$7,DATE(2014,6,ROW(A1))),DATE(2014,6,ROW(A1)),"")」的公式，是將「在 D4：D7 的儲存格中，日期是「2014/6/1」的總件數」指定為條件式，若結果有一件以上便會顯示「2014/6/1」，連一件都沒有時則顯示為空白。第一個儲存格因為不符合條件，所以顯示空白，將公式下拉複製後，第二個儲存格被寫入「=IF(COUNTIF($D$4:$D$7,DATE(2014,6,ROW(A2))),DATE(2014,6,ROW(A2)),"")」，符合條件，因此顯示為「2014/6/2」。第三個寫入「=IF(COUNTIF($D$4:$D$7,DATE(2014,6,ROW(A3))),DATE(2014,6,ROW(A3)),"")」，符合條件，因此顯示為「2014/6/3」。

以此公式，不在列表上的日期，其對照的儲存格便會以空白表示。

要將日期以「06/03 (週二)」顯示，請進入**儲存格格式**交談窗，選擇**自訂**，在右側的**類型**欄中輸入「mm/dd(aaa)」即可。

1-2 通訊錄的整理術

密技 01 省略公司名稱中的「有限公司」、「股份有限公司」

一次 OK 的重點提示 利用「取代」功能

通訊錄的整理術！

想要將公司名稱的各種法人格省略 (如有限公司、股份有限公司), 但法人格並沒有統一在一定的位置, 要逐一刪除很麻煩。利用這裡的小技巧, 可以一次搞定刪除法人格的作業！

企業名錄		
公司名稱	TEL	FAX
雲乃海股份有限公司	02-2501-1188	02-2501-1189
有限公司龜岩興業	03-312-5554	03-312-5555
(股)紀見川興產	03-458-1254	03-458-1266
(有)柴喜多	04-2456-5489	04-2456-5488
股份有限公司扇田重工	02-2254-1664	02-2254-1667
大柳一(股)	04-3358-2368	04-3358-2366
千丸股份有限公司	04-5487-5663	04-5487-5661

企業名錄		
公司名稱	TEL	FAX
雲乃海	02-2501-1188	02-2501-1189
龜岩興業	03-312-5554	03-312-5555
紀見川興產	03-458-1254	03-458-1266
柴喜多	04-2456-5489	04-2456-5488
扇田重工	02-2254-1664	02-2254-1667
大柳一	04-3358-2368	04-3358-2366
千丸	04-5487-5663	04-5487-5661

STEP 1 將法人格以空白取代

❶ 選取公司名稱的儲存格範圍 (A3：A9), 在**常用**頁次**編輯**區中按下**尋找與選取**鈕, 選擇**取代**。

❷ 開啟**尋找及取代**交談窗後, 在**尋找目標**方塊中輸入「(*)」, 而**取代成**則保持空白, 然後按下**全部取代**鈕。

❸ 接著在**尋找及取代**交談窗的**尋找目標**中輸入「股份有限公司」, **取代成**一樣保持空白, 再按下**全部取代**鈕。

❹ 同樣在**尋找及取代**交談窗的**尋找目標**中輸入「有限公司」, **取代成**保持空白, 同樣按下**全部取代**鈕。

❺ 如此一來便可將公司名稱中的法人格全部刪除。

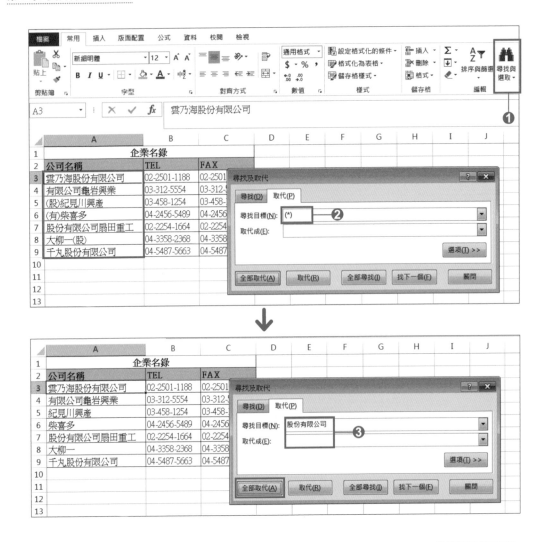

密技
加碼送

如何一次刪除各種格式的法人格？

利用**取代**功能的話，表格內的法人格有多少種寫法，就要進行多少次取代作業。想要將所有格式的法人格一次刪除，便要利用 Word 的**取代**功能。

❶ 將工作表中的公司名稱複製後貼到 Word 的新文件。選取所有貼入的公司名稱後，在**常用**頁次**編輯**區中按下**取代**鈕。

NEXT

❷ 開啟**尋找及取代**交談窗後，在**取代**頁次中的**尋找目標**欄位中輸入「[股份有限公司,有限公司,(股),(有)]」，**取代為**則保持空白。

❸ 按下**更多**鈕，展開下半部功能選項，勾選**使用萬用字元**項目。

❹ 按下**全部取代**鈕。

❺ 「股份有限公司」、「有限公司」、「(股)」、「(有)」這些法人格會全部被刪除。

❻ 將去除法人格的公司名稱複製並貼到 Excel 裡。

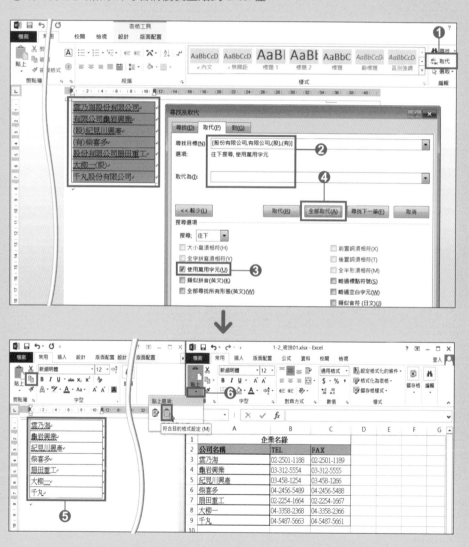

密技
加碼送

如何在輸入公司名稱後，自動將法人格省略？

利用**取代**功能的話，每當輸入公司名稱時便要進行一次取代的作業。若想在輸入公司名稱時自動將法人格刪除，可以在其他欄位設計一個 SUBSTITUTE 函數的公式。可開啟「範例檔案/Ch01/1-2」資料夾下的「1-2_密技01_密技加碼送_SUBSTITUTE.xlsx」來練習。

❶ 在公司名稱的旁邊插入另一欄公司名稱的欄位，選取 B3 儲存格後輸入「=SUBSTITUTE(SUBSTITUTE(SUBSTITUTE(SUBSTITUTE(A3,"股份有限公司",""),"有限公司",""),"(股)",""),"(有)","")」。

❷ 根據所需資料的筆數複製公式。

❸ 輸入公司名稱，旁邊欄位的資料便會自動轉換成刪去法人格的格式。

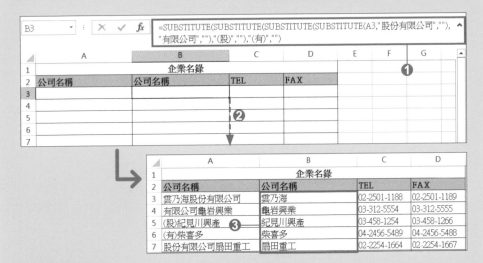

✓公式 Check！

· SUBSTITUTE 函數會將原本的字串轉換為指定的字串。

函數的語法：**=SUBSTITUTE(字串, 搜尋的字串, 置換的字串, [置換的對象])**

在「=SUBSTITUTE(SUBSTITUTE(SUBSTITUTE(SUBSTITUTE(A3,"股份有限公司",""),"有限公司",""),"(股)",""),"(有)","")」的公式中，第四項的 SUBSTITUTE 函數將「股份有限公司」轉換為空白、第三項的 SUBSTITUTE 函數將「有限公司」轉換為空白、第二項的 SUBSTITUTE 函數將「(股)」轉換為空白、第一項的 SUBSTITUTE 函數將「(有)」轉換為空白。如此一來，「股份有限公司」、「有限公司」、「(股)」、「(有)」這四種法人格便被轉換為空白。因此，只要事先設定好公式，輸入公司資料後便能立即得到除去法人格後的結果。

如何將法人格統一成沒有括弧的格式？

表格中的法人格有些以「( )」表示, 有些沒有, 想要統一成一種形式的話, 就要利用 SUBSTITUTE 函數的公式。可開啟「範例檔案/Ch01/1-2」資料夾下的「1-2_密技01_密技加碼送_統一成沒有括弧的法人格.xlsx」來練習。

❶ 在公司名稱的旁邊插入另一欄「公司名稱」的欄位, 選取 B3 儲存格後輸入「=SUBSTITUTE(SUBSTITUTE(A3,"(股)","股份有限公司"),"(有)","有限公司")」。

❷ 根據所需資料的筆數複製公式。

❸ 輸入公司名稱, 旁邊欄位的資料便會自動轉換成沒有括弧的格式。

B3	▼ : × ✓ fx	=SUBSTITUTE(SUBSTITUTE(A3,"(股)","股份有限公司"),"(有)","有限公司")				
	A	B	C	D	E	F	G
1		企業名錄			❶		
2	公司名稱	公司名稱	TEL	FAX			
3							
4							
5			❷				
6							
7							
8							
9							

	A	B	C	D
1		企業名錄		
2	公司名稱	公司名稱	TEL	FAX
3	雲乃海股份有限公司	雲乃海股份有限公司	02-2501-1188	02-2501-1189
4	有限公司龜岩興業	有限公司龜岩興業	03-312-5554	03-312-5555
5	(股)紀見川興產	股份有限公司紀見川興產	03-458-1254	03-458-1266
6	(有)柴喜多 ❸	有限公司柴喜多	04-2456-5489	04-2456-5488
7	股份有限公司扇田重工	股份有限公司扇田重工	02-2254-1664	02-2254-1667
8	大柳一(股)	大柳一股份有限公司	04-3358-2368	04-3358-2366
9	千丸股份有限公司	千丸股份有限公司	04-5487-5663	04-5487-5661

✓**公式 Check！**

在「=SUBSTITUTE(SUBSTITUTE(A3,"(股)","股份有限公司"),"(有)","有限公司")」的公式中, 第二項的 SUBSTITUTE 函數將「(股)」轉換為「股份有限公司」、第一項的 SUBSTITUTE 函數將「(有)」轉換為「有限公司」。如此一來, 「(股)」、「(有)」這兩種法人格便會被轉換為「股份有限公司」、「有限公司」, 可以將公司名稱的法人格統一整成沒有括弧的格式。

密技 02 忘記輸入「股份有限公司」、「有限公司」時自動跳出通知

一次 OK 的重點提示　在「資料驗證」內使用 OR+INDEX+ISNUMBER+FIND 函數

通訊錄的整理術！

有時在輸入公司名稱時忘記加上「股份有限公司」、「有限公司」，最後就會搞不清楚這些公司的名字到底有沒有法人格。利用一些小設定，就能在輸入時提醒我們要加上法人格！可開啟「範例檔案/Ch01/1-2」資料夾下的「1-2_密技02.xlsx」來練習。

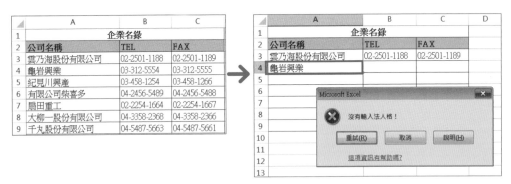

STEP 1　先列出所有法人格的種類

❶ 先在其他欄位裡將所有的法人格列出來。

STEP 2　利用「資料驗證」功能，使表格無法輸入沒有法人格的公司

❶ 選取要輸入公司名稱的儲存格範圍 (A3：A9)，從**資料**頁次**資料工具**區中按下**資料驗證**鈕。

❷ 開啟**資料驗證**交談窗後，在**設定**頁次的**儲存格內允許**列示窗中選取**自訂**。

❸ 在**公式**欄中輸入「=OR(INDEX(ISNUMBER(FIND($E$3:$E$8,A3)),0))」。

❹ 在**錯誤提醒**頁次中，輸入錯誤提醒的內容，再按下**確定**鈕。

❺ 若是在輸入公司名稱時省略法人格，只要按下 Enter 鍵，就會跳出提醒訊息而無法完成輸入。

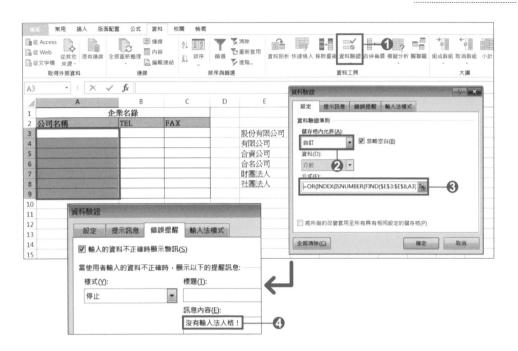

- OR 函數會檢查任何一個條件是否有被滿足。

  函數的語法：=OR(條件式1, [條件式1…,條件式 255])

  滿足引數「條件式」所指定的任何一個條件時, 便回傳「TRUE」, 若全部都不符合則回傳「FALSE」。

- INDEX 函數會傳回位於指定欄列交集處的儲存格參照。

  函數的語法：陣列形式=INDEX(陣列, 列編號, [欄編號])
  參照形式=INDEX(參照, 列編號, [欄編號], [區域編號])

- ISNUMBER 函數會檢查某個儲存格的值是否為數值。

  函數的語法：=ISNUMBER(檢查對象)

- FIND 函數會確認文字字串在最左邊數來第幾個位置。

  函數的語法：=FIND(搜尋的字串, 尋找對象, [起始位置])

  「FIND($E$3:$E$8,A3)」的公式, 會確認 E3：E8 儲存格裡所輸入的法人格在 A3 儲存格的公司名稱的第幾個字元。若找到的話則顯示數值, 沒有則回傳錯誤值。因此在「ISNUMBER(FIND($E$3:$E$8,A3))」的公式中, 有法人格便會回傳「TRUE」, 否則回傳「FALSE」。利用這些規則, 在**資料驗證**中輸入「=OR(INDEX(ISNUMBER(FIND($E$3:$E$8 ,A3)),0))」公式, 公司名稱內包含 E3：E8 儲存格中所輸入的法人格, 便會回傳「TRUE」, 未包含的公司名稱則會回傳「FALSE」。在資料驗證準則中使用公式, 其結果是「TRUE」時可以輸入資料, 「FALSE」時便會無法輸入, 如此一來, 輸入的資料若省略了法人格, 在按下 Enter 時便會顯示提醒訊息而無法完成輸入。

密技 03　自動在「姓與名」之間、「地址與公司名稱」間插入空格

一次 OK 的重點提示　利用 REPLACE 函數

通訊錄的整理術！

想在姓與名之間、地址與公司名稱之間插入空格。一項一項確認插入空格的位置後再進行輸入相當麻煩。利用小技巧一次搞定這些作業！

手機會員名單	
姓名	地址
張明惠	台北市中山北路一段100號一星股份有限公司
王雨辰	台北市忠孝東路一段88號內濱日商股份有限公司
沈嘉欣	台南市永華路二段588號永華股份有限公司
陳高美華	台中市向上路二段80號
林安里	台北市建國南路二段157號北乃京有限公司

→

手機會員名單	
姓名	地址
張明惠	台北市中山北路一段100號 一星股份有限公司
王 雨辰	台北市忠孝東路一段88號 內濱日商股份有限公司
沈 嘉欣	台南市永華路二段588號 永華股份有限公司
陳高 美華	台中市向上路二段80號
林 安里	台北市建國南路二段157號 北乃京有限公司

STEP 1　輸入欲插入空白位置前的字數

❶ 請在 F 欄輸入姓氏的字數、G 欄則輸入去掉公司名稱後的地址字數。

	A	B	C	D	E	F	G
1		手機會員名單					
2	姓名	地址		姓名	地址		
3	張明惠	台北市中山北路一段100號一星股份有限公司				1	13
4	王雨辰	台北市忠孝東路一段88號內濱日商股份有限公司				1	12
5	沈嘉欣	台南市永華路二段588號永華股份有限公司			❶	1	12
6	陳高美華	台中市向上路二段80號				2	11
7	林安里	台北市建國南路二段157號北乃京有限公司				1	13
8							

STEP 2　利用 REPLACE 函數插入空格

❶ 選取要輸入姓名的儲存格 (D3), 輸入「=REPLACE(A3,F3+1,0," ")」。

❷ 選取要輸入地址的儲存格 (E3), 輸入「=REPLACE(B3,G3+1,0," ")」。

❸ 根據所需的資料筆數複製這兩個公式。

❹ 姓與名之間、地址與公司名稱之間便會被插入空格。

✓公式 Check！

• REPLACE 函數會根據指定的字數，以指定的字串取代原本字串的一部分。

函數的語法：=REPLACE(字串, 起始位置, 字數, 取代的字串)

將引數「字數」指定為「0」，「起始位置」指定的位置上便會被插入「取代的字串」所指定的字串。在「=REPLACE(A3,F3+1,0,"")」的公式中，比儲存格 F3 內輸入的姓氏的字數再多一個文字的位置 (也就是姓氏與名字之間)，便會被插入一個空格「""」。

而在「=REPLACE(B3,G3+1,0,"")」的公式中，比儲存格 G3 輸入的地址字數再多一個文字的位置 (也就是地址與公司之間)，便會被插入一個空格「""」。

因此，事先在 F 欄輸入姓氏的字數、G 欄輸入地址的字數的話，輸入姓名與地址的資料，通訊錄便會自動在姓與名之間、地址與公司之間插入空格。

密技 加碼送 **不知道姓與名之間到底有沒有空格時，
該如何全部改成有空格？**

姓與名之間有些有空格、有些沒有的時候，可以利用 REPLACE 函數插入空格，再以 TRIM 函數刪掉重複的空格。

❶ 在 D 欄輸入姓氏的字數。

❷ 選擇要輸入姓名的儲存格 (B3)，輸入「=TRIM(REPLACE(A3,D3+1,0," "))」。

❸ 根據所需資料的筆數複製公式。姓與名之間便會統一插入空格。

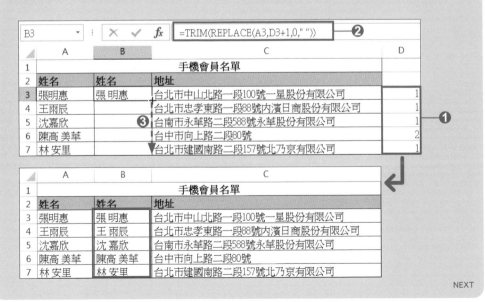

NEXT

✓公式 Check！

• TRIM 函數會刪除文字字串中多餘的空格。

函數的語法：**=TRIM(字串)**

此函數可以將連續的空格刪除到剩下一個。「=REPLACE(A3,D3+1,0," ")」的公式會在資料中插入一個空格，也就是說在原本就有空格的姓與名之間會再插入一個空格，形成連續的空格。此時利用「=TRIM(REPLACE(A3,D3+1,0," "))」的公式，便可以將多餘的空格刪除到剩下一個。這樣一來，不論原本有沒有空格，做出的表格都可以讓姓與名之間統一空一格。

密技 04 ｜ 在姓名後面以「( )」附註年齡

一次 OK 的重點提示 利用 DATEDIF+TODAY 函數

通訊錄的整理術！

想根據出生年月日在姓名後面以「( )」附註年齡。利用小技巧一次搞定，不需要自己手動一個一個用出生年月日計算年齡！

手機會員名單		
姓名	出生年月日	手機號碼
張明惠	1972/6/8	0912-383-544
王雨辰	1983/12/3	0932-155-660
沈嘉欣	1977/4/5	0939-235-845

手機會員名單	
姓名	手機號碼
張明惠(42)	0912-383-544
王雨辰(30)	0932-155-660
沈嘉欣(37)	0939-235-845

STEP 1 將姓名與 DATEDIF 函數所求出的年齡串接起來

❶ 選擇要輸入姓名的 E3 儲存格，輸入「=A3&"("&DATEDIF(B3,TODAY(),"Y")&")"」。

❷ 根據所需資料的筆數複製公式。姓名後面便會以「()」附註上年齡。

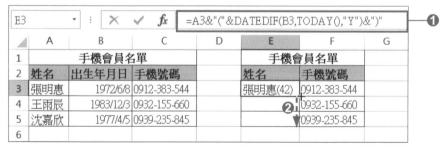

Check！

編輯註：TODAY() 函數會依電腦系統日期傳回今天的日期值，所以你在練習時以及開啟本書的結果檔案，計算出的年齡可能會與畫面不同，但這並不影響操作。

✅**公式 Check！**

• DATEDIF 函數會以指定的單位回傳從起始日期到結束日期之間的期間。

函數的語法：=DATEDIF (起始日期, 結束日期, 單位)

引數「單位」可將期間以指定的單位回傳, 單位類別如下表。另外, 單位務必加上「""」。

傳回的期間	單位
滿幾年	"Y"
滿幾月	"M"
滿幾天	"D"
未滿一年的月數	"YM"
未滿一年的日數	"YD"
未滿一個月的日數	"MD"

• TODAY 函數會傳回今天日期的值。

函數的語法：=TODAY( )

TODAY 函數會根據電腦的系統時間回傳今天日期的值。

以「DATEDIF(B3,TODAY(),"Y")」的公式便可得出從出生日到今天為止的年齡。以此年齡值建立「=A3&"("&DATEDIF(B3,TODAY(),"Y")&")"」的公式, 便可作成「姓名(年齡)」的字串。

密技
加碼送

如何將「( )」裡的年齡值帶入其他儲存格？

想要將姓名後面「( )」表示的年齡轉移到其他儲存格去的話, 便要利用**快速填入**功能與**取代**功能。在 Excel 2010/2007 沒有**快速填入**功能, 可以利用**資料剖析精靈**分割出姓名欄跟年齡欄。

❶ 插入**年齡**欄, 在第一列的儲存格 (B3) 輸入該會員的年齡。

❷ 按下**資料**頁次**資料工具**區的**快速填入**鈕。年齡便會從姓名欄被提取出來。

❸ 選擇姓名的 A3：A5 儲存格範圍, 按下**常用**頁次**編輯**區的**尋找與選取**鈕, 選擇**取代**。

❹ 開啟**尋找及取代**交談窗後, 在**尋找目標**欄中輸入「(*)」, 而**取代成**則不輸入任何東西。

❺ 按下**全部取代**鈕。

❻ 姓名及年齡分別輸入到通訊錄的不同欄位。

NEXT

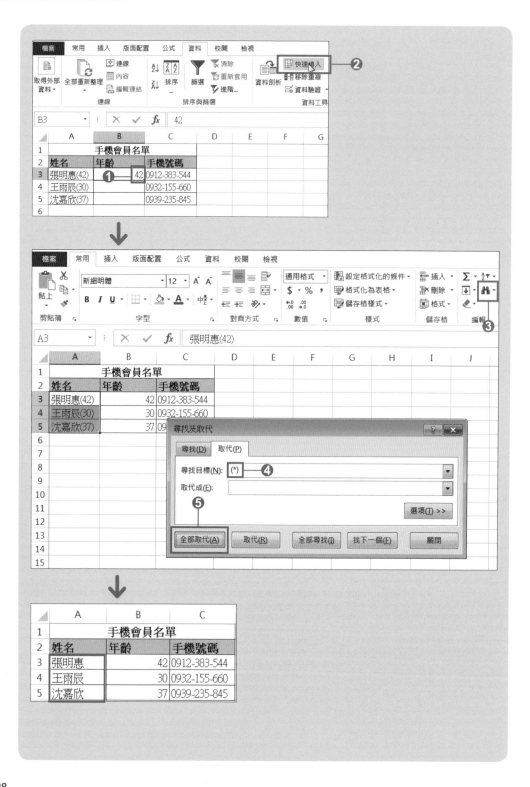

● 使用 Excel2010/2007 時

① 選擇姓名的 A3：A5 儲存格範圍, 按下**資料**頁次**資料工具**區的**資料剖析**鈕。

② 開啟交談窗後請按**下一步**鈕, 進入**資料剖析精靈 – 步驟 3 之 2** 交談窗中, 勾選**分隔符號**下的**其他**並在後面輸入「(」。然後依照畫面指示按**下一步**及**完成**鈕即可。

③ 選取被分割出來的年齡 B3：B5 儲存格範圍, 按下**常用**頁次**編輯**區的**尋找與選取**鈕, 選擇**取代**。

④ 開啟**尋找及取代**的交談窗後, 在**尋找目標**欄中輸入「)」, 而**取代成**的部分則不需輸入。

⑤ 按下**全部取代**鈕。

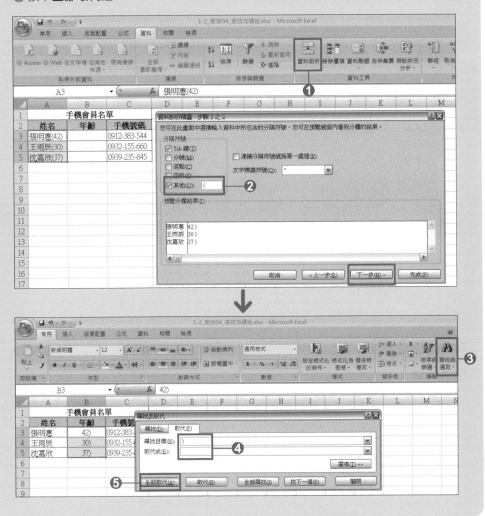

密技 **05** │ 將地址中的縣市省略

一次 OK 的重點提示 利用 SUBSTITUTE+LEFT+MID 函數

通訊錄的整理術!

想將通訊錄中的縣市省略, 只要利用小技巧就可一次搞定, 不必一個一個慢慢刪除!

手機會員名單		
姓名	郵遞區號	地址
張明惠	24243	新北市新莊區中華路一段100號2樓
王雨辰	22047	新北市板橋區文化路二段125號8樓
沈嘉欣	10050	台北市忠孝東路二段88號5樓

手機會員名單		
姓名	郵遞區號	地址
張明惠	24243	新莊區中華路一段100號2樓
王雨辰	22047	板橋區文化路二段125號8樓
沈嘉欣	10050	忠孝東路二段88號5樓

STEP 1 利用 SUBSTITUTE 函數將地址中的縣市名稱以空白取代

❶ 選取要輸入地址的 D3 儲存格, 輸入「=SUBSTITUTE(C3,LEFT(C3,(MID(C3,4,1)="市")+3),"")」。

❷ 根據所需資料的筆數複製公式。

| D3 | ▼ | : | × | ✓ | *fx* | =SUBSTITUTE(C3,LEFT(C3,(MID(C3,4,1)="市")+3),"") | ❶ |

	A	B	C	D	E
1	手機會員名單				
2	姓名	郵遞區號	地址	地址	
3	張明惠	24243	新北市新莊區中華路一段100號2樓	新莊區中華路一段100號2樓	
4	王雨辰	22047	新北市板橋區文化路二段125號8樓		❷
5	沈嘉欣	10050	台北市忠孝東路二段88號5樓		
6					

✔公式 Check!

SUBSTITUTE 函數會將原本的字串轉換為指定的字串 (詳細解說請參考 1-20頁)。LEFT 函數則會從文字串的最左邊傳回指定長度之間的字數。MID 函數負責傳回從文字串中的指定位置到指定長度之間的字數。

在「=SUBSTITUTE(C3,LEFT(C3,(MID(C3,4,1)="市")+3),"")」的公式中, 會將「LEFT(C3,(MID(C3,4,1)="市"))」所提取出的縣市名稱以空白取代。如此一來, 通訊錄中的地址便會省略掉縣市名稱。

密技 **06** | 將地址中的縣市名稱與其餘地址拆成兩欄

一次 OK 的重點提示 利用 LEFT+MID+ SUBSTITUTE 函數

通訊錄的整理術！

想將地址中的縣市名稱與其餘地址拆成兩欄顯示, 但是沒有分隔符號便無法使用「**資料剖析精靈**」。利用下面的小技巧, 便可一次搞定！

手機會員名單	
姓名	地址
張明惠	新北市新莊區中華路一段100號2樓
王雨辰	新北市板橋區文化路二段125號8樓
沈嘉欣	台北市忠孝東路二段88號5樓

→

手機會員名單		
姓名	地址1	地址2
張明惠	新北市	新莊區中華路一段100號2樓
王雨辰	新北市	板橋區文化路二段125號8樓
沈嘉欣	台北市	忠孝東路二段88號5樓

STEP 1 利用 LEFT 函數與 MID 函數抽出縣市名稱

❶ 選取要輸入縣市名稱的 C1 儲存格, 輸入「=LEFT(B3,(MID(B3,4,1)="市")+3)」。

C3	▼ : × ✓ *fx*	=LEFT(B3,(MID(B3,4,1)="市")+3)			❶
▲	A	B	C	D	E
1		手機會員名單			
2	姓名	地址	地址1	地址2	
3	張明惠	新北市新莊區中華路一段100號2樓	新北市		
4	王雨辰	新北市板橋區文化路二段125號8樓			
5	沈嘉欣	台北市忠孝東路二段88號5樓			
6					

✔公式 Check！

- LEFT 函數會從文字字串的最左邊傳回指定長度之間的字數。MID 函數負責傳回從文字字串中的指定位置到指定長度之間的字數。

  函數的語法：LEFT(字串, [字數])

  函數的語法：MID(字串, 開始位置, 字數)

  「=LEFT(B3,(MID(B3,4,1)="市")+3)」的公式會將縣市名稱抽出來。

STEP 2　利用 SUBSTITUTE 函數將取出的縣市名稱以空白取代

❶ 選取要輸入其餘地址的 D1 儲存格, 輸入「=SUBSTITUTE(B3,C3,"")」。

❷ 根據所需資料的筆數複製這兩個公式。

✓ 公式 Check！

SUBSTITUTE 函數會將原本的字串轉換為指定的字串 (詳細解說請參考 1-20 頁)。
「=SUBSTITUTE(B3,C3,"")」的公式會將 B3 內容中與 C3 的縣市名稱一樣的部分以空白取
代, 再進行回傳。如此一來, 便可將地址中的縣市名稱與其餘地址分別帶入兩欄中。

密技 07 ｜ 統一電話號碼的格式, 將缺少的區碼補齊

一次 OK 的重點提示 利用 IF+LEN 函數

通訊錄的整理術！

有時候同縣市內的電話號碼會被省略掉區碼, 如果想要將通訊錄中所有電話號碼統一
加上區碼又不想一個一個檢查區碼再輸入的話, 便可利用此處的密技！

企業名錄	
公司名稱	TEL
雲乃海股份有限公司	04-8158-5469
龜岩興業有限公司	0123-5465
紀見川興產(股)	1258-0120
柴喜多(有)	9554-2510
扇田重工股份有限公司	05-2559-2132

企業名錄	
公司名稱	TEL
雲乃海股份有限公司	04-8158-5469
龜岩興業有限公司	03-0123-5465
紀見川興產(股)	03-1258-0120
柴喜多(有)	03-9554-2510
扇田重工股份有限公司	05-2559-2132

利用 IF 條件式, 使 9 個字元的電話號碼自動加上區碼

❶ 選取要輸入電話的 C3 儲存格, 輸入「=IF(LEN(B3)=9,"03-"&B3,B3)」。

❷ 根據所需資料的筆數複製公式。

❸ 電話號碼便會統一為加上區碼的格式。

| C3 | ▼ | : | ✕ | ✓ | *fx* | =IF(LEN(B3)=9,"03-"&B3,B3) | ──❶ |

	A	B	C	D
1	企業名錄			
2	公司名稱	TEL	TEL	
3	雲乃海股份有限公司	04-8158-5469	04-8158-5469	
4	龜岩興業有限公司	0123-5465		
5	紀見川興產(股)	1258-0120		❷
6	柴喜多(有)	9554-2510		
7	扇田重工股份有限公司	05-2559-2132		
8				

√公式 Check！

• IF 函數會依據是否滿足條件來區分要輸出的結果。

函數的語法： IF(條件式, [條件成立], [條件不成立])

滿足引數「條件式」指定的條件時, 會回傳「條件成立」指定的值。沒有滿足時則回傳「條件不成立」指定的值。

LEN 函數會回傳文字字串中的字數。

被省略的同縣市區碼為「03」時, 輸入「"03-"&B3」便可加上區碼, 但是已經寫上區碼的外縣市電話號碼也會被加上多餘的「03」區碼。因此, 我們必須加上 IF 函數的條件式, 使 9 個字元的電話號碼, 也就是只有區號為「03」的電話號碼適用於「"03-"&B3」的公式。

「=IF(LEN(B3)=9,"03-"&B3,B3)」的公式是以「B3 儲存格的電話號碼為 9 個字元時」作為條件式, 滿足條件時會將「03」與 B3 儲存格的內容合併帶入指定儲存格內, 未滿足時則只帶入 B3 儲存格的內容。

密技 08 │ 將電話號碼的區碼加上「( )」

一次 OK 的重點提示 利用 SUBSTITUTE 函數

通訊錄的整理術！

想將電話號碼的區碼加上「( )」，利用小技巧，便不必一個一個做修改！

企業名錄	
公司名稱	TEL
雲乃海股份有限公司	04-8158-5469
龜岩興業有限公司	03-0123-5465
紀見川興產(股)	03-1258-0120
柴喜多(有)	03-9554-2510
扇田重工股份有限公司	05-2559-2132

→

企業名錄	
公司名稱	TEL
雲乃海股份有限公司	(04)8158-5469
龜岩興業有限公司	(03)0123-5465
紀見川興產(股)	(03)1258-0120
柴喜多(有)	(03)9554-2510
扇田重工股份有限公司	(05)2559-2132

STEP 1 利用 SUBSTITUTE 函數將第一個「0」以「(0」取代，第一個「-」以「)」取代

❶ 選取要輸入電話號碼的 C3 儲存格，輸入「=SUBSTITUTE(SUBSTITUTE(B3,0,"(0",1),"-",")",1)」。

❷ 根據所需資料的筆數複製公式。

❸ 電話號碼的區碼便會被加上「( )」。

| C3 | | ✕ ✓ fx | =SUBSTITUTE(SUBSTITUTE(B3,0,"(0",1),"-",")",1) | ❶ |

	A	B	C	D	E	F
1	企業名錄					
2	公司名稱	TEL	TEL			
3	雲乃海股份有限公司	04-8158-5469	(04)8158-5469			
4	龜岩興業有限公司	03-0123-5465				
5	紀見川興產(股)	03-1258-0120		❷		
6	柴喜多(有)	03-9554-2510				
7	扇田重工股份有限公司	05-2559-2132				
8						

✓公式 Check！

SUBSTITUTE 函數會將原本的字串轉換為指定的字串（詳細解說請參考 1-20 頁）。「=SUBSTITUTE(SUBSTITUTE(B3,0,"(0",1),"-",")",1)」的公式會將儲存格 B3 電話號碼中的第一個「0」以「(0」取代，第一個「-」以「)」取代。

<table>
<tr><td>密技
09</td><td>**按一下立即開啟輸入好的 E-mail 地址/
主旨/內文的新郵件視窗**</td></tr>
</table>

一次 OK 的重點提示 利用 HYPERLINK 函數

通訊錄的整理術！

寄電子報給會員時, 因為每次的收件者、主旨與內文都不同, 必須開啟新郵件視窗後輸入這些不同的資訊。利用小技巧, 讓我們點開新郵件視窗後便可立即傳送信件！

<table>
<thead>
<tr><th colspan="2">STEP
1</th><th>利用 HYPERLINK 函數指定開啟輸入好收件者、主旨與內文的新郵
件視窗</th></tr>
</thead>
</table>

❶ 寫好主旨與內文。

❷ 選取發送郵件的 C3 儲存格, 輸入「=HYPERLINK("mailto:"&B3&"?subject="&$F$2&"&body=" &A3&" 先生/小姐%0a%0a"&$F$3&"","發送")」。

❸ 根據需送信的會員資料筆數複製公式。

❹ 點選**發送**後, 便會自動開啟輸入好收件者、主旨與內文的新郵件視窗。

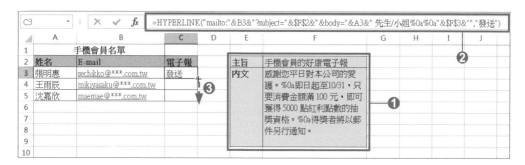

√ 公式 Check！

- HYPERLINK 函數會將數值建立連結 (詳細解說請參考 1-10 頁)。

  利用「=HYPERLINK("mailto:"&B3&"?subject="&$F$2&"&body="&A3&" 先生/小姐%0a%0a"&$F$3&"","發送")」的公式，可以在開啟新郵件視窗時，將 B3 儲存格的郵件信箱帶入**收件者**欄、F2 儲存格的主旨帶入**主旨**欄 (subject)、而 A3 儲存格的姓名與 F3 儲存格的內文則帶入內文欄 (body)。在內文中輸入「%0a」後開啟新郵件視窗，原本「%0a」的地方便會自動換行。

密技 加碼送

如何讓副本 (CC) 與密件副本 (BCC) 一併帶入新郵件視窗？

除了收件者以外，若還想要在點開新郵件視窗時加上 CC 與 BCC 的話，輸入公式時可在引數「網址連結」中寫入 CC 與 BCC 的儲存格編號的參照值。

❶ 寫好 CC 信箱、BCC 信箱、主旨與內文。

❷ 選取發送郵件的 C3 儲存格，輸入「=HYPERLINK("mailto:"&B3&"?cc="&$F$2&"&bcc="&$F$3&"&subject="&$F$4&"&body="&A3&" 先生/小姐%0a%0a"&$F$5&"","發送")」。

❸ 根據需送信的會員資料筆數複製公式。

❹ 點選**發送**後，便會開啟輸入收件者、CC 信箱、BCC 信箱、主旨與內文的新郵件視窗。

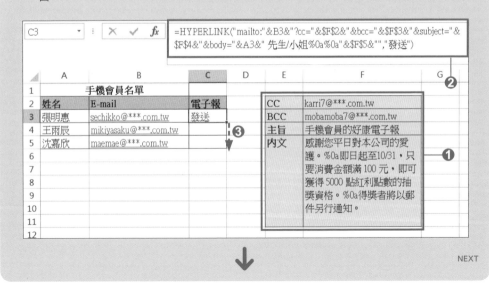

NEXT

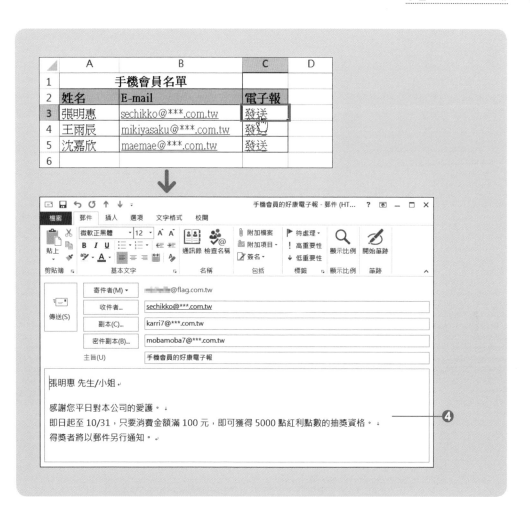

1-3 日期、時間的表格整理術

密技 01 將數值或「1970.7.7」之類的字串日期轉換為日期格式

一次 OK 的重點提示 利用「資料剖析精靈」

日期、時間的表格整理術！

為求效率, 將生日資料以數值或「.」間隔的格式輸入, 但之後要用來進行計算, 因此希望能一次將所有資料轉換為**日期**格式！

手機會員名單	
姓名	出生年月日
張明惠	19720608
王雨辰	19831203
沈嘉欣	19770405

手機會員名單	
姓名	出生年月日
張明惠	1972.06.08
王雨辰	1983.12.03
沈嘉欣	1977.04.05

→

手機會員名單	
姓名	出生年月日
張明惠	1972/6/8
王雨辰	1983/12/3
沈嘉欣	1977/4/5

STEP 1 利用「資料剖析精靈」將數值轉換為日期

❶ 選取生日的儲存格範圍 (B3：B5), 按下**資料**頁次**資料工具**區的**資料剖析**鈕。

❷ 從開啟的**資料剖析精靈 – 步驟 3 之 1** 交談窗中勾選**分隔符號 (D) – 用分欄字元, 如逗號或 TAB 鍵, 區分每一個欄位**, 連按兩下**下一步**鈕進入**資料剖析精靈 – 步驟 3 之 3**, 在欄位的**資料格式**選擇**日期**, 並按下**完成**鈕。

❸ 生日的資料便會由數值轉換為日期的格式。

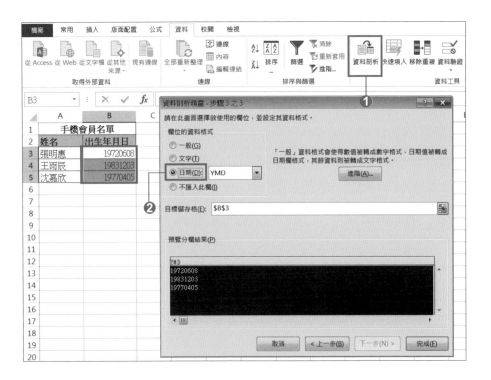

Check!

想將**資料剖析精靈**轉換好的日期以其他格式顯示時，可以變更儲存格的格式。例如想以西元的「○年○月○日」顯示時，可以從**常用**頁次的**數值**區中點選**數值格式**欄的▼鈕，再選取選單中的**詳細日期**。若想設為其他格式，可以選取**其他數值格式**，在**自訂**的選項中輸入希望的格式。

密技
加碼送

如何將全形的日期字串轉換為日期格式？

字串格式的全形日期, 也可以利用**資料剖析精靈**轉換為**日期**格式 (我們將會在 1-43
頁的**密技 02** 中說明如何使原本為半形的資料變成全形)。若資料中包含星期, 可以
利用**資料剖析精靈**刪除後再轉換為日期格式。

❶ 選取預約日期的儲存格範圍 (B3：B7), 從**資料**頁次**資料工具**區裡按下**資料剖析**鈕。

❷ 從開啟的**資料剖析精靈 – 步驟 3 之 1** 交談窗中勾選**分隔符號 (D) – 用分欄字
元, 如逗號或 TAB 鍵**, 區分每一個欄位後, 按**下一步**鈕, 接著在**資料剖析精靈 – 步
驟 3 之 2** 勾選**分隔符號**下的**其他**, 並在後面輸入全形的「**（**」, 按**下一步**鈕。

❸ 在**資料剖析精靈 – 步驟 3 之 3** 中的**預覽分欄結果**區中點選星期的欄位, 在**欄位
的資料格式**中選擇**不匯入此欄**, 並按下**完成**鈕。

❹ 在 B3：B7 的選取範圍內按下滑鼠右鍵, 執行**儲存格格式**命令, 開啟**儲存格格式**交談
窗, 在**數值**頁次下切換到**自訂**項目, 然後於右側的欄位中輸入「[DBNum3]m/d(aaa)」
後, 按下**確定**鈕。

❺ 預約日期便會由全形的日期字串轉換為日期的格式。

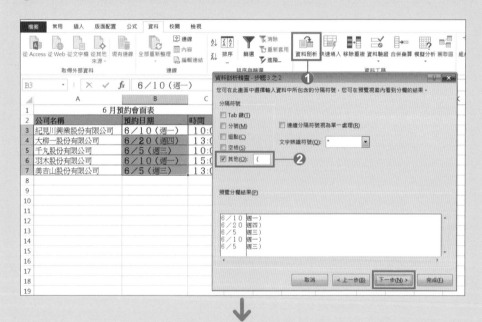

NEXT

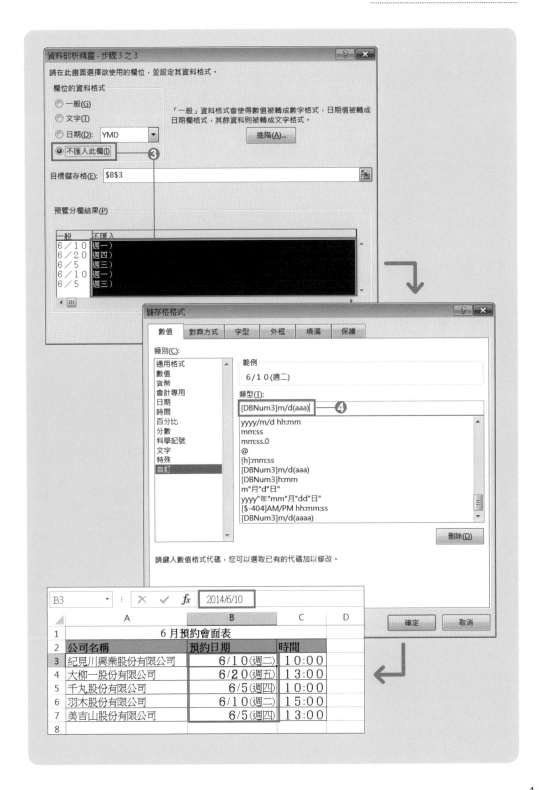

密技加碼送 若民國日期是以數值格式輸入時？

若表格中的日期不是西元而是民國曆, 且為數值格式時, 我們可以利用 TEXT 函數將其轉換為日期格式。

❶ 選取要帶入數值的生日儲存格 (C3), 輸入「=TEXT(B3, "!民國 00-00-00")」。

❷ 根據所需資料的筆數複製公式。

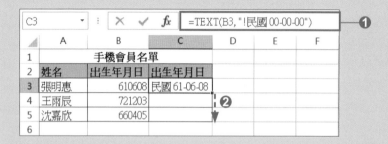

✓公式 Check！

• TEXT 函數會將數值或日期/時間依照指定的格式轉換為字串。

函數的語法：=TEXT(值, 顯示格式)

引數的「顯示格式」, 可以指定**儲存格格式**交談窗**數值**頁次下的預設格式, 但是無法使用「通用格式」、「*」(星號) 與「顏色」等等格式。

在「=TEXT(B3, "!民國 00-00-00")」的公式中, B3 儲存格的數值被轉換為加上「民國」的日期格式。

密技**02** | ## 將數值或字串格式的時間轉換為時間格式

一次 OK 的重點提示 利用數值格式、「資料剖析精靈」與 TIMEVALUE 函數

日期、時間的表格整理術！

在寫出勤表時為了節省時間, 會將時間以數值的格式輸入。有時則是希望將時間以全形顯示, 因此會以字串格式輸入。要如何將這些資料一次轉換成時間的格式呢？

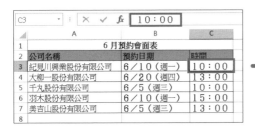

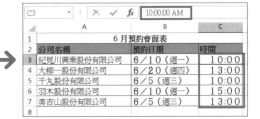

●將數值轉換為時間的形式

STEP
1 ### 利用數值格式將資料以時間的形式顯示

❶ 請開啟「範例檔案/Ch01/1-3」資料夾下的「1-3_密技02_1.將數值轉換為時間格式.xlsx」來練習。選取數值的所有範圍 (B3:D8) 按下**常用**頁次**數值**區的 🢒 鈕。

❷ 開啟**儲存格格式**交談窗後, 切換到**數值**頁次, 選取**自訂**並輸入「0!:00」, 再按下**確定**鈕。

❸ 數值便會轉換為時間的形式。

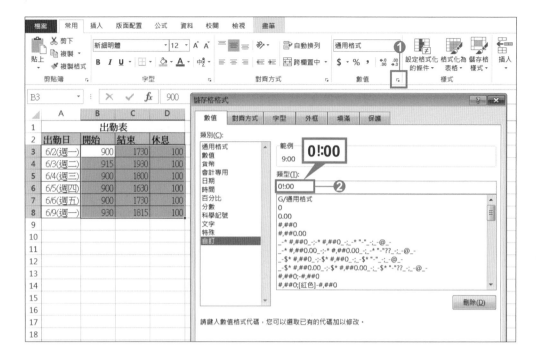

Check!

數值格式「0!:00」中的 [!]，其符號本身並不會顯示，而是代表下一個文字要照常顯示。也就是說，下一個 [:] 會照常顯示，便會使原本數值以時間的形式呈現。

Check!

這邊利用「數值格式」將資料轉換成時間的形式，但本質上還是數值，無法用於時間的計算。若要用來計算的話，請參考 1-47 頁**密技加碼送**的方式。

●將全形的時間字串轉換為全形的時間格式

STEP 1　利用「資料剖析精靈」將全形的時間字串變換為時間格式

❶ 請開啟「範例檔案/Ch01/1-3」資料夾下的「1-3_密技02_2.將全形時間字串轉成全形時間格式.xlsx」來練習。選取全形時間字串的範圍 (C3：C7)，從**資料**頁次的**資料工具**區裡按下**資料剖析**鈕。

❷ 從開啟的**資料剖析精靈 - 步驟 3 之 1** 交談窗中勾選**分隔符號 (D)** - 用分欄字元，如逗號或 TAB 鍵，區分每一個欄位，按 2 次**下一步**鈕進入**資料剖析精靈 - 步驟 3 之 3**，在欄位的**資料格式**選擇**一般**，並按下**完成**鈕。

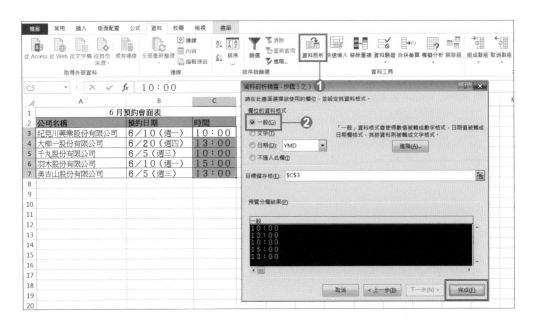

STEP 2　利用數值格式將時間以全形顯示

❶ 請開啟**儲存格格式**交談窗，切換到**數值**頁次，選取左側的**自訂**，並在右邊的欄位中輸入「[DBNum3] h:mm」，然後按下**確定**鈕。

❷ 全形的時間字串便會轉換為全形的時間格式。

Check!

在數值格式中指定「[DBNum3]」，其之後的「h:mm」便會以全形顯示。若只有輸入「[DBNum3]」，數值便會以全形的形式加上位數顯示。

Check!

另外，Excel 2002 之後的版本在活頁簿儲存完再開啟時，會發生數值格式被設定為 [$-FFFF] 的問題。若發生這種問題，可試試加上 [DBNum3] [$-411] 的日本地區設定識別碼。

●將字串「○時」轉換為時間格式

STEP 1 利用 TIMEVALUE 函數變換為時間格式

❶ 請開啟「範例檔案/Ch01/1-3」資料夾下的「1-3_密技02_3.將字串中的小時轉為時間格式.xlsx」來練習。選取 D3 儲存格，輸入「=TIMEVALUE(C3&"0分")」。

❷ 根據所需資料的筆數進行複製。

D3	▼	:	×	✓	fx	=TIMEVALUE(C3&"0分")	❶	
	A		B		C		D	E
1		6 月預約會面表						
2	公司名稱		預約日期		時間			
3	紀見川興業股份有限公司		6／10（週一）		10時		0.416666667	
4	大柳一股份有限公司		6／20（週四）		13時			
5	千丸股份有限公司		6／5（週三）		10時		❷	
6	羽木股份有限公司		6／10（週一）		15時			
7	美吉山股份有限公司		6／5（週三）		13時			
8								

✔公式 Check！

- TIMEVALUE 函數會將時間的字串轉換成時間序列值。

  函數的語法：=TIMEVALUE(時間字串)

  在引數「時間字串」中輸入時間的字串，便會轉換為時間格式。「=TIMEVALUE(C3&"0分")」的公式中，「10 時 0 分」的時間字串被轉換為「10:00」的時間序列值。

  另外，要將日期的字串轉換成日期序列值，可以使用 DATEVALUE 函數。

STEP 2 利用數值格式將時間以全形顯示

❶ 從**儲存格格式**交談窗的**數值**頁次中，選取**自訂**並輸入「[DBNum3]h"時"」，再按下**確定**鈕。

❷ 「○時」的字串便會轉換為時間格式。

如何利用數值格式轉換後的時間進行計算?

利用數值格式「0!:00」所轉換的時間無法用於計算。想要計算工作時間時,便要利用 TEXT 函數,在公式中寫入時間的數值格式。請開啟「範例檔案/Ch01/1-3」資料夾下的「1-3_密技02_密技加碼送.xlsx」來練習。

❶ 選取 E3 儲存格,輸入「=(TEXT(C3,"0!:00")-TEXT(B3,"0!:00")-TEXT(D3,"0!:00"))*1」。

❷ 根據所需資料的筆數進行複製。

❸ 儲存格中會帶出「結束-開始-休息」的結果,利用 SUM 函數便可以求出總計的工作時間。

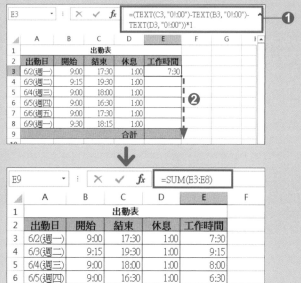

編輯註:輸入 SUM 公式後,請進入**儲存格格式**交談窗,將此儲存格的數值格式自訂為「[h]:mm;@」,才會正確顯示加總的時間。

✓公式 Check!

TEXT 函數會將數值或日期/時間依照指定的數值格式轉換為字串 (詳細解說請參考1-42頁的**密技加碼送**)。

在「=(TEXT(C3,"0!:00")-TEXT(B3,"0!:00")-TEXT(D3,"0!:00"))*1」的公式中,B3、C3、D3 儲存格中的數值依據時間的數值格式被作成「C3-B3-D3」的公式。因為導出的結果為字串,在最後加上「*1」可以使結果變回時間的序列值,進而從「結束-開始-休息」的結果算出工作時間。

密技 03 讓儲存格可輸入「數值」或「日期」兩種格式

一次 OK 的重點提示 利用數值格式的條件式

日期、時間的表格整理術！

在此希望讓表格中的「出生年月日」欄，可以輸入數值或日期格式。但若將數值格式指定為日期，便無法輸入數值。如何一次就將表格改成兩者都能輸入？

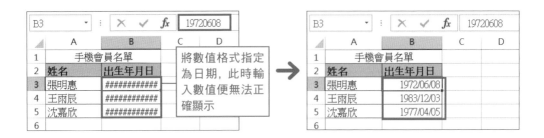

STEP 1 利用數值格式作成條件式

❶ 選取生日的儲存格範圍 (B3：B5)，按下**常用**頁次**數值**區的 🖿 鈕。

❷ 開啟**儲存格格式**交談窗後，切換到**數值**頁次，選取**自訂**並在右側的欄位中輸入「[>2958465]0!/00!/00;yyyy/mm/dd」，再按下**確定**鈕。

❸ 此時輸入數值格式或日期格式，都會轉換為日期格式。

Check!

在作成數值格式時, 一個數值格式中最多可以包含四個格式。每個語法以 [;] 加以區隔, 從左至右分別為正數的格式、負數的格式、零及字串的格式。在「[ ]」中輸入條件式的話, 數值格式便會被加上條件, 例如輸入色彩名稱便可設定字的色彩。

也就是說,「[>2958465]0!/00!/00;yyyy/mm/dd」的數值格式是代表「數值大於 2958465(9999/12/31 的序列值) 時, 會在數值中加上 [/], 除此之外則會以「yyyy/mm/dd」的日期格式來顯示」。

如此一來, 輸入 8 位數的數值時, 會轉換成加上 [/] 的日期格式, 輸入日期格式的資料, 則會帶入「yyyy/mm/dd」的日期格式來顯示。

密技 04 │ 將西元日期轉換為民國日期

一次 OK 的重點提示 自行定義數值格式

日期、時間的表格整理術！

想要將西元日期改為民國日期、想將「民國 1 年」顯示為「民國元年」、或是將西元日期全部改成中文的民國日期顯示, 這樣一來就不能使用預設的日期格式, 得將資料一筆一筆改為民國年, 在此可以用一些小技巧省去這些麻煩！

手機會員名單	
姓名	出生年月日
張明惠	1972/6/8
王雨辰	1983/12/3
陳高美華	1977/4/8
許文惠	1988/1/12
柯文明	1964/9/22
連勝丼	1982/3/9
林建明	1912/2/16

→

手機會員名單	
姓名	出生年月日
張明惠	中華民國61年6月8日
王雨辰	中華民國72年12月3日
陳高美華	中華民國66年4月8日
許文惠	中華民國77年1月12日
柯文明	中華民國53年9月22日
連勝丼	中華民國71年3月9日
林建明	中華民國元年2月16日

企業名錄	
公司名稱	登記時間
雲乃海股份有限公司	2010/8/20
龜岩興業有限公司	2008/2/5
紀見川興產股份有限公司	2012/4/12
柴喜多有限公司	2010/10/1
扇田重工股份有限公司	2011/9/8
大柳一股份有限公司	2013/3/1
千丸股份有限公司	2012/5/22

→

企業名錄	
公司名稱	登記時間
雲乃海股份有限公司	中華民國九十九年八月二十日
龜岩興業有限公司	中華民國九十七年二月五日
紀見川興產股份有限公司	中華民國一〇一年四月十二日
柴喜多有限公司	中華民國九十九年十月一日
扇田重工股份有限公司	中華民國一〇〇年九月八日
大柳一股份有限公司	中華民國一〇二年三月一日
千丸股份有限公司	中華民國一〇一年五月二十二日

●將西元年改為民國年及將民國 1 年改成民國元年

STEP 1　自行定義數值格式

❶ 請開啟「範例檔案/Ch01/1-3」資料夾下的「1-3_密技04_1.西元年改成民國年.xlsx」來練習。選取生日的儲存格範圍 (B3：B9)，按下**常用**頁次**數值**區的 ⌐ 鈕。

❷ 切換到**儲存格格式**交談窗的**數值**頁次，選取**自訂**並在**類型**欄輸入「[<4384]ggge"年"m"月"d"日";[>=4750]ggge"年"m"月"d"日";ggg"元年"m"月"d"日"」，然後按下**確定**鈕。

●將西元日期改成民國日期, 並將數字以中文顯示

STEP 1　利用數值格式的「[DBNum1]」

❶ 請開啟「範例檔案/Ch01/1-3」資料夾下的「1-3_密技04_2.西元日期改成民國日期.xlsx」來練習。選取登記時間的儲存格範圍 (B3：B9)，按下**常用**頁次**數值**區的 ⌐ 鈕。

❷ 切換到**儲存格格式**交談窗的**數值**頁次中, 選取**自訂**並在**類型**欄輸入「[DBNum1]ggge"年"m"月"d"日"」，然後按下**確定**鈕。

Check！

在數值格式指定「[DBNum1]」，其之後的「ggge 年 m 月 d 日」便會以中文字顯示。若只有指定「[DBNum1]」，數值則會顯示為加上位數的中文數值寫法。

Check！

要將「民國 1 年」顯示為「民國元年」，也可以在選取**自訂**後，在**類型**欄輸入「[<4384][DBNum1]gge"年""m"月"d"日";[>=4750][DBNum1]gge"年""m"月"d"日";[DBNum1]gg"元年""m"月"d"日"」。

密技
加碼送

如果希望在其他欄位顯示數值格式的話？

要將民國日期帶入其他欄位裡，必須利用 DATESTRING 函數。若想將民國 1 年顯示為元年的話，公式中需再加上 SUBSTITUTE 函數。

●在其他欄位內設定民國日期

❶ 請開啟「範例檔案/Ch01/ 1-3」資料夾下的「1-3_ 密技04_密技加碼送1.xlsx」 來練習。在 C3 儲存格中輸入「=DATESTRING(B3)」。

❷ 根據所需資料的筆數複製公式。

	A	B	C
1	企業名錄		
2	公司名稱	登記時間	登記時間
3	雲乃海股份有限公司	2010/8/20	民國99年08月20日
4	龜岩興業有限公司	2008/2/5	民國97年02月05日
5	紀見川興產股份有限公司	2012/4/12	民國101年04月12日
6	柴喜多有限公司	2010/10/1	民國99年10月01日
7	扇田重工股份有限公司	2011/9/8	民國100年09月08日
8	大柳一股份有限公司	2013/3/1	民國102年03月01日
9	千丸股份有限公司	2012/5/22	民國101年05月22日

C3 儲存格：`=DATESTRING(B3)`

NEXT

● **在其他欄位內設定民國日期, 並將民國 1 年顯示為元年**

❶ 選取儲存格 C3, 輸入「=SUBSTITUTE(DATESTRING(B3), "民國 01 年", "民國元年")」。

❷ 根據所需資料的筆數複製公式。

C3	▾ : ✕ ✓ *fx*	=SUBSTITUTE(DATESTRING(B3),"民國 01 年", "民國元年")				❶
▲	A	B	C	D	E	F
1	手機會員名單					
2	姓名	出生年月日	出生年月日			
3	張明惠	1972/6/8	民國61年06月08日			
4	王雨辰	1983/12/3	民國72年12月03日			❷
5	陳高美華	1977/4/8	民國66年04月08日			
6	許文惠	1988/1/12	民國77年01月12日			
7	柯文明	1964/9/22	民國53年09月22日			
8	連勝丼	1982/3/9	民國71年03月09日			
9	林建明	1912/2/16	民國元年02月16日			
10						

✓ **公式 Check！**

• DATESTRING 是將日期轉換為國曆日期的函數。SUBSTITUTE 函數會將原本的字串轉換為指定的字串。

函數的語法：=DATESTRING(序列值)

函數的語法：=SUBSTITUTE(字串,搜尋的字串,置換的字串,[置換的對象])

「=DATESTRING(B3)」的公式會將 B3 儲存格的日期轉換為國曆日期。

而「=SUBSTITUTE(DATESTRING(B3),"民國01年","民國元年")」的公式中, 以 DATESTRING 函數將日期轉換為國曆的「民國01年」後, 再替換為「民國元年」。如此一來, 便可以將日期轉換為國曆的形式, 並使民國1年顯示為元年。

密技
加碼送 **若只想將日期資料的一部分帶入其他儲存格內時？**

要將日期資料的一部分帶入其他儲存格內時, 要利用 TEXT 函數。

❶ 請開啟「範例檔案/Ch01/1-3」資料夾下的「1-3_密技04_密技加碼送2.xlsx」來練習。選取 C3 儲存格, 輸入「=TEXT(B3,"[DBNum3]gge 年")」。

❷ 根據所需資料的筆數複製公式。

NEXT

| C3 | ▼ | ┊ | ✕ ✓ fx | =TEXT(B3,"[DBNum3]gge 年") | ●① |

▲	A	B	C	D
1	企業名錄			
2	公司名稱	登記時間	登記時間	
3	雲乃海股份有限公司	2010/8/20	民國９９年	
4	龜岩興業有限公司	2008/2/5	民國９７年	
5	紀見川興產股份有限公司	2012/4/12	民國１０１年	
6	柴喜多有限公司	2010/10/1	民國９９年	②②
7	扇田重工股份有限公司	2011/9/8	民國１００年	
8	大柳一股份有限公司	2013/3/1	民國１０２年	
9	千丸股份有限公司	2012/5/22	民國１０１年	
10				

✓公式 Check！

TEXT 函數會將數值或日期、時間依照指定的數值格式轉換為字串 (詳細解說請參考 1-42 頁的**密技加碼送**)。

「=TEXT(B3,"[DBNum3]gge 年")」的公式, 會將 B3 儲存格的登記年月日轉換為全形的民國年的數值格式。如此一來, 新儲存格內只會顯示登記時間中的年份。

密技 05 │ 讓時間資料顯示出「上午」、「下午」

一次 OK 的重點提示 自訂數值格式

日期、時間的表格整理術！

想要讓時間加上「上午」、「下午」的標示。預設的日期數值只有 AM/PM 的標示法, 利用以下技巧就能一次搞定, 不用一個一個手動更改成上午、下午。

6 月預約會面表		
公司名稱	預約日期	時間
紀見川興業股份有限公司	06/10(週二)	10:00
大柳一股份有限公司	06/20(週五)	13:00
千丸股份有限公司	06/05(週四)	10:00
羽木股份有限公司	06/10(週二)	15:00
美吉山股份有限公司	06/05(週四)	13:00

→

6 月預約會面表		
公司名稱	預約日期	時間
紀見川興業股份有限公司	06/10(週二)	上午10時
大柳一股份有限公司	06/20(週五)	下午1時
千丸股份有限公司	06/05(週四)	上午10時
羽木股份有限公司	06/10(週二)	下午3時
美吉山股份有限公司	06/05(週四)	下午1時

STEP 1 在「AM/PM」前換行並設定數值格式

① 選取時間的儲存格範圍 (C3：C7), 從**常用**頁次**數值**區中按下 � 鈕。

② 切換到**儲存格格式**交談窗的**數值**頁次, 選取**自訂**後, 在**類型**欄中輸入「[<0.5]"上午"h"時";" 下午"h"時"」, 按下 Ctrl + J 後輸入「AM/PM」。

Check!

「[<0.5]"上午"h"時";"下午"h"時"」的數值格式代表「當數值小於 0.5 (12:00 的序列值) 時, 會顯示「上午 h 時」的結果, 除此之外皆顯示為「下午 h 時」的時間格式」。如此一來, 「0:00」～「11:59」會顯示為「上午」; 「12:00」～「23:59」則會顯示為「下午」。

另外在此情況下, 數值格式的第二行必須要輸入「AM/PM」的格式。按下 Ctrl + J 便可換行, 在第二行輸入。

STEP 2　調整儲存格內的文字控制

❶ 開啟**儲存格格式**交談窗, 切換到**對齊方式**頁次, 依序勾選**縮小字形以適合欄寬**及**自動換列**項目, 再按下**確定**鈕。

Check!

為了讓第二行輸入的「AM/PM」不會顯示, 我們要利用文字控制功能。此處必須依序將**縮小字形以適合欄寬**及**自動換列**都勾選起來。另外, 如果先勾選**自動換列**的話, 便無法勾選**縮小字形以適合欄寬**, 因此必須先勾選**縮小字形以適合欄寬**。

密技 **06** 將分鐘數轉換為以時、分為單位，
並且隱藏「0 小時」或「0 分」

一次 OK 的重點提示 利用 TEXT+HOUR+MINUTE 函數

日期、時間的表格整理術！

想將以分鐘數記錄的工作時間轉換成以時、分顯示, 利用公式將分鐘轉換為以小時為單位, 但是結果為 0 時, 還是會顯示 0 小時或 0 分。想要一次將分鐘轉換為以時分為單位, 並且不要顯示 0 小時或 0 分！

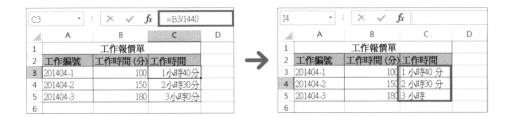

STEP **1** 利用 **TEXT+HOUR+MINUTE** 函數將「0 小時」、「0 分」隱藏

❶ 選取要以時、分為單位的 C3 儲存格, 輸入

「=TEXT(HOUR(B3/1440), "0 小時;;;")&TEXT(MINUTE(B3/1440), "0 分;;;")」。

❷ 根據所需資料的筆數進行複製。

❸ 工作時間從分鐘數轉換為以時分為單位, 並且將 0 小時或 0 分隱藏。

√公式 Check！

• TEXT 函數會將數值或日期、時間依照指定的數值格式轉換為字串 (詳細解說請參考 1-42頁的**密技加碼送**)。HOUR 函數會回傳時間值中的小時數。MINUTE 會回傳時間值中的分鐘數。

函數的語法：=HOUR(序列值)

函數的語法：=MINUTE(序列值)

要將工作時間從分鐘單位換成小時單位, 需除以「1440(1 小時為 60 分, 1 天為 24 小時, 所以是「60*24=1440」)。回傳的結果為序列值, 因此「HOUR(B3/1440)」的公式會回傳「1」小時, 而「MINUTE(B3/1440)」的公式則會回傳「40」分。利用回傳的小時與分寫成公式,「=TEXT(HOUR(B3/1440), "0 小時;;;")&TEXT(MINUTE(B3/1440), "0 分;;;")」便會在顯示時間時將 0 小時或 0 分隱藏。

另外, 若是有的時間數超過 24 小時, 需要將 0 天隱藏的話, 便將公式寫成「=TEXT(HOUR(B3/1440), "0 天;;;")&TEXT(HOUR(B3/1440), "0 小時;;;")&TEXT(MINUTE(B3/1440), "0 分;;;")」。

密技 **加碼送** **若要利用數值格式來更改的話？**

利用函數的方法來轉換時、分, 必須在其他儲存格內輸入公式, 若不想在其他儲存格輸入, 想直接用數值格式做更改的話, 就得搭配格式化的條件做設定。

❶ 在以時分為單位的「工作時間」儲存格內輸入「=B3/1440」。

❷ 選取以時分為單位的「工作時間」儲存格範圍, 從**常用**頁次**數值**區按下 ⬛ 鈕。開啟**儲存格格式**交談窗後, 切換到**數值**頁次中, 選取**自訂**並在**類型**欄輸入「h"小時"m"分"」。

NEXT

❸ 接著切換到**對齊方式**頁次, 依序勾選**縮小字形以適合欄寬**、**自動換列**項目, 再按下**確定**鈕。

❹ 從**常用**頁次的**樣式**區中按下**設定格式化的條件**, 選取**新增規則**。開啟**新增格式化規則**交談窗後, 點選**選取規則類型**中的**使用公式來決定要格式化哪些儲存格**。

❺ 重複步驟 4 的操作, 將公式與數值格式依照以下順序做設定。

※ Ctrl + J 的數值格式, 在操作時請先按下 Ctrl 鍵再按下 J 鍵做設定。

- 輸入「=HOUR(C3)=0」公式後, 按下**格式**鈕, 在**數值**頁次設定「m"分" Ctrl + J s」格式

- 輸入「=MINUTE(C3)=0」公式後, 按下**格式**鈕, 在**數值**頁次設定「h"小時"」格式

- 輸入「=DAY(C3)=0」公式後, 按下**格式**鈕, 在**數值**頁次設定「h"小時"m"分"」格式

- 輸入「=AND(DAY(C3)=0, MINUTE(C3)=0)」公式後, 按下**格式**鈕, 在**數值**頁次設定「h"小時"」格式

- 輸入「=AND(DAY(C3)=0, HOUR(C3)=0)」公式後, 按下**格式**鈕, 在**數值**頁次設定「m"分" Ctrl + J s;;;」格式

※設定好的規則, 會以最後設定的為優先而依序排列, 因此按下**設定格式化的條件**鈕, 選擇**管理規則**後, 交談窗所顯示的規則順序會與設定時的順序剛好相反。

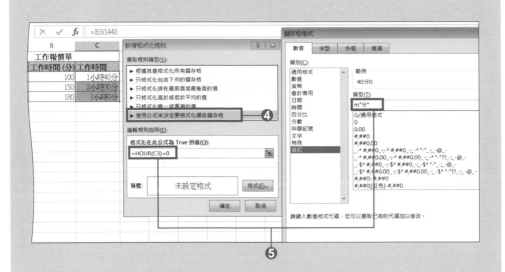

密技 07 ｜將西元或民國日期中的年月日分割至不同欄位

一次 OK 的重點提示 利用「資料剖析精靈」與 TEXT 函數

日期、時間的表格整理術！

想將生日中的年月日分割到不同欄位中。利用小技巧就可一次搞定, 不必一個一個剪下、貼上！

手機會員名單	
姓名	出生年月日
張明惠	1972/06/08
王雨辰	1983/12/03
沈嘉欣	1977/04/05

➡

手機會員名單			
姓名	出生年	出生月	出生日
張明惠	1972	6	8
王雨辰	1983	12	3
沈嘉欣	1977	4	5

手機會員名單	
姓名	出生年月日
張明惠	民國61年6月8日
王雨辰	民國72年12月3日
沈嘉欣	民國66年4月5日

➡

手機會員名單			
姓名	出生年	出生月	出生日
張明惠	61	6	8
王雨辰	72	12	3
沈嘉欣	66	4	5

●將西元的年月日分割到不同欄位

STEP 1 利用「資料剖析精靈」分割

❶ 請開啟「範例檔案/Ch01/1-3」資料夾下的「1-3_密技07_1.將西元年月日分割至不同欄.xlsx」來練習。選取出生年月日的儲存格範圍 (B3：B5), 從**資料**頁次**資料工具**區中按下**資料剖析**鈕。

❷ 從開啟的**資料剖析精靈 - 步驟 3 之 1** 交談窗中勾選**分隔符號 (D) - 用分欄字元, 如逗號或 TAB 鍵, 區分每一個欄位**, 按**下一步**鈕, 進入**資料剖析精靈 - 步驟 3 之 2** 勾選**其他**並輸入「/」後, 按下**下一步**鈕。

❸ 進入**資料剖析精靈 - 步驟 3 之 3** 後, 將**目標儲存格**選擇 E3 儲存格, 按下**完成**鈕。

❹ 出日的年月日便會被分別填入各欄位。

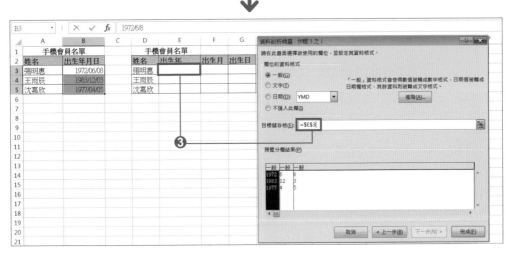

●將民國的年月日分割到不同欄位

STEP 1 利用 TEXT 函數分割

❶ 請開啟「範例檔案/Ch01/1-3」資料夾下的「1-3_密技07_2.將民國年月日分割至不同欄.xlsx」來練習。選取要帶入年份的 E3 儲存格，輸入「=TEXT(B3,"ee")」，出生月份的儲存格 F3 填入「=TEXT(B3,"m")」，出生日的儲存格 G3 則是輸入「=TEXT(B3,"d")」。

❷ 根據所需資料的筆數複製公式。

E3		✕ ✓ *fx*	=TEXT(B3, "ee")	❶			
	A	B	C	D	E	F	G	H
1	手機會員名單			手機會員名單				
2	姓名	出生年月日		姓名	出生年	出生月	出生日	
3	張明惠	民國61年6月8日		張明惠	61			
4	王雨辰	民國72年12月3日		王雨辰		❷		
5	沈嘉欣	民國66年4月5日		沈嘉欣				

STEP 2 將數值格式設定為通用格式

❶ 若儲存格中出現「####」，請選取儲存格範圍後，從**常用**頁次**數值**區中按下**數值格式**的▼鈕，選取選單中的**通用格式**。

❷ 出生年月日便會被分別填入各欄位。

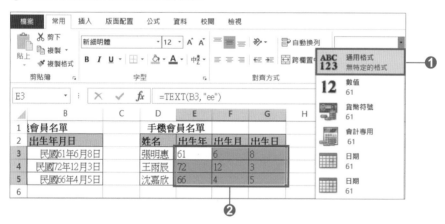

√**公式 Check！**

TEXT 函數會將數值或日期/時間依照指定的數值格式轉換為字串 (詳細解說請參考 1-42 頁的**密技加碼送**)。

B3 儲存格中的出生年月日，在「=TEXT(B3,"ee")」公式中會帶入兩位數的民國年份，「=TEXT(B3,"m")」會帶入一位數的月份，「=TEXT(B3,"d")」則會帶入一位數的日期。如此一來，國曆日期的年月日便會被分別填入各個欄位。

密技 **08** | 依輸入的年、月自動填入日期與星期

一次 OK 的重點提示 利用 DATE+IF+MONTH+WEEKDAY 函數

日期、時間的表格整理術！

希望在變更年份或月份後，日期與星期也能自動更改。利用小技巧，讓我們變更月份後，不用再重新填寫當月的日期與星期。

2014 年		1 月		出勤管理表																	
日期 員工名	2014/1/1	2014/1/2	2014/1/3	2014/1/4	2014/1/5	2014/1/6	2014/1/7	2014/1/8	2014/1/9	2014/1/10		2014/1/25	2014/1/26	2014/1/27	2014/1/28	2014/1/29	2014/1/30	2014/1/31
	週三	週四	週五	週六	週日	週一	週二	週三	週四	週五		週六	週日	週一	週二	週三	週四	週五
浦西東吾																		
櫻木彩美																		
龍山正靖																		
津川貴吉																		
名越英																		

↓

2014 年		2 月		出勤管理表													
日期 員工名	2014/2/1	2014/2/2	2014/2/3	2014/2/4	2014/2/5	2014/2/6	2014/2/7	2014/2/8	2014/2/9	2014/2/10		2014/2/25	2014/2/26	2014/2/27	2014/2/28	
	週六	週日	週一	週二	週三	週四	週五	週六	週日	週一		週二	週三	週四	週五	
浦西東吾																
櫻木彩美																
龍山正靖																
津川貴吉																
名越英																

STEP 1 | 利用 DATE、IF+MONTH 函數製作日期

❶ 選擇第一個要填入日期的 B2 儲存格，輸入「=DATE(A1, C1, 1)」。

❷ 選擇第二個要填入日期的 C2 儲存格，輸入「=IF(B2="","",IF(MONTH(B2)<>MONTH(B2+1),"",B2+1))」。

❸ 將公式複製到第 31 天。

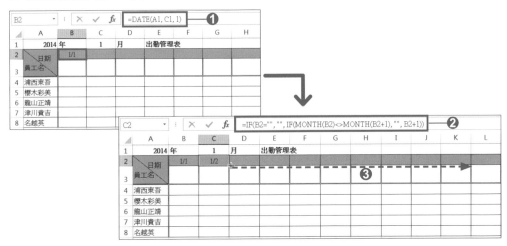

✔公式 Check！

• DATE 函數會將代表年、月、日的數值轉換為日期的形式。

函數的語法：=DATE(年, 月, 日)

• IF 函數會依據是否滿足條件來判斷要回傳的結果。

函數的語法：IF(條件式, [條件成立], [條件不成立])

滿足引數「條件式」指定的條件時, 會回傳「條件成立」指定的值。沒有滿足時則回傳「條件不成立」指定的值。

• MONTH 函數會回傳日期中的月份。

函數的語法：=MONTH(序列值)

「=DATE(A1, C1, 1)」的公式, 會將第一個日期帶入「2014/1/1」。

「=IF(B2="", "", IF(MONTH(B2)<>MONTH(B2+1), "", B2+1))」的公式, 則是將「前一天的日期為空白時」指定為條件式。滿足條件便會回傳空白, 沒有滿足時則會將前一天的日期加上一天回傳。但隔天的月份若與前一天日期的月份不同時, 也會回傳空白。如此一來, 只有 30 天的 6 月份便不會出現「6/31」, 而是直接顯示空白, 也就等於可以對應不同月份的天數。

STEP 2　利用 IF+WEEKDAY 函數製作星期

❶ 選擇要填入星期的 B3 儲存格, 輸入「=IF(B2="", "", WEEKDAY(B2))」。

❷ 根據所需資料的筆數進行複製。

❸ 從**常用**頁次的**數值**區按下 ▣ 鈕。

❹ 切換到**儲存格格式**交談窗的**數值**頁次, 選取**自訂**並在**類型**欄中輸入「aaa」。

❺ 在變更年份與月份後, 日期與星期便會自動轉換為此年月的資料。

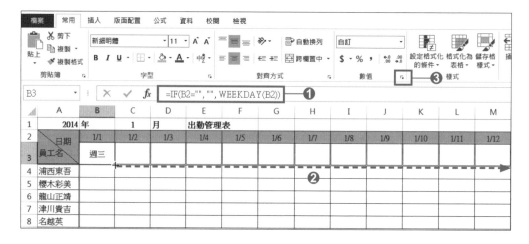

✓公式 Check！

• WEEKDAY 函數會從日期傳回整數的星期值。

函數的語法：=WEEKDAY(序列值, [類型])

引數「類型」可以指定以下幾種數值來決定傳回的整數值。

類型	傳回的值
1 或省略	1 (星期日)～7 (星期六)
2	1 (星期一)～7 (星期日)
3	0 (星期一)～6 (星期日)
11	1 (星期一)～7 (星期日)
12	1 (星期二)～7 (星期一)
13	1 (星期三)～7 (星期二)
14	1 (星期四)～7 (星期三)
15	1 (星期五)～7 (星期四)
16	1 (星期六)～7 (星期五)
17	1 (星期日)～7 (星期六)

※ Excel 2007 只能指定「1」～「3」。

「=IF(B2="","", WEEKDAY(B2))」的公式, 是將「在 **STEP1** 回傳前一天的日期為空白時」指定為條件式。滿足條件便會回傳空白, 沒有滿足時則會從日期傳回整數的星期值。

如此一來, 只有在日期不是空白時, 才能從日期帶出整數的星期值。因為是整數, 我們在設定星期的數值格式時, 可以依照自己想要的格式做設定。星期的數值格式有右表的這幾種。

數值格式	顯示方式
aaa	週一
(aaa)	(週一)
aaaa	星期一
ddd	Mon
dddd	Monday

密技
加碼送 **如何將六日設定為不同顏色？**

變更年份與月份後, 想要在日期與星期自動轉換的同時, 將六日設定為不同顏色的話, 就要配合**設定格式化的條件**功能。

❶ 選取要設定顏色的儲存格範圍, 從**常用**頁次的**樣式**區中按下**設定格式化的條件**鈕, 再選取**新增規則**。

❷ 從**新增格式化規則**的交談窗中, 選取規則類型中的**使用公式來決定要格式化哪些儲存格**。

❸ 在**編輯規則說明**內輸入「=B$3=7」。

NEXT

❹ 按下**格式**鈕後, 從**儲存格格式**交談窗切換到**填滿**頁次, 設定週六想要填滿的顏色。

❺ 重複一樣的動作, 再新增一個規則, 然後在**編輯規則說明**內輸入 「=B$3=1」 設定
週日的填滿顏色。設定好後週六及週日的部分便會被填滿色彩。

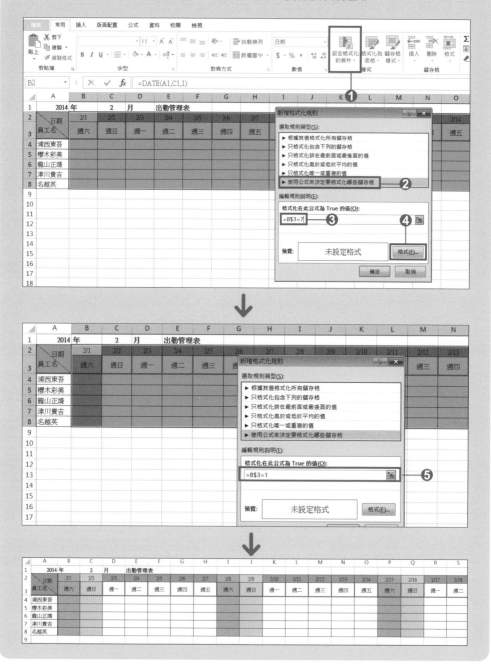

1-4 統計表的資料整理術

密技 01 | 將同一儲存格內以頓號或空格分隔的資料換行

一次 OK 的重點提示 利用「取代」功能

統計表的資料整理術！

想將原本以頓號或空格分隔的手機號碼與 E-mail 信箱在儲存格內換行。不想一筆一筆刪除頓號再換行, 希望能一次搞定！

手機會員名單	
姓名	電話／E-mail 信箱
張明惠	0912-383-544、sechikko@***.com.tw
王雨辰	0932-155-660、mikiyasaku@***.com.tw
沈嘉欣	0939-235-845、maemae@***.com.tw

→

手機會員名單	
姓名	電話／E-mail 信箱
張明惠	0912-383-544 sechikko@***.com.tw
王雨辰	0932-155-660 mikiyasaku@***.com.tw
沈嘉欣	0939-235-845 maemae@***.com.tw

STEP 1 以換行鍵取代「頓號」

❶ 選取使用「、」分隔的 B3：B5 儲存格範圍, 從**常用**頁次的**編輯**區中按下**尋找與選取**鈕, 選擇**取代**。

❷ 跳出**尋找及取代**交談窗後, 在**尋找目標**欄位中輸入「、」, 接下來在**取代成**欄位按下 Ctrl + J 鍵。

❸ 按下**全部取代**。

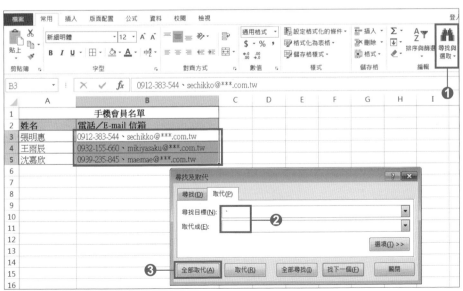

STEP 2　調整儲存格高度

❶ 選取第3、4、5 列的列標題後,將滑鼠指標移到第 5 列的下方格線上,待指標變成上下箭頭時,雙按滑鼠兩下。

❷ 同一儲存格內的資料便會分成兩行。

⯃	A	B	C
1	手機會員名單		
2	姓名	電話╱E-mail 信箱	
3	張明惠	0912-383-544 sechikko@***.com.tw	
4	王雨辰	0932-155-660 mikiyasaku@***.com.tw	
5	沈嘉欣	0939-235-845 maemae@***.com.tw	

❶

Check！

在**取代成**欄位按下 `Ctrl` + `J` 鍵便可將此項目指定為換行鍵,因此「、」會被換行鍵取代。也就是說儲存格內「、」的位置會被帶入換行過的資料。

密技 加碼送　若要將換行的資料改為以頓號分隔的話？

若要進行相反的操作,將換行的資料改為以頓號分隔的話,就在**尋找及取代**交談窗裡的**尋找目標**欄位中按下 `Ctrl` + `J` 鍵,而**取代成**欄位則輸入「、」。

❶ 選取換行過的儲存格範圍,從**常用**頁次的**編輯**區中按下**尋找與選取**鈕,選擇**取代**。

❷ 跳出**尋找及取代**交談窗後,在**尋找目標**方塊中按下 `Ctrl` + `J` 鍵,而**取代成**則輸入「、」。

❸ 按下**全部取代**鈕。

❹ 在**常用**頁次的**對齊方式**區中按下**自動換列**將此功能取消掉。

❺ 同一儲存格內的資料,便會被轉換成以頓號分隔的形式。

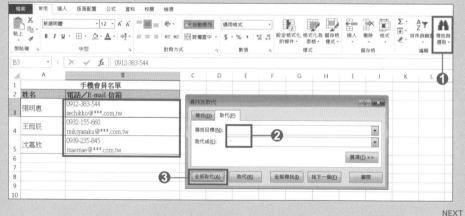

NEXT

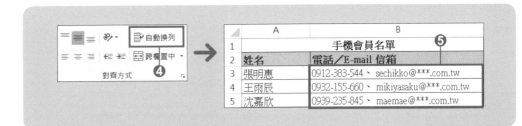

	A	B	
1	手機會員名單		⑤
2	姓名	電話／E-mail 信箱	
3	張明惠	0912-383-544、 sechikko@***.com.tw	
4	王雨辰	0932-155-660、 mikiyasaku@***.com.tw	
5	沈嘉欣	0939-235-845、 maemae@***.com.tw	

密技 **02** 將同一儲存格內的多行資料合併成一行

一次 OK 的重點提示 利用「取代」功能

統計表的資料整理術！

各班的儲存格內輸入了數行名字，若想將多行資料合併成一行，就要利用以下技巧！

班聯會班別名單	
班別	幹部名
第1班	木下隆行 細川瞳 櫻田光生
第2班	武田久美 桂五一郎
第3班	齊籐誠士朗 青山瑠海 甲本純子

→

班聯會班別名單	
班別	幹部名
第1班	木下隆行細川瞳櫻田光生
第2班	武田久美桂五一郎
第3班	齊籐誠士朗青山瑠海甲本純子

STEP 1 以空白取代換行符號

❶ 選取名字的 B3：B5 儲存格範圍，從**常用**頁次的**編輯**區中按下**尋找與選取**鈕，選擇**取代**。

❷ 開啟**尋找及取代**交談窗後，在**尋找目標**欄中按下 Ctrl + J + ★ 鍵（編輯註：要按數字鍵盤上的 ★ 才有效），而**取代成**欄則保持空白。

❸ 按下**全部取代**。

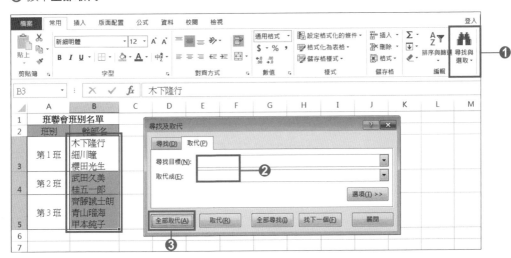

STEP 2 將「自動換列」功能取消

❶ 在**常用**頁次的**對齊方式**區中按下**自動換列**鈕, 將此功能取消掉。

❷ 儲存格內便會合併成一行資料。

密技**03** | 統一副編號格式

一次 OK 的重點提示 利用 IF+LEN+FIND+REPLACE 函數、SUBSTITITE 函數

統計表的資料整理術！

當商品編號中副編號混雜著有加 0 跟沒加 0 的位數時, 會使表格很難看。利用小祕訣, 將商品編號的格式統一！

進貨表		
進貨日	商品編號	顏色
9/20(週六)	400-1	粉紅
9/20(週六)	500	紅
9/25(週四)	100-1	黑
9/25(週四)	100-2	白
10/1(週三)	200-01	黑
10/1(週三)	200-02	白
10/1(週三)	200-03	咖啡
10/14(週二)	300	黑
10/14(週二)	400-02	白

進貨表		
進貨日	商品副編號統一加 0	顏色
9/20(週六)	400-01	粉紅
9/20(週六)	500	紅
9/25(週四)	100-01	黑
9/25(週四)	100-02	白
10/1(週三)	200-01	黑
10/1(週三)	200-02	白
10/1(週三)	200-03	咖啡
10/14(週二)	300	黑
10/14(週二)	400-02	白

統一加 0

進貨表		
進貨日	商品副編號統一不加 0	顏色
9/20(週六)	400-1	粉紅
9/20(週六)	500	紅
9/25(週四)	100-1	黑
9/25(週四)	100-2	白
10/1(週三)	200-1	黑
10/1(週三)	200-2	白
10/1(週三)	200-3	咖啡
10/14(週二)	300	黑
10/14(週二)	400-2	白

統一不加 0

●統一加上 0 時

STEP 1 當副編號「-」後為 2 位數時便帶入「-0」，3 位數時則帶入「-00」。

❶ 選取要帶入商品編號的 C3 儲存格，輸入「=IF(LEN(B3)-FIND("-", B3&"-")=1, REPLACE(B3,4,1, "-0"), B3)」

❷ 根據所需資料的筆數進行複製

❸ 副編號便會全部統一為加上 0 的 2 位數

| C3 | ▼ : × ✓ *fx* | =IF(LEN(B3)-FIND("-",B3&"-")=1,REPLACE(B3,4,1,"-0"),B3) | | ❶ |

▲	A	B	C	D	E	F	G	H
1			進貨表					
2	進貨日	商品編號	商品副編號統一加 0	顏色				
3	9/20(週六)	400-1	400-01	粉紅				
4	9/20(週六)	500		紅				
5	9/25(週四)	100-1		黑				
6	9/25(週四)	100-2		白				
7	10/1(週三)	200-01	❷	黑				
8	10/1(週三)	200-02		白				
9	10/1(週三)	200-03		咖啡				
10	10/14(週二)	300		黑				
11	10/14(週二)	400-02		白				
12								

✓公式 Check！

• IF 函數會依據是否滿足條件來判斷要回傳的結果。

函數的語法： =IF(條件式, [條件成立], [條件不成立])

滿足引數「條件式」指定的條件時，會回傳「條件成立」指定的值。沒有滿足時則回傳「條件不成立」指定的值。

• LEN 函數會傳回文字字串的字數。

函數的語法：=LEN(字串)

• FIND 函數會確認文字字串在最左邊數來第幾個位置。

函數的語法：=FIND(搜尋的字串, 尋找對象, [起始位置])

• REPLACE 函數會根據指定的字數，以指定的字串取代原本字串的一部分。

函數的語法：=REPLACE(字串, 起始位置, 字數, 取代的字串)

「=IF(LEN(B3)-FIND("-", B3&"-")=1, REPLACE(B3, 4, 1, "-0"), B3)」的公式，是將「商品編號的字數與「-」之前的字數相減，結果為「1」時，也就是「商品的副編號為 1 位數」作為條件式，滿足條件時商品編號會被加上「-0」，未滿足時編號則不會改變。將公式複製到所有編號的儲存格，便會各自帶入指定編號做轉換，如此一來，副編號的部分便會統一成加上 0 的形式。

●統一不加 0 時

STEP 1　以「-0」或「-00」取代「-」

❶ 選取要帶入商品編號的 C1 儲存格，輸入「=SUBSTITUTE(B3, "-0", "-")」。

❷ 根據所需資料的筆數進行複製。

❸ 副編號便會全部統一為不加 0 的 1 位數。

C3	▾	:	× ✓ fx	=SUBSTITUTE(B3, "-0", "-") ❶	
▲	A	B	C	D	E
1			進貨表		
2	進貨日	商品編號	商品副編號統一不加 0	顏色	
3	9/20(週六)	400-1	400-1	粉紅	
4	9/20(週六)	500		紅	
5	9/25(週四)	100-1		黑	
6	9/25(週四)	100-2		白	
7	10/1(週三)	200-01		黑	
8	10/1(週三)	200-02	❷	白	
9	10/1(週三)	200-03		咖啡	
10	10/14(週二)	300		黑	
11	10/14(週二)	400-02		白	
12					

✓公式 Check！

• SUBSTITUTE 函數會將原本的字串轉換為指定的字串。

　函數的語法：=SUBSTITUTE(字串, 搜尋的字串, 置換的字串, [置換的對象])

　「=SUBSTITUTE(B3, "-0", "-")」的公式，會將商品編號中的「-0」取代為「-」。將公式複製到所有編號的儲存格，便會各自帶入指定編號做轉換，如此一來，副編號的部分便會統一成不加 0 的形式。

密技
加碼送

如何將混雜「-0」與「-00」的編號統一為不加 0 的格式？

要將混雜著「-0」與「-00」的編號統一為不加 0 的格式時，要利用兩個 SUBSTITUTE 函數組合成公式，使「-0」與「-00」各自被取代為「-」。

❶ 選取要帶入商品編號的 C3 儲存格，輸入「=SUBSTITUTE(SUBSTITUTE(B3, "-00", "-"), "-0", "-")」。

❷ 根據所需資料的筆數進行複製。

❸ 副編號便會全部統一為不加 0 的形式。

NEXT

| | C3 | ▾ | : | ✕ | ✓ | *fx* | =SUBSTITUTE(SUBSTITUTE(B3,"-00","-"),"-0","-") | **❶** |

▲	A	B	C	D	E	F
1			進貨表			
2	進貨日	商品副編號混雜 0	商品副編號不加 0	顏色		
3	9/20(週六)	400-1	400-1	粉紅		
4	9/20(週六)	500		紅		
5	9/25(週四)	100-1		黑		
6	9/25(週四)	100-02	❷	白		
7	10/1(週三)	200-001		黑		
8	10/1(週三)	200-002		白		
9	10/1(週三)	200-003		咖啡		
10	10/14(週二)	300		黑		
11	10/14(週二)	400-02		白		
12	10/18(週六)	600-050	▼	粉紅		
13						

▲	A	B	C	D	E
1			進貨表		
2	進貨日	商品副編號混雜 0	商品副編號不加 0	顏色	
3	9/20(週六)	400-1	400-1	粉紅	
4	9/20(週六)	500	500	紅	
5	9/25(週四)	100-1	100-1	黑	
6	9/25(週四)	100-02	100-2	白	
7	10/1(週三)	200-001	200-1	黑	
8	10/1(週三)	200-002	200-2	白	
9	10/1(週三)	200-003	200-3	咖啡	
10	10/14(週二)	300	300	黑	
11	10/14(週二)	400-02	400-2	白	
12	10/18(週六)	600-050	600-50	粉紅	
13					

✓公式 Check！

「=SUBSTITUTE(SUBSTITUTE(B3, "-00", "-"), "-0", "-")」的公式, 會將商品編號中的「-00」
與「-0」分別取代為「-」。也就是説,「-」之後的「0」全部被空白取代, 因此副編號
的部分便會統一成不加 0 的形式。

密技 04 在表格內加上輔助圖示，可以清楚顯示數據的多寡

一次 OK 的重點提示 利用「資料橫條」、「色階」、「圖示集」、「走勢圖」

統計表的資料整理術！

表格中以地區別顯示每月銷量，但一排數字下來，很難比較各地區各個月份的銷量好壞。其實只要加上圖示，就能讓表格的數據更加簡明易懂！

地區別每月銷量

	台北	台中	高雄
1月	347	1153	724
2月	503	491	592
3月	350	1255	680
4月	451	1202	1136
5月	510	1429	1107
6月	578	1081	795
7月	417	990	1058
8月	695	1159	546
9月	456	1201	944
10月	438	1020	1176
11月	371	1111	956
12月	528	1262	801

→

地區別每月銷量

	台北	台中	高雄
1月	347	1153	724
2月	503	491	592
3月	350	1255	680
4月	451	1202	1136
5月	510	1429	1107
6月	578	1081	795
7月	417	990	1058
8月	695	1159	546
9月	456	1201	944
10月	438	1020	1176
11月	371	1111	956
12月	528	1262	801

以橫條圖顯示銷量多寡

地區別每月銷量

	台北	台中	高雄	銷售預測		
				台北	台中	高雄
1月	347	1153	724			
2月	503	491	592			
3月	350	1255	680			
4月	451	1202	1136			
5月	510	1429	1107			
6月	578	1081	795			
7月	417	990	1058			
8月	695	1159	546			
9月	456	1201	944			
10月	438	1020	1176			
11月	371	1111	956			
12月	528	1262	801			

以直條圖顯示銷量多寡

●以橫條圖顯示銷量多寡

STEP 1 利用橫條或圖示

❶ 選取銷量的 B3：D14 儲存格範圍，點選右下角的**快速分析**鈕 。

❷ 點選**格式設定**下的**資料橫條**。

❸ 表格便會以橫條圖顯示銷量的多少。

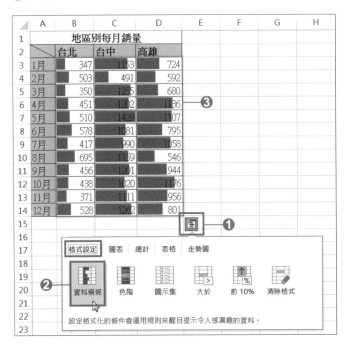

Check！

若不選擇橫條圖，想以**色階**顯示數據大小的話，儲存格便會依據數據的大小區分出不同顏色，點選**圖示集**的話，便會依據數據大小在儲存格內顯示出不同顏色的圖示。

「**資料橫條**」、「**色階**」、「**圖示集**」也可以從**常用**頁次的**樣式**區中，按下**設定格式化的條件**鈕進入。

繪製好圖示後，若想要變更顏色，只要再次按下**設定格式化的條件**鈕即可做變更。

另外，在 Excel 2010/2007 中無法使用**快速分析**鈕，一定要從**設定格式化的條件**中選取。

●以直條圖顯示銷量多寡

STEP 1 利用走勢圖

❶ 從**快速分析**中的**走勢圖**，點選想用的圖表。

❷ 如此便會依據銷量的多少，在新欄位的儲存格中產生圖表。

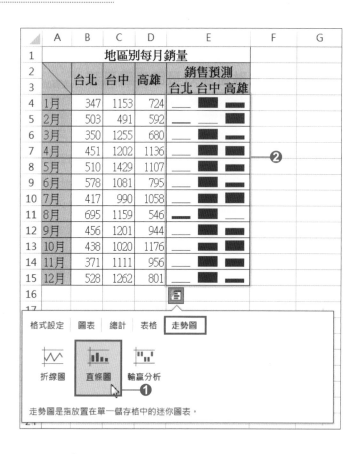

Check!

要做成「走勢圖」，❶可以按下插入頁次走勢圖區中的按鈕。完成後若要變更格式，❷可以從走勢圖工具/設計頁次的按鈕作更改。

另外，在 Excel 2007 中無法使用以上功能。

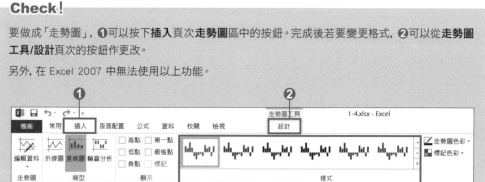

密技 05 ｜ 將數值以萬元、千元為單位顯示

一次 OK 的重點提示 要四捨五入、無條件捨去時利用「數值格式」功能；
無條件進位則利用 ROUNDUP 函數

統計表的資料整理術！

想以千元、萬元為單位顯示銷售額, 利用這個技巧便不用重新輸入, 不管要四捨五入、無條件捨去還是無條件進位, 都可以一次搞定！

年度銷售實績	
年度	銷售額
2009年度	3,245,240
2010年度	5,022,870
2011年度	10,246,820
2012年度	8,720,050
2013年度	12,577,610

→

年度銷售實績 【單位：千元】	
年度	銷售額
2009年度	3,245
2010年度	5,023
2011年度	10,247
2012年度	8,720
2013年度	12,578

→

年度銷售實績 【單位：萬元】	
年度	銷售額
2009年度	325
2010年度	502
2011年度	1,025
2012年度	872
2013年度	1,258

●以「千」為單位四捨五入

STEP 1 利用數值格式做成條件式

❶ 選取要變更單位的 B4：B8 儲存格範圍, 從**常用**頁次的**數值**區按下 　 鈕。

❷ 開啟**儲存格格式**交談窗的**數值**頁次, 選取**自訂**並輸入「#,##0,」, 再按下**確定**鈕。

Check!

在數值格式的末尾輸入「,」, 可以使其後 3 位數被省略, 使數值以千為單位顯示。在這邊, 會將百位四捨五入後顯示。

●以「萬」為單位四捨五入

STEP 1　利用數值格式做成條件式

❶ 開啟**儲存格格式**交談窗的**數值**頁次, 選取**自訂**並輸入「#,##0,,」後, 按下 Ctrl + J 鍵再輸入「%」。

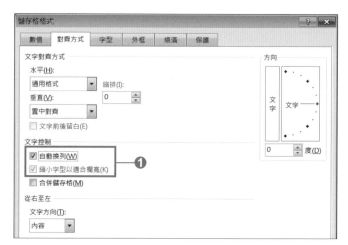

STEP 2　調整儲存格內的文字控制

❶ 切換到**對齊方式**頁次, 依序勾選**縮小字形以適合欄寬**及**自動換列**項目, 再按下**確定**鈕。

Check!

為了讓數值以萬為單位顯示, 必須將後 4 位數省略。在數值格式的末尾輸入兩個「,」, 會使後面 6 位數都被省略, 為了多顯示 2 位數, 這邊需要輸入「%」。此處的「%」不能顯示於表格上, 因此要先按下 Ctrl + J 鍵換行後, 才能在第二行輸入「%」。

到目前為止, 表格中仍會顯示出第二行的資料, 為了讓第二行不會顯示, 我們要利用文字控制。此處必須將**縮小字形以適合欄寬**及**自動換列**項目都勾選起來。另外, 如果先勾選**自動換列**的話, 便無法勾選**縮小字形以適合欄寬**, 因此必須先行勾選**縮小字形以適合欄寬**。

●以萬為單位無條件捨去、以千為單位無條件捨去

STEP 1 利用「數值格式」做成條件式

❶ 以千為單位進行無條件捨去時, 需輸入「[>=1000000000]###!, ###!, ##0」後按下 Ctrl + J 鍵, 輸入「000;[>=1000000]#!, ##0」後再按 Ctrl + J 鍵, 輸入「000;##0」後再按 Ctrl + J 鍵, 最後輸入「000」。

❷ 以萬為單位無條件捨去, 需輸入「[>=10000000000]###!, ###!, ##0」後按下 Ctrl + J 鍵, 輸入「0000;[>=10000000]#!, ##0」後, 再按 Ctrl + J 鍵, 輸入「0000;##0」後再按 Ctrl + J 鍵, 最後輸入「0000」。

STEP 2　調整儲存格內的文字控制

❶ 切換到**對齊方式**頁次，依序勾選**縮小字形以適合欄寬**及**自動換列**項目，再按下**確定**鈕。

儲存格格式

數值　　**對齊方式**　　字型　　外框　　填滿　　保護

文字對齊方式

水平(H):

通用格式

垂直(V):

置中對齊

縮排(I):　0

☐ 文字前後留白(E)

文字控制

☑ 自動換列(W)
☑ 縮小字型以適合欄寬(K)　　　❶
☐ 合併儲存格(M)

從右至左

文字方向(T):

內容

✓公式 Check！

按下 Ctrl + J 鍵在第二行輸入 0，根據輸入的 0 的數量，資料的數值便會削除多少個位數。也就是說，以千為單位便輸入「000」，以萬為單位則輸入「0000」，便會依照希望的單位去刪除數值的位數。

另外，在「[ ]」中輸入條件式，便可以設定數值格式的條件。輸入「!」可以讓下一個文字照常顯示，而符號本身並不會顯示。也就是說，

輸入「[>=1000000000]###!,###!,##0」，按 Ctrl + J

輸入「000;[>=1000000]#!,##0」，按 Ctrl + J

輸入「000;##0」，按 Ctrl + J

輸入「000」

如上的數值格式所顯示的結果，1000000000 以上的數值會刪除後三位數並每隔三位插入分位符號「,」，1000000 以上的數值會刪除後三位數並每隔三位插入分位符號「,」，未滿的數值也會刪除後三位數並每隔三位插入分位符號「,」。

另外，若不想加入分位符號「,」的話，在設定時輸入「0」後按 Ctrl + J 鍵到第二行，以千為單位便再輸入「000」，以萬為單位則輸入「0000」，便可以根據希望的單位刪除末尾位數。

●以萬為單位無條件進位、以千為單位無條件進位

利用 ROUNDUP 函數

❶ 選取銷售額的儲存格 (C4), 以千為單位無條件進位的話, 輸入「=ROUNDUP(B4, -3)/1000」。

❷ 根據所需資料的筆數複製這個公式。

❶ 以萬為單位無條件進位的話, 輸入「=ROUNDUP(B4,-4)/10000」。

❷ 根據所需資料的筆數複製這個公式。

✓公式 Check！

• ROUNDUP 函數會將數值以無條件進位的方式進位, 並以指定的位數顯示。

函數的語法：=ROUNDUP(數值, 位數)

將引數的「數值」以「位數」中指定的位數為單位顯示。根據所求的位數不同, 引數「位數」填入的資料也不同, 請參考右表。

位數	所求的位數
-2	百位
-1	十位
0	個位
1	小數點以下第一位
2	小數點以下第二位

「=ROUNDUP(B4, -3)」的公式中, 銷售額中百位以下的數值會被刪除, 因此會顯示為「3,245,000」, 不滿千的位數都會顯示為「0」。要以千為單位顯示時, 需要刪除三個「0」, 因此需將得出的數值再除以 1000。

「=ROUNDUP(B4, -4)」的公式中, 銷售額中千位以下的數值會被刪除, 因此會顯示為「3,250,000」, 不滿萬的位數都會顯示為「0」。要以萬為單位顯示時, 需要刪除四個「0」, 因此需將得出的數值再除以 10000。

✓公式 Check！

以四捨五入或無條件捨去做計算, 卻不想使用數值格式時, 可以利用 ROUND 函數帶出四捨五入的結果。而 ROUNDDOWN 函數可以帶出無條件捨去的結果 (詳細解說請參考 1-87 頁)。

密技
加碼送

若想讓 15,000 元顯示成 1.5 萬的話？

想將數值以萬為單位進行捨去, 但讓千位顯示於小數點之後的話, 需在數值格式做設定。另外, 在此情況下, 小數點以下的千位數值會由百位進行四捨五入。

❶ 從**儲存格格式**交談窗的**數值**頁次中, 選取**自訂**並輸入「#,##0.0,,」, 按下 `Ctrl` + `J` 換行後再輸入「%」。

❷ 切換到**對齊方式**頁次, 依序勾選**縮小字形以適合欄寬**及**自動換列**, 再按下**確定**鈕。

❸ 銷售額的數值便被轉換成以萬為單位, 並讓千位數的顯示於小數點第一位。

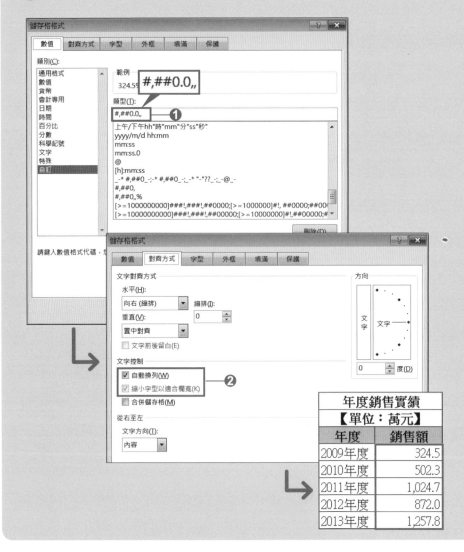

密技
加碼送

要將數值轉換成〇億〇萬元的話？

要讓數值顯示為〇億〇萬〇千元的話，需在數值格式做設定。想將結果帶入別欄的話，就利用 TEXT 函數加上 INT、MOD 函數做設定。

●利用數值格式將數值顯示為〇億〇萬〇千元

❶ 從**儲存格格式**交談窗的**數值**頁次中選取**自訂**，輸入「[>=10000000]0", "000"萬"0"千元"」後按下 `Ctrl` + `J` 鍵換行，接著輸入「000;[>=10000]0"萬"0"千元"」後再按下 `Ctrl` + `J` 鍵換行，繼續輸入「000;0"千元"」按下 `Ctrl` + `J` 鍵，換行後再輸入「000」。

❷ 切換到**對齊方式**頁次，依序勾選**縮小字形以適合欄寬**及**自動換列**項目，再按下**確定**鈕。

❸ 從**常用**頁次的**樣式**區中按下**設定格式化的條件**鈕，選取**新增規則**。從**新增格式化規則**的交談窗中，在選取規則類型中選擇**只格式化包含下列的儲存格**。

❹ 在編輯規則說明下選擇**儲存格值、大於或等於、10000000**。

❺ 按下**格式**鈕，在**儲存格格式**交談窗的**數值/自訂**頁次中，輸入「0"億"0", "000"萬"0"千元"」後，按下 `Ctrl` + `J` 鍵，接著輸入「000」，按下**確定**鈕。

❻ 一億以上的銷量會被轉換為〇億〇萬〇千元，一萬以上轉換為〇萬〇千元，一千以上則轉換為〇千元。

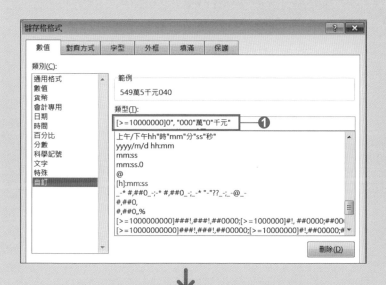

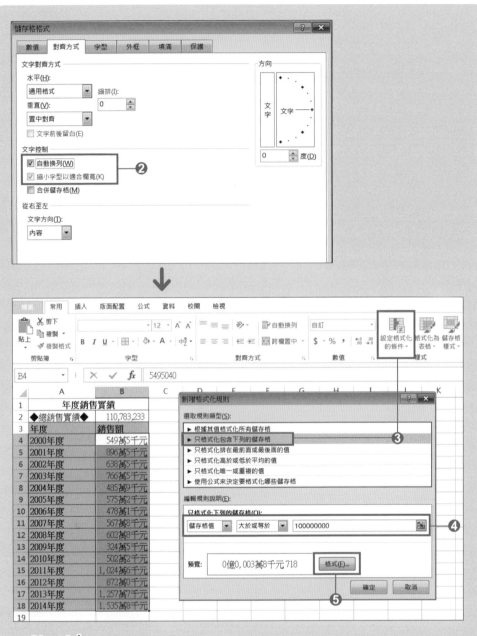

Check!

這邊要提醒大家,此處介紹的數值格式在數值的千位為 0 時,會顯示為 1 萬 0 千元,不滿千元時則會顯示為 0 千元。

NEXT

●利用函數將數值顯示為〇億〇萬〇千元

❶ 選取數值的儲存格，輸入「=TEXT(INT(B2/100000000),"#,###億;;;")&TEXT(INT(MOD(B2,100000000)/10000),"#,###萬;;;")&TEXT(INT(MOD(B2,10000)/1000),"#千元;;元")」。

| E2 | : | × ✓ ƒx | =TEXT(INT(B2/100000000),"#,###億;;;")&TEXT(INT(MOD(B2,100000000)/10000),"#,###萬;;;")&TEXT(INT(MOD(B2,10000)/1000), "#千元;;元") | | | ❶ |

⊿	A	B	C	D	E	F	G	H
1	年度銷售實績			年度銷售實績				
2	◆總銷售實績◆	110,783,233		◆總銷售實績◆	1億1,078萬3千元			
3	年度	銷售額		年度	銷售額			
4	2000年度	5,495,040		2000年度	549萬5千元			
5	2001年度	8,965,690		2001年度	896萬5千元			
6	2002年度	6,385,266		2002年度	638萬5千元			
7	2003年度	7,665,927		2003年度	766萬5千元			
8	2004年度	4,859,380		2004年度	485萬9千元			
9	2005年度	5,752,630		2005年度	575萬2千元			
10	2006年度	4,781,260		2006年度	478萬1千元			
11	2007年度	5,678,550		2007年度	567萬8千元			
12	2008年度	6,028,880		2008年度	602萬8千元			
13	2009年度	3,245,240		2009年度	324萬5千元			
14	2010年度	5,022,870		2010年度	502萬2千元			
15	2011年度	10,246,820		2011年度	1,024萬6千元			
16	2012年度	8,720,050		2012年度	872萬元			
17	2013年度	12,577,610		2013年度	1,257萬7千元			
18	2014年度	15,358,020		2014年度	1,535萬8千元			

✓公式 Check！

• TEXT 函數會將數值或日期/時間依照指定的數值格式轉換為字串。

函數的語法：=TEXT(值, 顯示格式)

引數的「顯示格式」，可以指定**儲存格格式**交談窗**數值**頁次下的預設格式，但是無法使用「通用格式」、「*」(星號) 與「顏色」等等格式。

• INT 函數會將小數點以下的值無條件捨去。

函數的語法：=INT(數值)

• MOD 函數會傳回兩數相除後之餘數。

函數的語法：=MOD(數值, 除數)

「=TEXT(INT(B2/100000000),"#,###億;;;")&TEXT(INT(MOD(B2,100000000)/10000),"#,###萬;;;")&TEXT(INT(MOD(B2,10000)/1000),"#千元;;元")」的公式中，一億以上的數值會顯示為〇億〇萬〇千元，一萬以上為〇萬〇千元，一千以上則為〇千元。

但是未滿千元時會像「 元」這樣只顯示出「元」。

要讓未滿千元的數值以一元為單位顯示的話，需要設定「=TEXT(INT(B2/100000000),"#,###億;;;")&TEXT(INT(MOD(B2,100000000)/10000),"#,###萬;;;")&TEXT(INT(MOD(B2,10000)/1000),"#千;;")&TEXT(MOD(B2,1000),"#元")」的公式。

密技 加碼送　若要以顯示的位數進行計算的話？

若在數值格式中變更希望顯示的位數, 想當然爾, 以合計求出的計算結果會與表格上數值加總的值不相符。若要使計算結果相符, 必須更改 Excel 的**選項**設定, 使表單以顯示的位數進行計算。

❶ 在數值格式中變更顯示的位數, 得出的合計結果與表格上數值加總的值不相符。

❷ 從**檔案**頁次中選擇**選項**, 切換到**進階**頁次後勾選**以顯示值為準**, 再按下**確定**鈕。

❸ 計算結果與顯示值加總的值相符。

2013年度地區別銷量			
【單位：千元】			
地區	上半年	下半年	全年度
台北	4,046	6,649	10,695
台中	5,496	4,862	10,358
高雄	3,799	2,446	6,245
新竹	2,509	5,264	❶ 7,773
宜蘭	3,085	2,099	5,184

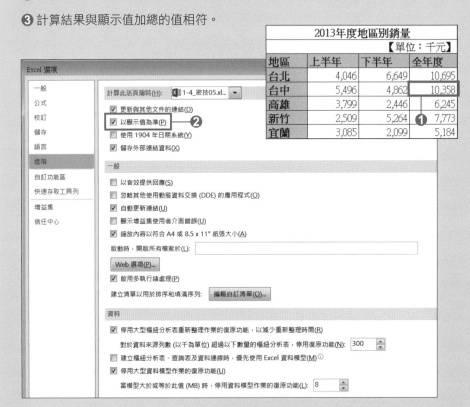

2013年度地區別銷量			
【單位：千元】			
地區	上半年	下半年	全年度
台北	4,046	6,649	10,695
台中	5,495	4,862	10,357
高雄	3,799	2,446	6,245
新竹	2,509	5,264	❸ 7,773
宜蘭	3,085	2,099	5,184

Check!

在 Excel2007 中, 需按下 **Office 按鈕**, 選取 **Excel 選項**再點選**進階**, 找到**以顯示值為準**項目後勾選。

密技 **06** │ 將萬位或千位之後的位數皆轉換為 0

一次 OK 的重點提示 利用數值格式或處理尾數的函數

統計表的資料整理術！

將萬位或千位之後的位數皆統一轉換為 0, 希望不用一筆一筆更改成 0, 可以一次搞定！

年度銷售實績	
年度	銷售額
2009年度	3,245,240
2010年度	5,022,870
2011年度	10,246,820
2012年度	8,720,050
2013年度	12,577,610

→

年度銷售實績	
年度	銷售額
2009年度	3,245,000
2010年度	5,023,000
2011年度	10,247,000
2012年度	8,720,000
2013年度	12,578,000

■方法 1 變更數值格式

●以千為單位四捨五入, 千以後的尾數轉換為 0

❶ 選取要變更數值的儲存格範圍 (B3：B7), 從**常用**頁次的**數值**區按下 ⌐ 鈕。

❷ 從**儲存格格式**交談窗的**數值**頁次中, 選取**自訂**並輸入「[>=1000]#,##0,", 000";G/通用格式」, 按下**確定**鈕。

Check!

設定「[>=1000]#,##0,",000";G/通用格式」的數值格式, 1,000 以上的數值會以「千」為單位進行四捨五入, 並在後面加上「000」。如此一來, 表格中便會顯示以千為單位四捨五入後, 其後的位數全部轉換為 0 的數值。

Check!

想讓小數點以下的位數在
四捨五入後統一顯示為 0
的話,可以按下**常用**頁次**數
值**區中的**增加小數位數**及
減少小數位數鈕做調整。

●以千為單位無條件捨去, 千以後的尾數轉換為 0

STEP 1　利用數值格式做成條件式

❶ 輸入「[>=1000]#,##0,
"000"」, 按住 Ctrl + J
鍵後輸入「000;0」。

STEP 2　調整儲存格內的文字控制

❶ 接著切換到**對齊方式**頁
次, 依序勾選**縮小字形以
適合欄寬**及**自動換列**, 然
後按下**確定**鈕。

#圖 4-53

■方法 2 利用函數

STEP 1　利用處理尾數的函數

要進行四捨五入時需利用 ROUND 函數, 無條件捨去則利用 ROUNDDOWN 函數, 無條件進位則是使用 ROUNDUP 函數。

● 四捨五入將尾數轉換為 0

❶ 選取要帶入銷量的 C3 儲存格, 以千為單位就輸入「=ROUND(B3, -3)」, 以萬為單位則輸入「=ROUND(B3, -4)」。

❷ 根據所需資料的筆數進行複製。

	A	B	C	D
1	年度銷售實績			
2	年度	銷售額	銷售額	
3	2009年度	3,245,000	3,245,000	
4	2010年度	5,023,000		
5	2011年度	10,247,000		
6	2012年度	8,720,000		
7	2013年度	12,578,000		

C3 =ROUND(B3,-3)

● 無條件捨去後將尾數轉換為 0

❶ 選取要帶入銷量的 C3 儲存格, 以千為單位就輸入「=ROUNDDOWN(B3, -3)」, 以萬為單位則輸入「=ROUNDDOWN(B3, -4)」。

❷ 根據所需資料的筆數進行複製。

	A	B	C	D	E
1	年度銷售實績				
2	年度	銷售額	銷售額		
3	2009年度	3,245,000	3,245,000		
4	2010年度	5,023,000			
5	2011年度	10,247,000			
6	2012年度	8,720,000			
7	2013年度	12,578,000			
8					

C3 =ROUNDDOWN(B3,-3)

● 無條件進位後將尾數轉換為 0

❶ 選取要帶入銷量的 C3 儲存格, 以千為單位就輸入「=ROUNDUP(B3,-3)」, 以萬為單位則輸入「=ROUNDUP(B3,-4)」。

❷ 根據所需資料的筆數進行複製。

	A	B	C	D	E
1	年度銷售實績				
2	年度	銷售額	銷售額		
3	2009年度	3,245,000	3,246,000		
4	2010年度	5,023,000			
5	2011年度	10,247,000			
6	2012年度	8,720,000			
7	2013年度	12,578,000			
8					

C3 =ROUNDUP(B3,-3)

✓公式 Check！

以上用到的函數中，ROUND 函數會將數值四捨五入，ROUNDDOWN 函數是無條件捨去，ROUNDUP 函數則是無條件進位後，再將數值以指定的位數顯示。

函數的語法：**=ROUND(數值, 位數)**
函數的語法：**=ROUNDDOWN(數值, 位數)**
函數的語法：**=ROUNDUP(數值, 位數)**

將引數的「數值」以「位數」中指定的位數為單位顯示。根據所求的位數不同，引數「位數」填入的資料也不同，請參考右表。

位數	所求的位數
-2	百位
-1	十位
0	個位
1	小數點以下第一位
2	小數點以下第二位

銷售額中百位以下的數值，在使用「=ROUND(B3, -3)」的公式時會進行四捨五入，「=ROUNDDOWN(B3, -3)」時會無條件捨去，而「=ROUNDUP(B3, -3)」時會無條件進位，使千位以下統一。

另外，無條件捨去的函數還有以下兩種，可以一併記起來。

• TRUNC 函數會依指定的位數將數值進行捨去。INT 函數會將小數點以下的值無條件捨去。

函數的語法：**=TRUNC(數值, [位數])**
函數的語法：**=INT(數值)**

密技
加碼送　**若想任意指定單位, 並讓其之後的尾數轉換為 0 的話？**

想要指定 500 或 5,000 等單位，並讓尾數統一為 0 時，為了讓數值轉換成指定基數的倍數，需要利用以下函數進行進位或捨去。

❶ 選取要帶入銷量的 C3 儲存格，輸入「=CEILING. MATH(B3, 5000)」。

❷ 根據所需資料的筆數進行複製。

	C3		✕ ✓ fx	=CEILING.MATH(B3,5000)		
	A	B	C	D		E
1	年度銷售實績				❶	
2	年度	銷售額	銷售額			
3	2009年度	3,245,000	3,250,000			
4	2010年度	5,023,000				
5	2011年度	10,247,000		❷		
6	2012年度	8,720,000				
7	2013年度	12,578,000				
8						

NEXT

√公式 Check！

• CEILING.MATH 會將數值無條件進位到最接近的指定基準值之倍數。

函數的語法：**=CEILING.MATH(數值, [基準值], [模式])**

在「=CEILING.MATH(B3, 5000)」的公式中, B3 儲存格的銷量會回傳以 5,000 為單位無條件進位的值。要無條件捨去則利用 FLOOR.MATH 函數。若要在數值除以倍數後, 在餘數小於倍數的一半時進行捨去, 大於或等於倍數一半時則進位的話, 則利用 MROUND 函數。

函數的語法：**=FLOOR.MATH(數值, [基準值], [模式])**
函數的語法：**=MROUND(數值, 倍數)**

CEILING.MATH 函數與 FLOOR.MATH 函數是 Excel 2013 所新增的函數, 因此若需要在舊版 Excel 中開啟, 可以利用**相容性**函數分類中的 CEILING 函數及 FLOOR 函數。另外, 在 Excel 2010 是使用 CEILING 函數、CEILING.PRECISE 函數、FLOOR 函數及 FLOOR.PRECISE 函數。Excel 2007 中則是使用 CEILING 函數及 FLOOR 函數。

密技 07　在以萬、千為單位顯示的數值後加上 0, 並將單位改成一元

一次 OK 的重點提示 利用「**選擇性貼上**」

統計表的資料整理術！

銷售額以千為單位顯示時, 若要改為以一元為單位便必須不停地重複輸入「0」, 利用此密技可以一次搞定！

年度銷售實績	
【單位：千元】	
年度	銷售額
2009年度	3,245
2010年度	5,023
2011年度	10,247
2012年度	8,720
2013年度	12,578

→

年度銷售實績	
年度	銷售額
2009年度	3,245,000
2010年度	5,023,000
2011年度	10,247,000
2012年度	8,720,000
2013年度	12,578,000

STEP 1　將顯示單位的數值在選擇性貼上中相乘並貼上

❶ 若資料是以千為單位, 可在任一儲存格中輸入「1,000」後複製。

❷ 選取要轉換成以一元為單位的儲存格範圍 (B4：B8), 從**常用**頁次的**剪貼簿**區中按下**貼上**的▼鈕, 選取選單中的**選擇性貼上**。

❸ 跳出**選擇性貼上**交談窗後, 在運算的部分勾選**乘**, 按下**確定**鈕。

❹ 以千位顯示的銷售額便被轉換以一元為單位。

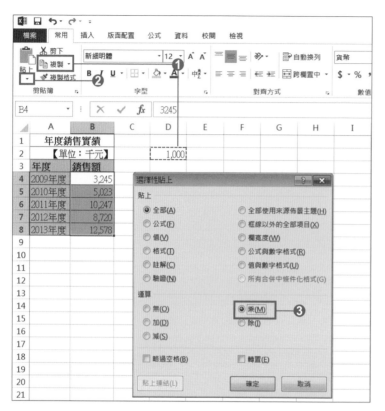

Check!

若是以萬為單位的資料, 便在任一儲存格中輸入「10, 000」。

Check!

選擇**乘**後在銷售額中貼上「1,000」, 便可以使各欄的銷售額分別加上「*1, 000」的公式。也就是說, 全部的銷售額都乘上 1, 000 倍, 就結果看來便是將以千為單位顯示的銷售額改成以一元為單位顯示。

另外, 想在運算中相除時便選擇**除**, 相加時選擇**加**, 相減時則選擇**減**即可。

密技 **08** ┃ 以特定的數值進行四則運算

一次 OK 的重點提示 利用「選擇性貼上」

統計表的資料整理術!

表格中的消費金額為未稅的價錢, 想要改成含稅價卻不想設定消費金額與稅額相乘的公式列, 希望能以更快速的方法一次搞定!

消費記錄		
日期	姓名	消費金額
2014/3/1(週六)	金小武	3,000
2014/3/2(週日)	張森明	5,000
2014/3/2(週日)	林池田	2,000
2014/3/3(週一)	王建明	12,000
2014/3/3(週一)	許秋月	4,000
2014/3/3(週一)	林池田	3,000
2014/3/3(週一)	金小武	11,000
2014/3/6(週四)	高勝雄	4,000

→

消費記錄		
日期	姓名	消費金額(含稅)
2014/3/1(週六)	金小武	3,150
2014/3/2(週日)	張森明	5,250
2014/3/2(週日)	林池田	2,100
2014/3/3(週一)	王建明	12,600
2014/3/3(週一)	許秋月	4,200
2014/3/3(週一)	林池田	3,150
2014/3/3(週一)	金小武	11,550
2014/3/6(週四)	高勝雄	4,200

STEP 1　將欲相乘的值利用「選擇性貼上」相乘並貼上

❶ 在任一儲存格中輸入欲相乘的稅額「1.05」並複製。

❷ 選取要進行四則運算的儲存格範圍 (C3：C10)，從**常用**頁次的**剪貼簿**區中點選**貼上**的▼鈕。

❸ 選取選單中的**選擇性貼上**。

❹ 跳出**選擇性貼上**交談窗後，在**運算**的部分點選**乘**，按下**確定**鈕。

❺ 消費金額便會乘上「1.05」，轉換為含稅的金額。

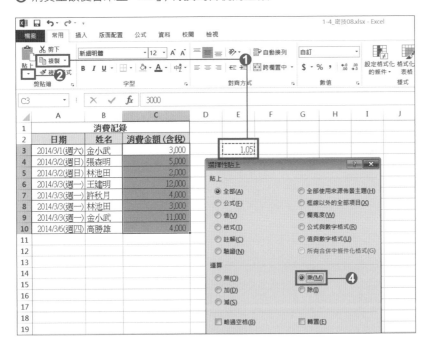

Check！

選擇**乘**後在消費金額中貼上「1.05」，便可以使各欄的消費金額分別加上「*1.05」的公式。也就是說，全部的消費金額都乘上 1.05 倍，就結果看來便是將消費金額由未稅價改為含稅價。

另外，想在運算中相除時便選擇**除**，相加時選擇**加**，相減時則選擇**減**即可。

密技 09 ｜ 貨幣符號與分位符號的整理術

一次 OK 的重點提示 利用數值格式的條件式、空格及「*」

統計表的資料整理術！

為了方便觀看位數過多的銷售額，希望將數值改以全形顯示，並每隔四位插入一個分位符號。但是千分位符號固定為每三位插入一個，而且將數值改為全形後，台幣的符號依然是半形……，要怎麼設定呢？另外，計算銷售額與銷售成本的差額時，利用數值格式只能顯示出負號，獲利的欄位不會顯示出正號……。希望能一次搞定這些符號！

年度銷售業績	
◆總銷售業績◆	$110,783,233
年度	銷售額
2000年度	5,495,040
2001年度	8,965,690
2002年度	6,385,266
2003年度	7,665,927
2004年度	4,859,380
2005年度	5,752,630
2006年度	4,781,260
2007年度	5,678,550
2008年度	6,028,880
2009年度	3,245,240
2010年度	5,022,870
2011年度	10,246,820
2012年度	8,720,050
2013年度	12,577,610
2014年度	15,358,020

年度銷售業績	
◆總銷售業績◆	＄１,１０７８,３２３３
年度	銷售額
2000年度	5,495,040
2001年度	8,965,690
2002年度	6,385,266
2003年度	7,665,927
2004年度	4,859,380
2005年度	5,752,630
2006年度	4,781,260
2007年度	5,678,550
2008年度	6,028,880
2009年度	3,245,240
2010年度	5,022,870
2011年度	10,246,820
2012年度	8,720,050
2013年度	12,577,610
2014年度	15,358,020

年度銷售業績			
			【單位：千元】
年度	銷售額	銷售成本	銷售總利潤
2009年度	3,245	5,000	-1,755
2010年度	5,023	3,000	2,023
2011年度	10,247	5,000	5,247
2012年度	8,720	10,000	-1,280
2013年度	12,578	10,000	2,578

年度銷售業績				
			【單位：千元】	
年度	銷售額	銷售成本	銷售總利潤	
2009年度	3,245	5,000	-	1 755
2010年度	5,023	3,000	+	2 023
2011年度	10,247	5,000	+	5 247
2012年度	8,720	10,000	-	1 280
2013年度	12,578	10,000	+	2 578

●將數值以全形顯示並每隔四位數插入一個千分位符號

STEP 1 利用數值格式加上條件式與空格

❶ 選取總銷售業績的 B2 儲存格,從**常用**頁次的**數值**區按下 ⌐ 鈕。

❷ 切換到**儲存格格式**交談窗的**數值**頁次中,選取**自訂**並輸入「[>=100000000][DBNum3]"
 $"0!,0000!,0000;[>=10000][DBNum3]" $"0!,0000;[DBNum3]" $"0」,按下**確定**鈕。

❸ 總銷售業績的數值便被轉換為全形,並每隔四位數插入一個千分位符號。

Check!

在「[ ]」中輸入條件式,數值格式便會被加上條件,輸入「!」的話,符號本身並不會顯示,而是讓下一個
文字照常顯示。另外,輸入「[DBNum3]」會使接下來的「#,##0」以全形顯示,在「$」之前加入空格便
可以使「$」以全形顯示。

「[>=100000000][DBNum3]" $"0!,0000!,0000;[>=10000][DBNum3]" $"0!,0000;[DBNum3]" $"0」
的數值格式中,100000000 以上的數值會在第四位與第八位加上千分位符號「,」,10000 以上的數
值會在第四位數加上千分位符號「,」,並將「$」顯示為全形。

●在儲存格左側加上「+」、「-」符號

STEP 1　在數值格式中的「+」、「-」後面加上「*」

❶ 選取儲存格 D4：D8 範圍, 在**儲存格格式**交談窗的**數值**頁次中, 選取**自訂**並輸入「+* #, ##0;[紅色]-* #, ##0;±* 0」, 再按下**確定**鈕。

❷ **銷售總利潤**的儲存格左側便會被標記上「+」、「-」符號, 且負數資料會以紅色標示。

Check!

在設定數值格式時, 一個數值格式中最多可以包含四個格式。每個語法以 [;] 加以區隔, 從左至右分別為正數的格式、負數的格式、零值及字串的格式。在「[ ]」中輸入條件式的話, 數值格式便會被加上條件, 例如輸入色彩名稱便可指定文字的色彩。

在符號後面加上「*」(星號), 表格中的符號便會顯示於儲存格的邊界旁。因此在帶入「+* #, ##0;[紅色]-* #, ##0;±* 0」的數值格式時, 數值為正數會加上「+」、為負數時加上「-」並以紅色顯示、為 0 值時則加上「±」的符號, 而符號皆顯示在儲存格內的左側。

另外, 若不希望將「+」、「-」顯示在儲存格左側, 則可改為輸入「+ #, ##0;[紅色]- #, ##0;±0」。

製作下拉式清單, 就不用重複輸入固定出現的資料

一次 OK 的重點提示 利用「資料驗證」建立清單

統計表的資料整理術!

在製作表格時需要分別輸入地區與店名, 明明是固定的幾個資料, 卻要浪費時間一個個輸入。利用小技巧, 讓填入資料的工作快速搞定!

7月銷量			
日期	地區	店名	銷量
7/1(週二)	京都	太秦店	52
7/1(週二)	梅田	站前店	45

→

●欲輸入一欄或一列的資料時

STEP 1 利用「資料驗證」建立清單

❶ 先將清單內固定會出現的資料輸入好。

❷ 選取要輸入地區的儲存格範圍 (B3:B6), 從**資料**頁次的**資料工具**區中按下**資料驗證**鈕。

❸ 開啟**資料驗證**交談窗後, 在**設定**頁次下的**儲存格內允許**選單中選取**清單**。

❹ 接著點選**來源**方塊, 選取 F3:F5 儲存格。

❺ **地區**的儲存格需填入的資料便可以由清單中選取。

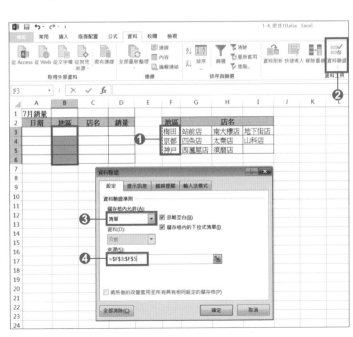

●欲輸入多個欄列資料時

儲存格內允許中**清單**的來源, 只能指定一整欄或一整列的資料。若想將多個欄列資料加入清單的話, 必須先將第一列或第一欄的資料設定好名稱後建立清單, 再將該名稱的參照範圍修改成欲加入清單的所有資料。

STEP 1　設定多個欄列的第一列或第一欄資料名稱, 再建立清單

❶ 要將多個欄列的資料加入清單時, 請先選擇第一列的資料範圍 (G3：I3), 在**名稱**方塊中輸入「店名」。

❷ 選取要輸入店名的儲存格範圍 (C3：C6), 點選**資料驗證**交談窗中**設定**頁次下的**儲存格內允許**選單, 從中選取**清單**。

❸ 在**來源**的文字方塊中輸入「=店名」, 按下**確定**鈕。

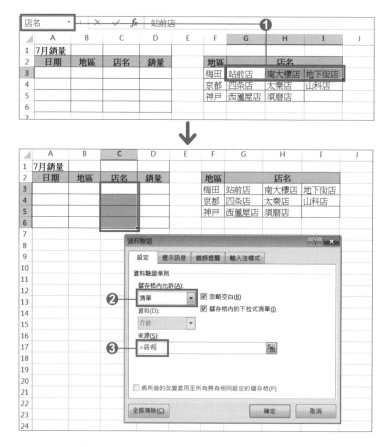

Check!

若要在**來源**中直接輸入所有希望加入清單的值, 必須在每個值之間輸入「,」區隔。

STEP 2 將名稱的參照範圍變更成要加入清單中的所有資料

❶ 從**公式**頁次的**已定義之名稱**區中按下**名稱管理員**鈕。

❷ 跳出**名稱管理員**的交談窗後，將「店名」名稱的**參照到**的範圍變更成所有要加入清單的資料，按下**關閉**。

❸ 清單中便可以選擇所有店名。

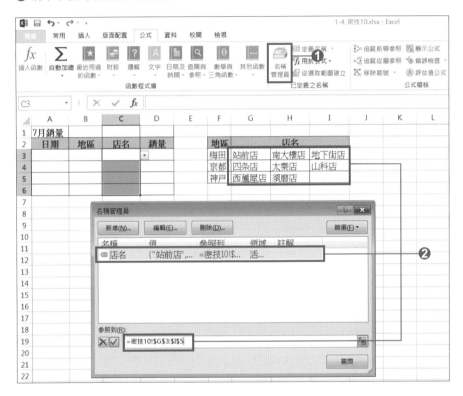

Check!

要在同一欄輸入資料時，可以利用**自動完成**功能叫出選單。**自動完成**功能會將同一欄內輸入過的資料建立成清單的功能。

要使用**自動完成**功能，請先選擇要輸入資料的儲存格，再按下 Alt + ↓ 鍵即可。但是在輸入一列的資料，或是單單輸入日期、時間或數值時，便無法利用此功能。

密技
加碼送

將表格中固定會出現的資料建立成選單，
就不必逐一手動輸入！

在表格內填入資料時，若有部分的文字會重複出現，可以利用**資料驗證**建立清單，省去重複輸入的時間。但是在此處必須更改**資料驗證**的初始設定，讓表格也可以直接輸入文字。

❶ 選取要輸入網址的儲存格範圍 (B3：B10)，按下**資料驗證**交談窗中**設定**頁次下的**儲存格內允許**選單，從中選取**清單**。在**來源**方塊中輸入「http://, http://www.」。

❷ 接著將**錯誤提醒**頁次下的**輸入的資料不正確時顯示警訊**項目取消勾選，按下**確定**鈕。

❸ 表格中建立了包含「http://」及「http://www.」的清單。

❹ 選擇其一後，繼續輸入後面的網址。

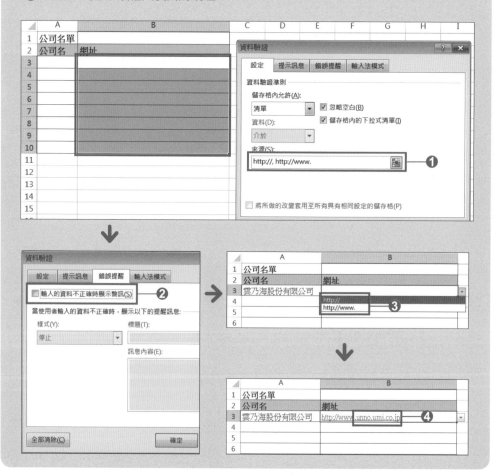

密技 11 從清單中點選「地區」後，自動列出該地區的所有「分店」

一次 OK 的重點提示 利用「資料驗證」+ INDIRECT 函數

統計表的資料整理術！

建立店名的清單後，卻因為總分店數量過多，在選擇店名時會比較耗時。利用一點小技巧，就能讓我們在輸入地區後，自動帶出該地區的分店清單。

7月銷量			
日期	地區	店名	銷量
7/1(週二)	京都	四条店 ▼	
		南大樓店	
		地下街店	
		四条店	
		太秦店	
		山科店	
		西蘆屋店	
		須磨店	

→

7月銷量			
日期	地區	店名	銷量
7/1(週二)	京都	四条店 ▼	
		四条店	
		太秦店	
		山科店	

STEP 1 將第二個清單內的資料製作成表格，並將第一個清單內的資料排在最左欄或頂端列。

❶ 想要依「地區」帶出「店名」清單，首先要將地區填入表格的最左欄或頂端列，再填入店名的資料。

STEP 2 替最左欄的資料建立「名稱」

❶ 選取 F3～I5 的儲存格範圍，從**公式**頁次的**已定義之名稱**區中按下**從選取範圍建立**鈕。

❷ 跳出**以選取範圍建立名稱**交談窗後，勾選**最左欄**後，按下**確定**鈕。

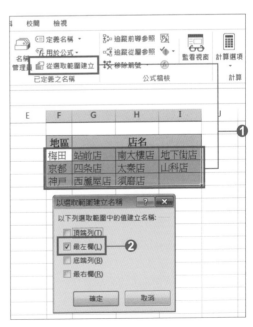

STEP 3 利用 INDIRECT 函數建立第二個清單

❶ 選取要輸入地區的儲存格範圍 (B3：B6), 從**資料**頁次的**資料工具**區中按下**資料驗證**鈕。

❷ 跳出**資料驗證**的交談窗後, 在**設定**頁次下的**儲存格內允許**選單中選取**清單**。接著點選**來源**方塊, 選取 F3：F5 的儲存格範圍建立清單。

❸ 選取要輸入店名的 C3：C6 儲存格範圍, 點選**資料驗證**交談窗中**設定**頁次下的**儲存格內允許**選單, 選取**清單**。

❹ 接著點選**來源**方塊輸入「=INDIRECT(B3)」, 按下**確定**鈕。

❺ 在第一個清單選擇地區後, 第二個清單便只會顯示該地區內的店鋪。

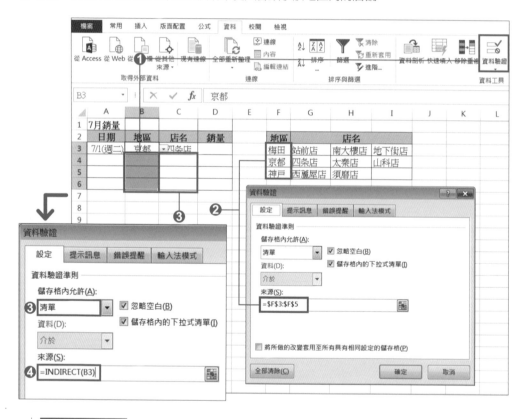

✔公式 Check！

• INDIRECT 函數會將表示儲存格參照的字串, 間接的參照到顯示的位置。

函數的語法：=INDIRECT(參照字串, [參照類型])

「=INDIRECT(B3)」的公式, 代表會間接參照 B3 儲存格的值。也就是說, B3 的值為「京都」時, 便會參照名稱被設定為京都的儲存格範圍。名稱為京都的儲存格範圍中輸入了京都地區的分店名, 因此清單中便只會顯示京都地區的分店。

密技 12 | 只要輸入姓氏就能篩選出同姓的會員─ 讓清單更容易搜尋

一次 OK 的重點提示 利用「資料驗證」+ OFFSET + MATCH + COUNTIF 函數

統計表的資料整理術！

將請款單上的客戶欄設計成可以選擇的清單方式, 可以從中選取客戶名稱。但因為顧客資料過多, 在搜尋上時常遇到困難。利用此處的技巧, 可讓登記多筆資料的名單更加容易搜尋！

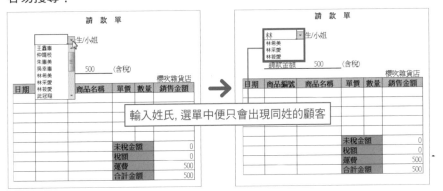

輸入姓氏, 選單中便只會出現同姓的顧客

STEP 1 利用 OFFSET、MATCH、COUNTIF 函數建立清單

❶ 請切換到**請款單**工作表, 選取要製作清單的儲存格 (B4), 從**資料**頁次的**資料工具**區中按下**資料驗證**鈕。

❷ 開啟**資料驗證**交談窗後, 請切換到**設定**頁次, 選取**儲存格內允許**列示窗中的**清單**。

❸ 在**來源**的方塊中輸入「=OFFSET(顧客名單!$A$2,MATCH(B4&"*",顧客名單! $A$3:$A$18,0),,COUNTIF(顧客名單!$A$3:$A$18,B4&"*"))」。

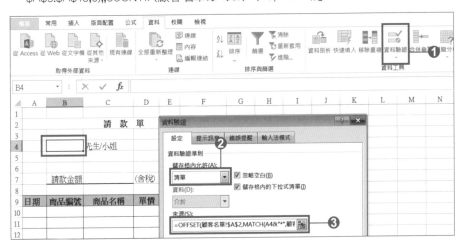

❹ 接著切換到**錯誤提醒**頁
次, 將**輸入的資料不正確
時顯示警訊**項目取消勾選,
再按下**確定**鈕。

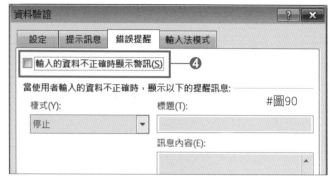

#圖90

❺ 輸入姓氏, 再點選▼, 就只
會出現同姓的顧客姓名。

Check！

已經從清單中選好名字時, 點選▼便不會出現
清單的一覽表。若要顯示清單, 必須再次輸入
姓氏並按下▼。

另外, 在什麼都沒填入的狀況下點選清單, 則
會出現所有的名字。

✔公式 Check！

• OFFSET 函數會對移動到基準的「列數」與「欄數」位置的「高度」與「寬度」之儲存格
範圍進行參照。

函數的語法：=OFFSET(參照, 列數, 欄數, [高度], [寬度])

• COUNTIF 函數會計算符合條件的儲存格個數。

函數的語法：=COUNTIF(條件範圍, 搜尋條件)

• MATCH 函數會回傳搜尋值在範圍內的相對位置。

函數的語法：=MATCH(搜尋值, 搜尋範圍,[比對的種類])

引數「比對的種類」如何指定搜尋範圍的方法, 請參考下頁表格。

比對的種類	搜尋範圍的方法
0、FALSE	搜尋與「搜尋值」完全一致的值
1、TRUE、省略	搜尋不到「搜尋值」時，便搜尋「搜尋值」以下的最大值 ※在此狀況下，搜尋範圍的資料必須以遞增排列
-1	搜尋不到「搜尋值」時，便搜尋「搜尋值」以上的最小值 ※在此狀況下，搜尋範圍的資料必須以遞減排列

「=OFFSET(顧客名單!$A$2,MATCH(B4&"*",顧客名單!$A$3:$A$18,0),,COUNTIF(顧客名單!$A$3:$A$18,B4&"*"))」的公式中，「顧客名單」工作表中姓名標題的位置，會移動到包含請款單 B4 欄裡填入的姓氏的姓名欄位去，再從移動到的位置回傳包含 B4 欄裡姓氏的姓名儲存格範圍。如此一來，含有付款人欄位中所輸入的姓氏的姓名資料，會從第一個到最後一個都被提取出來。將此公式填入**資料驗證**的**來源**欄後，輸入付款人的姓氏並按下▼，清單中便只會顯示該姓氏的付款人清單。

密技加碼送 使用 Excel2007 時

Excel 2007 在設定資料驗證準則時，無法加入其他工作表的儲存格範圍，因此要建立選單的話，必須將其他工作表的儲存格範圍設定一個名稱，再以該名稱建立公式。

❶ 將姓名依筆畫遞增排序，選取姓名的標題，在**名稱方塊**中輸入「顧客名」。

❷ 選取姓名的資料範圍，在**名稱方塊**中輸入「姓名」。

❸ 點開**資料驗證**的交談窗，在**設定**頁次下的**儲存格內允許**選擇**清單**。在**來源**的方塊中輸入「=OFFSET(顧客名,MATCH(B4&"*",姓名,0),,COUNTIF(姓名,B4&"*"))」。將**錯誤提醒**頁次下的**輸入的資料不正確時顯示警訊**取消勾選。

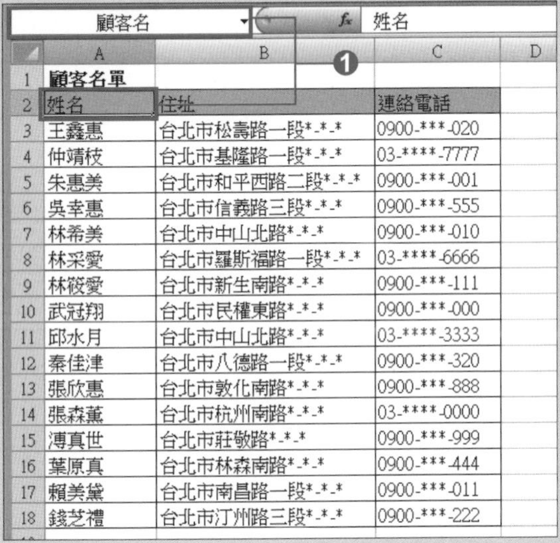

	A	B	C	D
1	顧客名單			
2	姓名	住址	連絡電話	
3	王鑫惠	台北市松壽路一段*-*-*	0900-***-020	
4	仲靖枝	台北市基隆路一段*-*-*	03-****-7777	
5	朱惠美	台北市和平西路二段*-*-*	0900-***-001	
6	吳幸惠	台北市信義路三段*-*-*	0900-***-555	
7	林希美	台北市中山北路*-*-*	0900-***-010	
8	林采愛	台北市羅斯福路一段*-*-*	03-****-6666	
9	林筱愛	台北市新生南路*-*-*	0900-***-111	
10	武冠翔	台北市民權東路*-*-*	0900-***-000	
11	邱水月	台北市中山北路*-*-*	03-****-3333	
12	秦佳津	台北市八德路一段*-*-*	0900-***-320	
13	張欣惠	台北市敦化南路*-*-*	0900-***-888	
14	張森薰	台北市杭州南路*-*-*	03-****-0000	
15	溥真世	台北市莊敬路*-*-*	0900-***-999	
16	葉原真	台北市林森南路*-*-*	0900-***-444	
17	賴美黛	台北市南昌路一段*-*-*	0900-***-011	
18	錢芝禮	台北市汀州路三段*-*-*	0900-***-222	

NEXT

❹ 按下**確定**。輸入姓氏，點選▼便會出現相符的姓名選單。

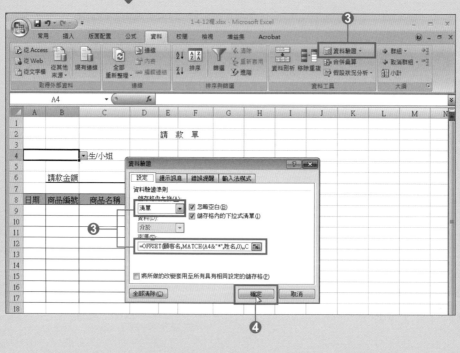

密技 13 點選「商品編號」清單時一併顯示「商品名稱」

一次 OK 的重點提示 利用「資料驗證」+ CHAR 函數

統計表的資料整理術！

在這份銷售明細中我們只想顯示商品編號, 但在輸入商品編號時希望能確認選取的商品是否正確。利用此處的小技巧, 可讓商品編號的清單一併顯示商品名稱。

銷售明細					
日期	顧客姓名	商品編號	單價	數量	金額
3/1	武冠翔	BG-002 ▼			
		AQ-100			
		BG-001			
		BG-002			
		CJ-001			
		CJ-002			

→

銷售明細					
日期	顧客姓名	商品編號	單價	數量	金額
3/1	武冠翔	BG-002 ▼			
		AQ-100 捲筒衛生紙套			
		BG-001 地墊(小)			
		BG-002 地墊(中)			
		CJ-001 窗簾(小)			
		CJ-002 窗簾(中)			

STEP 1 利用 CHAR 函數將兩欄的清單合併為一個字串

❶ 選取 K3 儲存格, 輸入「=H3&CHAR(10)&"　"&I3」。

❷ 根據所需資料的筆數複製公式。

× ✓ *fx*	=H3&CHAR(10)&"　"&I3 ❶					

G	H	I	J	K	L	M	N
	價目表						
	商品編號	商品名稱	單價				
	AQ-100	捲筒衛生紙套	800	AQ-100	捲筒衛生紙套		
	BG-001	地墊(小)	1,500				
	BG-002	地墊(中)	2,500		❷		
	CJ-001	窗簾(小)	800				
	CJ-002	窗簾(中)	1,800		↓		

STEP 2 利用「資料驗證」將剛才建立的字串建立清單

❶ 選取要建立清單的儲存格 (C3：C9), 從**資料**頁次的**資料工具**區中按下**資料驗證**鈕。

❷ 開啟**資料驗證**交談窗後, 在**設定**頁次下的**儲存格內允許**選擇**清單**。

❸ 在**來源**的方塊中選取 K3：K7 的儲存格範圍, 按下**確定**鈕。

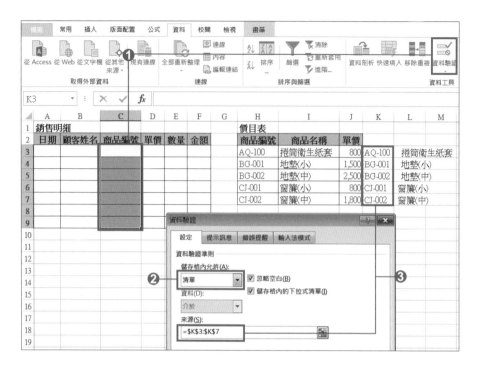

④ 從**常用**頁次的**對齊方式**區中按下**自動換列**鈕。

⑤ 點選商品編號的▼, 便會出現包含商品編號與商品名稱這兩欄的清單。

	A	B	C	D	E	F
1	銷售明細					
2	日期	顧客姓名	商品編號	單價	數量	金額
3				▼		
4			AQ-100 捲筒衛生紙套			
5			BG-001 地墊(小) BG-002 地墊(中)			
6			CJ-001 窗簾(小)			
7			CJ-002 窗簾(中)			

✓**公式 Check！**

• CHAR 函數會傳回文字代碼所對應的字元。

函數的語法：=CHAR(數值)

在 CHAR 函數的引數「數值」輸入「10」便會回傳換行符號。

「=H3&CHAR(10)&"　"&I3」的公式中, 商品編號與商品名稱之間被插入換行符號與全形的空白。利用此公式的值建立清單, 就算清單中顯示出商品編號與商品名稱的兩欄資料, 將儲存格內設定為根據欄寬自動換行的文字對齊方式, 儲存格內便會以第一列為商品編號、第二列為商品名稱的形式呈現。將儲存格的列高調整為第一列資料的高度, 第二列便不會顯示出來。也就是說, 即使清單有兩欄資料, 儲存格內也只會顯示出第一欄的商品編號的資料。

密技
加碼送　**若要將「$」及「,」加入金額的資料時？**

利用 **STEP1** 的方式以「&」將商品編號與單價合併的話, 無法顯示「$」「,」的符號。在此情況下, 可以利用 DOLLAR 函數使金額顯示「$」及「,」符號。

❶ 選取 K3 儲存格, 輸入「=H3&CHAR(10)&"　"&DOLLAR(J3)」。

❷ 根據所需資料的筆數複製公式。

❸ 利用資料驗證以設定好的值建立選單, 選單內容便會轉換為加上「$」符號的兩欄資料。

❶

K3	▼	:	× ✓	fx	=H3&CHAR(10)&"　"&DOLLAR(J3)				

▲	A	B	C	D	E	F	G	H	I	J	K
1	銷售明細							價目表			
2	日期	顧客姓名	商品編號	單價	數量	金額		商品編號	商品名稱	單價	
3								AQ-100	捲筒衛生紙套	800	AQ-100　$800.00
4								BG-001	地墊(小)	1,500	
5								BG-002	地墊(中)	2,500	❷
6								CJ-001	窗簾(小)	800	
7								CJ-002	窗簾(中)	1,800	
8											
9											
10											

↓

NEXT

	A	B	C	D	E	F	G	H	I	J	K
1	銷售明細							價目表			
2	日期	顧客姓名	商品編號	單價	數量	金額		商品編號	商品名稱	單價	
3	3/1	武冠翔	BG-002					AQ-100	捲筒衛生紙套	800	AQ-100　$800.00
4			AQ-100　$800.00					BG-001	地墊(小)	1,500	BG-001　$1,500.00
5			BG-001　$1,500.00					BG-002	地墊(中)	2,500	BG-002　$2,500.00
6			BG-002　$2,500.00					CJ-001	窗簾(小)	800	CJ-001　$800.00
7			CJ-001　$800.00					CJ-002	窗簾(中)	1,800	CJ-002　$1,800.00
8			CJ-002　$1,800.00								
9											

✓公式 Check！

- DOLLAR 函數會在數值中加入「$」與分位符號。

函數的語法：=DOLLAR (數值, [位數])

引數「位數」會指定小數點以下的位數。省略時則假設為 2。

在「=H3&CHAR(10)&"　"&DOLLAR(J3)」的公式中, 商品編號與加上「$」的單價金額之間會被插入換行符號與全形的空白。利用此公式的值建立的清單, 會顯示為商品編號與加上「$」的單價金額的兩欄資料。

另外, 只想加入分位符號時, 可以利用 FIXED 函數製作成公式。

函數的語法：=FIXED (數值, [位數], [分位符號])

變更表格欄列
位置及形式的
整理術

2-1 更改欄列設定的表格整理術

密技 01 | 將垂直的表格轉為水平表格

一次 OK 的重點提示 將欄列轉置並貼上

變更表格欄列形式的整理術！

要將年度別銷售業績的資料由垂直表格轉換成水平表格, 又不想一筆一筆複製貼上的話, 可以利用小技巧一次搞定！

年度別銷售業績				
				【單位：千元】
年度	2009年度	2010年度	2011年度	2012年度	2013年度
銷售額	3,245	5,023	10,247	8,720	12,578

年度別銷售業績	
【單位：千元】	
年度	銷售額
2009年度	3,245
2010年度	5,023
2011年度	10,247
2012年度	8,720
2013年度	12,578

STEP 1 將欄列轉置並貼上

❶ 選取銷售額的 B4：B8 儲存格範圍, 從**常用**頁次的**剪貼簿**區中按下**複製**鈕。

❷ 選取水平表格的 E4 儲存格, 從**常用**頁次的**剪貼簿**區中點選**貼上**的▼鈕, 選取選單中的**轉置**。

❸ 銷售額便從垂直轉為水平排列。

新細明體　　　12　Ａ Ａ

密技 **02** ｜ 將包含公式的垂直表格轉為水平表格

一次 OK 的重點提示 利用 TRANSPOSE 函數

變更表格欄列形式的整理術！

想將銷售業績的年度總額轉換成水平方向排列, 若用**密技 01** 的方式直接轉置貼上, 會打亂公式的參照範圍使表格顯示錯誤的數值。利用此處的密技可以一次搞定這些問題！

年度別銷售業績
【單位：千元】

年度	上半年	下半年	全年度
2009年度	1,578	1,667	3,245
2010年度	2,864	2,159	5,023
2011年度	5,897	4,350	10,247
2012年度	3,059	5,661	8,720
2013年度	4,697	7,881	12,578

→

年度別銷售業績
【單位：千元】

年度	2009年度	2010年度	2011年度	2012年度	2013年度
銷售額	3245	5023	10247	8720	12578

STEP 1 利用 TRANSPOSE 函數轉換

❶ 選取水平表格中 G4：K4 的儲存格範圍, 輸入「=TRANSPOSE(D4:D8)」並按下 Ctrl + Shift + Enter 鍵確認公式輸入。

❷ 原本垂直表格中的全年度銷售業績資料便會轉換到水平表格裡。

VLOOKUP ▾ × ✓ *fx* =TRANSPOSE(D4:D8)

	A	B	C	D	E	F	G	H	I	J	K
1	年度別銷售業績					年度別銷售業績					
2		【單位：千元】								【單位：千元】	
3	年度	上半年	下半年	全年度		年度	2009年度	2010年度	2011年度	2012年度	2013年度
4	2009年度	1,578	1,667	3,245		銷售額	=TRANSPOSE(D4:D8)				
5	2010年度	2,864	2,159	5,023			TRANSPOSE(array)				
6	2011年度	5,897	4,350	10,247							
7	2012年度	3,059	5,661	8,720				❶			
8	2013年度	4,697	7,881	12,578							
9											

√**公式 Check！**

• TRANSPOSE 函數會回傳將垂直與水平互相轉換的陣列。

函數的語法：=TRANSPOSE(陣列)

為了以陣列的方式輸入公式, 要選取欲帶入數值的全部儲存格範圍, 輸入函數之後按下 `Ctrl` + `Shift` + `Enter` 鍵來確認公式輸入。

利用「=TRANSPOSE(D4:D8)」公式, 就算 D4:D8 的儲存格內輸入的是公式, 也可以將銷售業績直接轉換到水平的表格內。

另外, 利用 TRANSPOSE 函數時, 務必將欲帶入資料的儲存格範圍全部選取後, 再將要轉換的儲存格範圍全部指定為引數, 以回傳陣列公式。

密技 **03** ┃ 將垂直表格轉為水平表格, 並讓資料順序顛倒

一次 OK 的重點提示 利用 INDEX+COLUMN 函數

變更表格欄列形式的整理術！

要將年度別銷售業績的資料由垂直表格轉換成水平表格, 並將銷售年度改為由新到舊排序, 如此一來, 就必須從垂直表格最下方的資料開始輸入。這邊可以利用小技巧一次搞定！

年度別銷售業績
【單位：千元】

年度	2013年度	2012年度	2011年度	2010年度	2009年度
銷售額	12,578	8,720	10,247	5,023	3,245

STEP 1 利用 INDEX 函數與 COLUMN 函數提取

❶ 選取水平表格中 E4 的儲存格, 輸入「=INDEX($B$4:$B$8, 6-COLUMN(A1))」。

❷ 根據所需資料的筆數複製公式。

❸ 垂直排列的銷售額便會帶入水平表格, 並讓資料以顛倒的順序排列。

✓公式 Check！

- INDEX 函數會傳回根據所指定欄列交集處的儲存格之參照。

  函數的語法：**陣列形式=INDEX(陣列, 列編號, [欄編號])**
  **　　　　　參照形式=INDEX(參照, 列編號, [欄編號], [區域編號])**

- COLUMN 函數會傳回儲存格的欄編號。

  函數的語法：**=COLUMN(參照)**

  在「=INDEX($B$4:$B$8, 6-COLUMN(A1))」公式中，欄編號為「1」，因此引數「列編號」被指定為「5」，會回傳 B4：B8 儲存格範圍中第五列 (最尾列) 的銷售業績。複製公式時，會各自帶入指定的欄編號，如此一來，垂直排列的銷售額便會帶入水平表格，並讓資料以顛倒的順序排列。

密技
加碼送

若想將水平表格轉為垂直表格，並讓資料順序顛倒該怎麼做呢？

若要反向操作，將水平的表格轉為垂直表格，並讓資料順序顛倒的話，我們要利用 INDEX 函數與 ROW 函數建立公式。

❶ 選取垂直表格中 I4 的儲存格，輸入「=INDEX($B$4:$F$4, , 6-ROW(A1))」。

❷ 根據所需資料的筆數複製公式。

❸ 水平排列的銷售額便會帶入垂直表格，並讓資料以顛倒的順序排列。

I4		× ✓ *fx*	=INDEX($B$4:$F$4,,6-ROW(A1))						
◢	A	B	C	D	E	F	G	H	I	J
1	年度別銷售業績							年度別銷售業績		
2					【單位：千元】			【單位：千元】		
3	年度	2009年度	2010年度	2011年度	2012年度	2013年度		年度	銷售額	
4	銷售額	3,245	5,023	10,247	8,720	12,578		2013年度	12,578	
5								2012年度		
6								2011年度		
7								2010年度		
8								2009年度		
9										

✓公式 Check！

- ROW 函數會傳回儲存格的列編號。

  函數的語法：**=ROW(參照)**

  在「=INDEX($B$4:$F$4, 6-ROW(A1))」公式中，列編號為「1」，因此引數「欄編號」被指定為「5」，會回傳 B4：F4 儲存格範圍中第五欄 (最右欄) 的銷售業績。複製公式時，會各自帶入指定的列編號，如此一來，水平排列的銷售額便會帶入垂直表格，並讓資料以顛倒的順序排列。

密技 **04** | 將多欄的垂直表格轉換為水平表格

一次 OK 的重點提示 利用 TRANSPOSE 函數

變更表格欄列形式的整理術！

想將表格中多個欄列資料進行轉置, 利用**密技 01** 的方式轉置貼上時, 一次只能轉換一欄或一列, 利用此處的密技, 可以一次轉置多欄！

年度別銷售業績

【單位：千元】

年度	上半年	下半年	全年度
2009年度	1,578	1,667	3,245
2010年度	2,864	2,159	5,023
2011年度	5,897	4,350	10,247
2012年度	3,059	5,661	8,720
2013年度	4,697	7,881	12,578

➡

年度別銷售業績

【單位：千元】

年度	2009年度	2010年度	2011年度	2012年度	2013年度
上半年	1578	2864	5897	3059	4697
下半年	1667	2159	4350	5661	7881

STEP 1 利用 TRANSPOSE 函數轉置

❶ 選取要轉換欄列的 G4：K5 儲存格範圍, 輸入「=TRANSPOSE(B4:C8)」並按下 `Ctrl` + `Shift` + `Enter` 鍵確認公式輸入。

❷ 多個欄列的銷售額便會進行欄列轉置。

VLOOKUP ▾		✕ ✓ *fx*	=TRANSPOSE(B4:C8)							

◢	A	B	C	D	E	F	G	H	I	J	K	L
1	年度別銷售業績					年度別銷售業績						
2			【單位：千元】								【單位：千元】	
3	年度	上半年	下半年	全年度		年度	2009年度	2010年度	2011年度	2012年度	2013年度	
4	2009年度	1,578	1,667	3,245		上半年	=TRANSPOSE(B4:C8)					
5	2010年度	2,864	2,159	5,023		下半年	TRANSPOSE(array)					
6	2011年度	5,897	4,350	10,247								
7	2012年度	3,059	5,661	8,720						❶		
8	2013年度	4,697	7,881	12,578								
9												

✓公式 Check！

TRANSPOSE 函數會回傳將垂直與水平互相轉換的陣列 (詳細解說請參考 2-4 頁)。

「=TRANSPOSE(B4:C8)」的公式會回傳 B4：C8 銷售業績的欄列轉換結果。如此一來, 多個欄列的銷售額便會被互換。

密技 05 │ 將分割為多欄的資料合併成一欄

一次 OK 的重點提示 利用「快速填入」功能

變更表格欄列形式的整理術！

手機會員名單		
姓	**名**	**地址**	**公司名稱**
張	嘉惠	台北市中山北路一段 45 號	一星股份有限公司
許	閔洲	台北市忠孝東路 83-1 號	內濱日商股份有限公司
沈	杏美	台南市永華路二段 77-7 號	永華股份有限公司
劉	慧玲	台中市向上路二段 13 號	
范姜	晴美	台北市建國南路二段 68 號	北乃京有限公司

→

手機會員名單	
姓名	**地址及公司名稱**
張 嘉惠	台北市中山北路一段 45 號 一星股份有限公司
許 閔洲	台北市忠孝東路 83-1 號 內濱日商股份有限公司
沈 杏美	台南市永華路二段 77-7 號 永華股份有限公司
劉 慧玲	台中市向上路二段 13 號
范姜 晴美	台北市建國南路二段 68 號 北乃京有限公司

STEP 1 利用「快速填入」功能

❶ 在姓與名的欄位旁新增一欄, 在 C1 儲存格內輸入姓名, 並在姓名之間輸入半形的空格。

❷ 在第二個儲存格內輸入姓氏後, EXCEL 會自動進行資料的辨識, 並顯示出到最後一列為止的姓名資料。

❸ 按下 Enter 鍵, 第二格便會帶入以半形空格分隔的姓名資料, 繼續按下 Enter 鍵, 便會自動將如上形式的姓名資料, 一直帶入至最後一列。

密技 加碼送

若「快速填入」的功能沒有自動執行, 或者希望不用輸入第二列就可以快速填入的話？

❶ 可開啟「範例檔案/Ch02/2-1」資料夾下的「2-1_密技05_密技加碼送1.xlsx」來練習, 在 F3 儲存格中輸入 D1 及 E1 的地址及公司名稱資料, 地址與公司之間空一格, 再從**資料**頁次的**資料工具**區中點選**快速填入**。

❷ 從最上列到最尾列的儲存格內, 便會被填入地址及公司名稱資料, 且地址與公司名稱中間會以半形空格區隔。

Check!

若合併好的資料沒有以空格區隔的話，可以選取所有要帶入資料的儲存格範圍，再從**資料**頁次的**資料工具**區中點選**快速填入**鈕。

Check!

快速填入的功能，是以資料的模式進行自動辨別，不須使用公式便可自動帶出並輸入剩下的資料。輸入被分割的 2～3 筆資料，接下來**快速填入**功能便會自動執行，將剩下的資料填入。

但是在資料沒有規則性的狀況下，**快速填入**功能也有可能無法發揮正確功能。有規則性卻還是不能使用**快速填入**時，可以切換到**檔案**頁次，選擇**選項**，開啟交談窗後切換到**進階**頁次，確認**啟用儲存格值的自動完成功能**下的**自動快速填入**是否有勾選起來。

但如果是從選單直接點選快速填入的話，即使**自動快速填入**沒有被勾選依然還是能執行。

> **密技**
> 加碼送

如果是在 Excel 2010 / 2007 中操作，或是要帶入別的表格時？

如果是在沒有**快速填入**功能的 Excel 2010/2007 中操作，或是要將資料帶入別的表格時，可以使用「&」符號結合儲存格編號。

❶ 可開啟「範例檔案/Ch02/2-1」資料夾下的「2-1_密技05_密技加碼送2.xlsx」來練習，選取要帶入姓名的 F3 儲存格，輸入「=A3&" "&B3」。再選取要填入地址及公司名稱的 G3 儲存格，輸入「=C3&" "&D3」。

❷ 根據所需資料的筆數複製這兩個公式。

❸ 姓名與地址的資料便會各自合併為一項並填入表格內。

NEXT

「=A3&" "&B3」的公式會將 A3 的姓與 B3 的名之間插入半形空格「" "」並合併。
「=C3&""&D3」的公式會將 C3 的地址與 D3 的公司名稱之間插入半形空格「""」並合併。

如此一來, 姓名與地址的資料便會各自合併為一項並填入表格內。

如果想將多個儲存格內的資料快速合併至一個儲存格內的話？

密技
加碼送

想將多個儲存格資料快速合併至一個儲存格內, 可以利用 CONCATENATE 函數。不用
輸入「&」符號, 只要按住 Ctrl 鍵並選擇想要合併的儲存格, 就可以快速的將資料合
併至一個儲存格內。

❶ 可開啟「範例檔案/Ch02/2-1」資料夾下的「2-1_密技05_密技加碼送3.xlsx」來練
習, 選取 H3 儲存格, 輸入「=CONCATENATE(」。

❷ 點選 C3 儲存格後, 按住 Ctrl 鍵繼續選取 D3 及 E3 儲存格, 再按下 Enter 鍵確認公
式輸入。

❸ 地址、公司名稱及電話便會被合併在同一儲存格中。

✔公式 Check！

- CONCATENATE 函數會將多組字串結合。

  函數的語法：=CONCATENATE(字串 1, [字串 1…, 字串 255])

  「=CONCATENATE(C3, " ", D3, " ", E3)」的公式會將 C3 的地址、D3 的公司名稱、E3 的電話, 三者之間分別插入半形空格「" "」並合併。在輸入公式時, 一邊按住 Ctrl 鍵一邊選擇儲存格, 公式中便會自動插入「,」, 因此不使用文字串連運算子「&」也可以快速的將多筆資料合併為一個。

密技 06　利用分欄符號將一筆資料分割成多欄

一次 OK 的重點提示　利用「快速填入」功能與「資料剖析精靈」

變更表格欄列形式的整理術！

想將表格中的姓名與地址從空格處分割開來。利用小技巧, 便不必一筆一筆從空白處剪下、貼上！

●使用相同的分欄符號分隔時

STEP 1　利用「快速填入」功能

❶ 請在**姓名**欄的右方, 分別插入兩個欄位, 並輸入第一個會員的姓與名。

❷ 選取要填入姓的所有儲存格範圍 (B3：B7), 按下**資料**頁次**資料工具**區的**快速填入**鈕。

❸ 選取要填入名的所有儲存格範圍 (C3：C7), 按下**資料**頁次**資料工具**區中的**快速填入**鈕。

❹ 姓與名便會被分割開來填入兩欄。

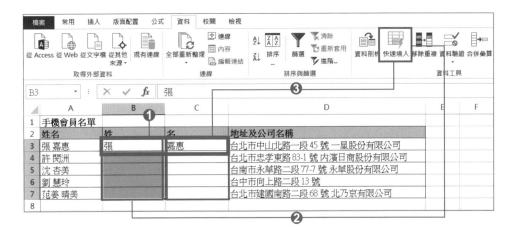

Check!

若是在沒有**快速填入**功能的 Excel 2010 / 2007 中操作, 可用下段說明的**資料剖析精靈**來分割。

●有多種分欄符號分隔時

STEP 1 利用「資料剖析精靈」

❶ 選取要分割地址的儲存格範圍 (D3:D7), 從**資料**頁次的**資料工具**區中按下**資料剖析**鈕。

❷ 從跳出的**資料剖析精靈 – 步驟 3 之 1** 交談窗中勾選**分隔符號(D) – 用分欄字元, 如逗號或 TAB 鍵**, 區分每一個欄位按**下一步**鈕後, 在**資料剖析精靈 – 步驟 3 之 2** 勾選**分隔符號**下的**空格**, 並按**下一步**鈕。

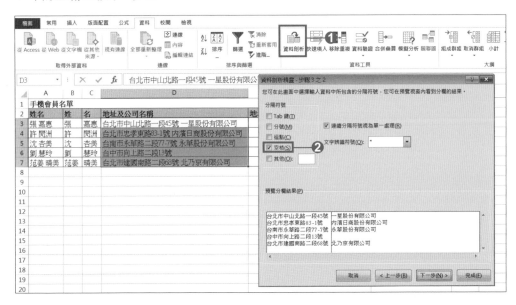

❸ 在**資料剖析精靈 – 步驟 3 之 3** 中的**目標儲存格**點選要帶入分割後地址的儲存格, 並按下**完成**。

Check！

在進行資料分割時, **快速填入**功能會將地址中出現的「-」也辨識為分欄符號, 希望從空格處作分割時, 使用**資料剖析精靈**會比較好。

密技 **07**　原始資料沒有分欄符號, 如何分割到各欄位

一次 OK 的重點提示　利用 LEFT+SUBSTITUTE 函數

變更表格欄列形式的整理術！

想將姓與名分欄顯示, 但原始資料沒有以分欄符號分隔, 因此無法使用**密技 06**的方法。利用此處的技巧可以一次搞定這些問題！

手機會員名單	
姓名	**電話**
張嘉惠	02-5477-2251
許閔洲	02-6633-1554
沈杏美	06-5547-3558
劉慧玲	04-9965-3305
范姜晴美	02-5548-5687

手機會員名單		
姓	**名**	**電話**
張	嘉惠	02-5477-2251
許	閔洲	02-6633-1554
沈	杏美	06-5547-3558
劉	慧玲	04-9965-3305
范姜	晴美	02-5548-5687

將左側的姓氏以 LEFT 函數提取, 右側的名字以 SUBSTITUTE 函數提取

❶ 將要分隔的字數打在新表格的旁邊。

❷ 點選姓的儲存格 (D3), 輸入「=LEFT(A3, C3)」。

D3	▼	⋮	✕	✓	*fx*	=LEFT(A3, C3)	❷

◢	A	B	C	D	E	F	G
1	手機會員名單			手機會員名單			
2	姓名	電話		姓	名	電話	
3	張嘉惠	02-5477-2251	1	張			
4	許閔洲	02-6633-1554	1				
5	沈杏美	06-5547-3558	1	❶			
6	劉慧玲	04-9965-3305	1				
7	范姜晴美	02-5548-5687	2				
8							

❸ 點選名的儲存格 (E3), 輸入「=SUBSTITUTE(A3, D3, "")」。

❹ 根據所需資料的筆數複製這兩個公式。

❺ 姓名便會被分割為姓與名並顯示於新表格中。

E3	▼	⋮	✕	✓	*fx*	=SUBSTITUTE(A3, D3, "")	❸

◢	A	B	C	D	E	F	G
1	手機會員名單			手機會員名單			
2	姓名	電話		姓	名	電話	
3	張嘉惠	02-5477-2251	1	張	嘉惠		
4	許閔洲	02-6633-1554	1				
5	沈杏美	06-5547-3558	1		❹		
6	劉慧玲	04-9965-3305	1				
7	范姜晴美	02-5548-5687	2		↓		
8							

✓公式 Check !

• LEFT 函數會從文字字串的最左邊傳回指定長度之間的字數。

   函數的語法:=LEFT(字串, [字數])

• SUBSTITUTE 函數會將原本的字串轉換為指定的字串。

   函數的語法:=SUBSTITUTE(字串, 搜尋的字串, 置換的字串, [置換的對象])

   「=LEFT(A3, C3)」的公式, 會根據 C3 儲存格輸入的數值, 將 A3 儲存格的姓名資料從最左邊開始數的字數提取出來。也就是説, 會從姓名中提取姓氏。

   「=SUBSTITUTE(A3, D3, "")」的公式, 會以空白取代 A3 儲存格中與 D3 儲存格內容相同的部分。也就是説, 會從姓名中提取名字。

   複製公式時, 會各自帶入指定的姓名、字數及提取出姓氏的儲存格。如此一來, 姓名便會被分割為姓與名, 並填入新表格。

密技 **08** 依指定的分店數量增加資料列數

一次 OK 的重點提示 將同樣的值複製、貼上後重新排序

變更表格欄列形式的整理術！

想要將各地區的欄位增加為三列，並填入
1 月～3 月的銷售量。如此一來，每列的
資料都必須增加成三列，此處可以利用小
技巧一次搞定！

地區別分店數	
地區	分店數
梅田	3
神戶	2
京都	5

→

地區別每月銷量		
地區	每月銷量	
梅田	1月	595
梅田	2月	670
梅田	3月	803
神戶	1月	476
神戶	2月	879
神戶	3月	430
京都	1月	668
京都	2月	920
京都	3月	704

STEP 1 根據要增加的列數將資料重複貼上

❶ 選取地區的 A3：A5 儲存格範圍，按下**常用**
頁次**剪貼簿**區中的**複製**鈕。

❷ 選取新表格中的 D3 儲存格，從**常用**頁次
的**剪貼簿**區中點選**貼上**鈕。

❸ 選取貼好全部地區名的儲存格範圍 (D3：
D5)，要分別增加為三列的話，可用**自動填
滿**功能填滿下面六列。

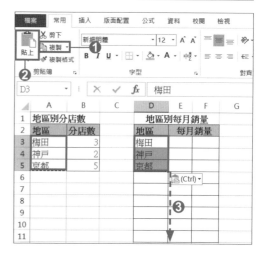

STEP 2 依項目別重新排序

❶ 選取剛才貼上的任一個儲存格，從**資料**頁
次的**排序與篩選**區中按下**從 Z 到 A 排序**
鈕。

❷ 各地區的欄位便會分別增加為三列。

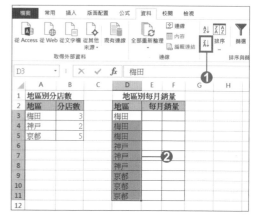

若希望依指定的分店數量增加資料的列數，並讓新舊表格間建立連結的話？

利用複製、貼上再並排序的方法，之後想更改原始資料時，新表格便無法同步更新。要在新舊表格間建立連結的話，可以利用 INDEX 函數與 ROW 函數。

❶ 選取新表格中的 D3 儲存格，輸入「=INDEX($A$3:$A$5, ROW(A3)/3)」。

❷ 根據所需資料的筆數複製這個公式。各地區的欄位便會分別增加為三列。

❸ 新表格與原始資料間會建立連結。

D3			×	✓	fx	=INDEX($A$3:$A$5, ROW(A3)/3)	
▲	A	B	C	D	E	F	G	H
1	地區別分店數			地區別每月銷量			❶	
2	地區	分店數		地區	每月銷量			
3	梅田	3		梅田				
4	神戶	2			❷			
5	京都	5						
6								
7								
8								
9								
10								
11								
12								

A3			×	✓	fx	大阪	
▲	A	B	C	D	E	F	G
1	地區別分店數			地區別每月銷量			
2	地區	分店數		地區	每月銷量		
3	大阪	3		大阪	1月	595	
4	神戶	2	❸	大阪	2月	670	
5	京都	5		大阪	3月	803	
6				神戶	1月	476	
7				神戶	2月	879	
8				神戶	3月	430	
9				京都	1月	668	
10				京都	2月	920	
11				京都	3月	704	
12							

✓公式 Check！

INDEX 函數會傳回根據所指定欄列交集處的儲存格之參照。ROW 函數會傳回儲存格的列編號 (詳細解說請參考 2-5 頁)。

「=INDEX($A$3:$A$5, ROW(A3)/3)」的公式中，列編號為「3」，因此 INDEX 的引數「列編號」被指定為「1」，帶入 A3：A5 中第一列的地區「梅田」。複製到第二列的公式會轉換成「=INDEX($A$3:$A$5, ROW(A4)/3)」，引數「列編號」被指定為「1.333333333」，複製至第三列時會轉換成「=INDEX($A$3:$A$5, ROW(A5)/3)」，引數「列編號」則被指定為「1.666666667」，這兩欄都會帶入 A3：A5 第一列的「梅田」。

複製第四列時，公式為「=INDEX($A$3:$A$5, ROW(A6)/3)」，引數「列編號」被指定為「2」，因此會帶入第二列的地區「神戶」。如此每三列增加一次列編號，便可以使表格中每個地區的列數各增加為三列。

密技 09 │ 依據輸入的數值自動增加資料的列數

一次 OK 的重點提示 利用 LOOKUP + ROW 函數

變更表格欄列形式的整理術！

製作地區別的分店清單時，希望依照各自的分店數量來增加表格中各地區的列數。利用小技巧，便不需要慢慢計算增加的分店數量再複製、貼上！

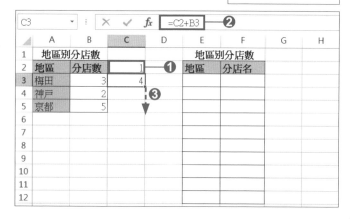

地區別分店數	
地區	分店數
梅田	3
神戶	2
京都	5

→

地區別分店數	
地區	分店名
梅田	站前店
梅田	南大樓店
梅田	地下街店
神戶	西蘆屋店
神戶	須磨店
京都	四条店
京都	太秦店
京都	山科店
京都	京田邊店
京都	舞鶴店

STEP 1 將要增加的列數累計並 +1

❶ 在 C2 儲存格內輸入「1」。

❷ 選取 C3 儲存格，輸入「=C2+B3」。

❸ 根據所需資料的筆數複製公式。

STEP 2 根據 STEP1 計算的值增加地區項目，並用 LOOKUP 函數提取

❶ 選取新表格中的 E3 儲存格，輸入「=LOOKUP(ROW(A1), $C$2:$C$5, $A$3:$A$5)」。

❷ 根據所需資料的筆數複製公式。

❸ 新表格中各地區的列數便會依照各自的分店數量來帶入。

✓公式 Check！

- LOOKUP 函數會搜尋符合搜尋值的值, 並從對應範圍內的相同位置中傳回值。ROW 函數會傳回儲存格的列編號 (詳細解說請參考 2-5 頁)。

    函數的語法：向量形式=LOOKUP(搜尋值, 搜尋範圍, [對應範圍])
    　　　　　　陣列形式=LOOKUP(搜尋值, 陣列)

    為了讓 LOOKUP 函數可以提取分店數所對應的地區, 要先調整分店數的值再輸入 C2：C5 的儲存格內。

    利用新的值所作成的「=LOOKUP(ROW(A1), $C$2:$C$5, $A$3:$A$5)」公式, 列編號為「1」, 因此會對應到 C2：C5 中的數值「1」而帶入「梅田」。

    往下複製公式時, 各個列編號會分別被指定為 LOOKUP 函數的「搜尋值」, 如此一來, 新表格中各地區的列數便會依照各自的分店數量來帶入。

密技 10 ｜ 依照指定列數合併多列的儲存格

一次 OK 的重點提示 利用「資料剖析精靈」

變更表格欄列形式的整理術！

想要將分三列的地區資料合併為一個儲存格, 但又不想一筆一筆將合併的儲存格複製貼上。利用小技巧便可以一次搞定這些問題！

地區別分店數	
地區	分店數
梅田	3
神戶	2
京都	5

→

地區別每月銷量		
地區	每月銷量	
梅田	1月	595
	2月	670
	3月	803
神戶	1月	476
	2月	879
	3月	430
京都	1月	668
	2月	920
	3月	704

STEP 1 **輸入字串的儲存格參照, 以指定的列數合併並複製**

❶ 在新表格中將三列儲存格合併後, 輸入「=A3」。

❷ 根據希望增加的筆數複製公式。

	A	B	C	D	E	F
1	地區別分店數			地區別每月銷量		
2	地區	分店數		地區	每月銷量	
3	梅田	3		=A3		
4	神戶	2				
5	京都	5				
6						
7						
8						
9						
10						
11						

STEP 2 利用「資料剖析精靈」刪除「'」

❶ 從**資料**頁次的**資料工具**區中點選**資料剖析**鈕。

❷ 從跳出的**資料剖析精靈 - 步驟 3 之 1** 交談窗中勾選**分隔符號(D) - 用分欄字元，如逗號或 TAB 鍵，區分每一個欄位**後，按下**完成**鈕。

❸ 分成三列的地區資料，便會合併成一個儲存格顯示。

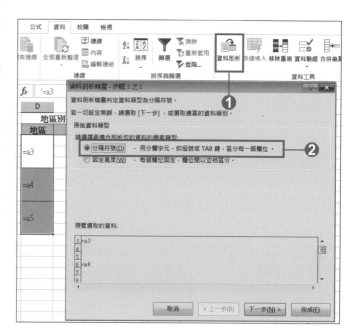

Check!

輸入「'=A3」、「'=A4」後使用**資料剖析**功能，可以刪除「'」而使公式改為「=A3」」「=A4」的參照公式。如此一來，分成三列的地區資料便會合併成一個儲存格顯示。

密技 **若需要繼續新增資料的話？**
加碼送

若要讓新表格在原始資料新增時，只需複製資料便可帶入三列合併的儲存格的話，可以利用 INDEX 函數與 ROW 函數製作成公式。在此情況下，INDEX 函數的引數「參照」所指定的範圍，一定要包含到新增的儲存格為止。

❶ 在新表格中將三列儲存格合併後，輸入「=INDEX($A$3:$A$20, ROW(A3)/3)」。

❷ 根據希望增加的筆數複製公式。

❸ 有新增的地區時，只要複製公式便會將資料帶入由三列合併的儲存格內。

NEXT

| D3 | ▼ | : | × | ✓ | *fx* | =INDEX($A$3:$A$20, ROW(A3)/3) | ❶ |

	A	B	C	D	E	F	G	H
1	地區別分店數			地區別每月銷量				
2	地區	分店數		地區	每月銷量			
3	梅田	3						
4	神戶	2		梅田				
5	京都	5						
6	奈良	1						
7								

❷

| D12 | ▼ | : | × | ✓ | *fx* | =INDEX($A$3:$A$20, ROW(A12)/3) | |

	A	B	C	D	E	F	G	H
1	地區別分店數			地區別每月銷量				
2	地區	分店數		地區	每月銷量			
3	梅田	3			1月	595		
4	神戶	2		梅田	2月	670		
5	京都	5			3月	803		
6	奈良	1			1月	476		
7				神戶	2月	879		
8					3月	430		
9					1月	668		
10				京都	2月	920		
11					3月	704		
12		❸			1月			
13				奈良	2月			
14					3月			
15								

✓公式 Check !

INDEX 函數會傳回根據所指定欄列交集處的儲存格之參照。ROW 函數會傳回儲存格的列編號 (詳細解說請參考 2-5 頁)。

「=INDEX($A$3:$A$20, ROW(A3)/3)」的公式中,列編號為「3」,因此 INDEX 的引數「列編號」被指定為「1」,會帶入 A3：A20 中第一列的地區「梅田」。複製到合併後的第二列,公式會轉換成「=INDEX($A$3:$A$20, ROW(A6)/3)」,引數「列編號」被指定為「2」,會帶入第二列的地區「神戶」。複製至合併後的第三列時,公式會轉換成「=INDEX($A$3:$A$20, ROW(A9)/3)」,引數「列編號」則被指定為「3」,會帶入第三列的地區「京都」。以此操作,表格中便會帶入三列合併的各項地區資料。

密技 11 ｜ 將合併數列的資料轉換成一列

一次 OK 的重點提示 只貼上數值，並利用上移的方式刪除儲存格

變更表格欄列形式的整理術！

與密技 10 相反，要將三列
合併在一起的資料轉換為
一列時，利用此處的技巧，
便不必一列一列複製貼
上！

地區別每月銷量		
地區	每月銷量	
梅田	1月	595
	2月	670
	3月	803
神戶	1月	476
	2月	879
	3月	430
京都	1月	668
	2月	920
	3月	704

地區別分店數	
地區	分店數
梅田	3
神戶	2
京都	5

STEP 1　貼上合併的儲存格中的值

❶ 選取合併的儲存格範圍，
（A3：A11），從**常用**頁次的
剪貼簿區中按下**複製**鈕。

❷ 選取新表格中的儲存格
E3，從**常用**頁次的**剪貼簿**
區中點選**貼上**的▼鈕，選
取選單中的**值**。

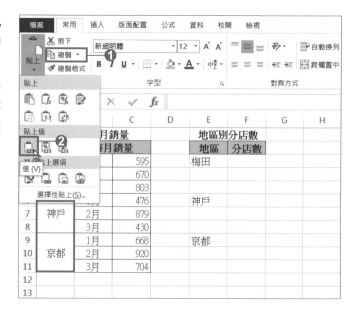

STEP
2 **利用「特殊目標」功能選取空白儲存格，並利用上移方式將其刪除**

❶ 選取 STEP1 所貼上的值範圍，從**常用**頁次**編輯**區中按下**尋找與選取**鈕，選擇**特殊目標**。

❷ 從**特殊目標**交談窗中勾選**空格**，再按下**確定**鈕。

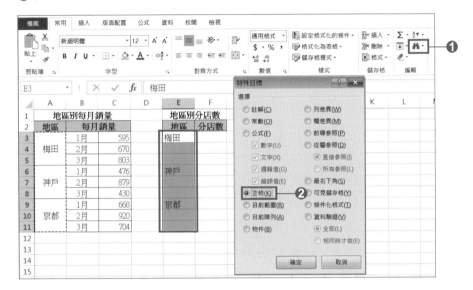

❸ 從**常用**頁次的**儲存格**區中點選**刪除**鈕中的**刪除儲存格**。

❹ 從跳出的**刪除**交談窗中選擇**下方儲存格上移**，並按下**確定**鈕。

❺ 三列合併的資料便被轉換為各一列的形式。

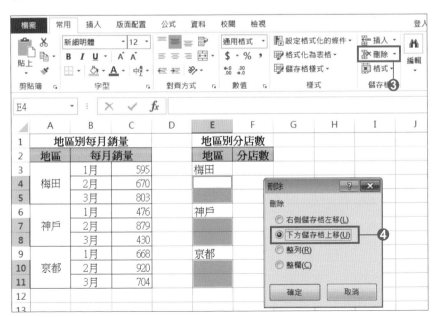

密技 **12** | 將同一儲存格內的多列資料拆開到單一儲存格內

一次 OK 的重點提示 利用「資料剖析精靈」

變更表格欄列形式的整理術！

在同一儲存格中以換行的方式輸入同班數名幹部的姓名, 要將姓名分到不同儲存格內又不想要重新輸入的話, 可以利用此處的密技一次搞定!

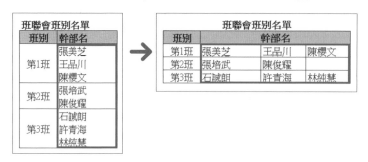

STEP 1　利用「資料剖析精靈」

❶ 選取幹部名的儲存格範圍 (B3：B5), 從**資料**頁次的**資料工具**區中點選**資料剖析**鈕。

❷ 從跳出的**資料剖析精靈 - 步驟 3 之 1** 交談窗中勾選分隔符號(D) - 用分欄字元, 如逗號或 TAB 鍵, 區分每一個欄位後, 按下一步鈕, 在**資料剖析精靈 - 步驟 3 之 2** 勾選**分隔符號**下的**其他**, 在方塊中按下 Ctrl + J 鍵後, 按**下一步**鈕。

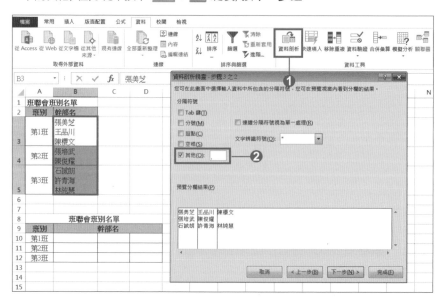

❸ 在**資料剖析精靈 – 步驟 3 之 3** 中的**目標儲存格**點選 B10 儲存格, 並按下**完成**。

❹ 幹部名便會被帶入各欄內。

密技 **13** | # 將多欄資料合併到同一儲存格, 並會換行顯示

一次 OK 的重點提示 利用 SUBSTITUTE+TRIM+CHAR 函數

變更表格欄列形式的整理術!

與密技 12 相反, 如果想將各欄內的姓名資料帶入同一個儲存格, 並會換行顯示, 又不想重新輸入的話, 可以利用此處的密技一次搞定!

班聯會班別名單		
班別	幹部名		
第1班	張美芝	王品川	陳櫻文
第2班	張培武	陳俊耀	
第3班	石誠朗	許青海	林純慧

→

班聯會班別名單	
班別	幹部名
第1班	張美芝 王品川 陳櫻文
第2班	張培武 陳俊耀
第3班	石誠朗 許青海 林純慧

STEP 1 利用 SUBSTITUTE 函數將空白以換行鍵取代

❶ 選取新表格中的 B10 儲存格，輸入「=SUBSTITUTE(TRIM(B3&" "&C3&" "&D3), " ",
CHAR(10))」。

❷ 根據所需資料的筆數複製公式。

STEP 2 將儲存格的對齊方式設定為自動換列

❶ 按下**常用**頁次**對齊方式**區中的**自動換列**鈕。

❷ 各欄內的姓名便被帶入同一個儲存格，並會換行顯示。

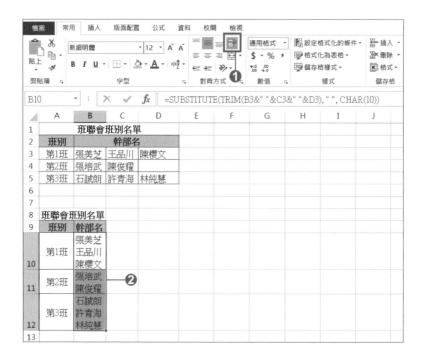

✓公式 Check！

- SUBSTITUTE 函數會將原本的字串轉換為指定的字串。

  函數的語法：**=SUBSTITUTE(字串, 搜尋的字串, 置換的字串, [置換的對象])**

- TRIM 函數會刪除文字字串中多餘的空格。

  函數的語法：**=TRIM(字串)**

- CHAR 函數會傳回文字代碼所對應的字元。

  函數的語法：**=CHAR(數值)**

「TRIM(B3&" "&C3&" "&D3)」的公式會刪除末尾或一個以上的多餘半形空格, 使幹部名的 B3、C3、D3 儲存格以半形空格「" "」連接。

「CHAR(10)」的公式則會回傳文字代碼「10」的換行符號。

利用這些數值作成的公式「=SUBSTITUTE(TRIM(B3&" "&C3&" "&D3), " ", CHAR(10))」, 會回傳將合併後的半形空格「" "」以換行符號取代的幹部名。複製公式時, 會各自帶入指定的幹部名儲存格, 如此一來, 各欄的幹部名便會被帶入同一個儲存格, 並以換行符號連接。

在這邊, 要將換行符號在儲存格內換行的話, 還必須設定文字控制, 讓儲存格內的資料自動換行以顯示出所有文字。

密技 加碼送　**若要將相同欄位數的資料轉換到同一儲存格, 並以換行顯示的話？**

原始資料中各班資料的欄數相同時, 利用 CHAR 函數便可轉換。

❶ 選取新表格中的 B10 儲存格, 輸入「=B3&CHAR(10)&C3&CHAR(10)&D3」。

❷ 根據所需資料的筆數複製公式。

❸ 按下**常用**頁次**對齊方式**區中的**自動換列**鈕。

❹ 各欄內的幹部名便被帶入同一個儲存格, 並會換行顯示。

NEXT

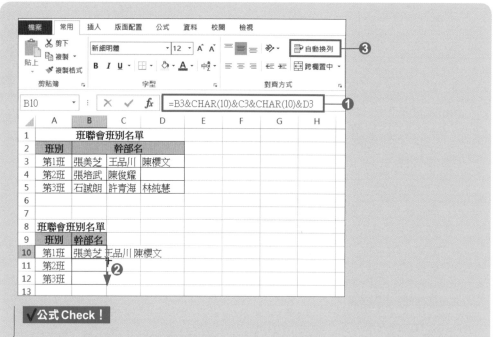

✔公式 Check！

「=B3&CHAR(10)&C3&CHAR(10)&D3」的公式會將幹部名的 B3、C3、D3 儲存格以換行符號連接。

複製公式時, 會各自帶入指定的幹部名儲存格, 如此一來, 各欄的幹部名便會被帶入同一個儲存格, 並換行顯示。

密技 14 ｜ 將一筆多列的資料轉換為一筆一列

一次 OK 的重點提示 利用左右對齊功能

變更表格欄列形式的整理術！

想將一筆多列的資料轉換為一筆一列。利用此處的密技一次搞定, 便不用重新輸入！

手機會員名單	
No.	姓名
1	張美雯 0938-550-433
2	許芊沛 0933-122-538
3	張銘偉 0988-785-655

→

手機會員名單	
No.	姓名
1	張美雯0938-550-433
2	許芊沛0933-122-538
3	張銘偉0988-785-655

STEP 1　使用「左右對齊」功能

❶ 將原始的 B3：B8 資料複製到新表格貼上。

❷ 將欄寬調整到容得下 2 列資料的寬度。

❸ 先選取 2 列的儲存格，從**常用**頁次的**編輯**區中按下**填滿**鈕，選擇**左右對齊**。其他資料也是每 2 列進行一次左右對齊的操作。

Check!

包含數值或公式的值無法使用**左右對齊**功能。

STEP 2　刪除第二列的空白

❶ 選擇所有第二列為空白的儲存格，從**常用**頁次的**儲存格**區中按下**刪除**鈕中的**刪除儲存格**。

❷ 從跳出的**刪除**交談窗中選擇**下方儲存格上移**，並按下**確定**鈕。

❸ 名單中一筆二列的資料便被轉換成一筆一列。

密技
加碼送
若要在合併的值之間輸入空格的話？

使用**左右對齊**功能合併的話, 值與值之間會相連在一起。希望以空格區隔各列資料的話, 要事先在各列文字的尾端輸入空格。

❶ 先在姓名的尾端輸入全形空格。

❷ 進行左右對齊的操作後, 姓名與電話之間便會被插入空格。

密技 **15**｜**將一筆多列的資料轉換為一筆一列,
並建立資料的連結**

一次 OK 的重點提示｜利用 INDEX + ROW 函數

變更表格欄列形式的整理術！

想將一筆多列的資料轉換為一筆一列, 並在更改原始資料時使新表格能同步更新。密技 14 的方法無法同步更新, 利用此處的密技便可以解決這個問題！

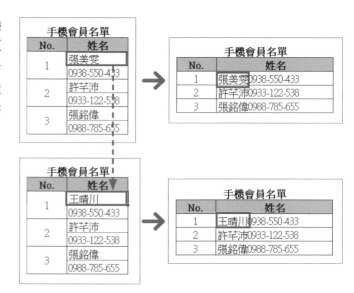

STEP 1 利用 INDEX 函數提取

❶ 選取新表格中的 E3 儲存格，輸入「=INDEX($B$3:$B$8, (ROW(A1)*2)-1)&INDEX($B$3:$B$8, (ROW(A1)*2))」。

❷ 根據所需資料的筆數複製公式。

❸ 名單中一筆二列的資料便被轉換成一筆一列。將原本的姓名資料變更後，新表格中也能同步更新。

E3	▼	：	✕ ✓ fx	=INDEX($B$3:$B$8,(ROW(A1)*2)-1)&INDEX($B$3:$B$8,(ROW(A1)*2))				
	A	B	C	D	E	F	G	H	I
1	手機會員名單			手機會員名單			❶		
2	No.	姓名		No.	姓名				
3	1	張美雯		1	張美雯0938-550-433				
4		0938-550-433		2			❷		
5	2	許芊沛		3					
6		0933-122-538							
7	3	張銘偉							
8		0988-785-655							
9									

Check！

包含數值或公式的值，無法使用**密技 14** 中所提到的**左右對齊**功能。因此當資料為數值時，須利用此處使用的函數。

✔公式 Check！

INDEX 函數會傳回根據所指定欄列交集處的儲存格之參照。ROW 函數會傳回儲存格的列編號(詳細解說請參考 2-5 頁)。

「=INDEX($B$3:$B$8, (ROW(A1)*2)-1)&INDEX($B$3:$B$8, (ROW(A1)*2))」的公式中, 列編號為「1」, 因此在第一個 INDEX 函數中, 引數「列編號」被指定為「1」, 會傳回 B3：B8 中第一列的姓名。在第二個 INDEX 函數中, 引數「列編號」被指定為「2」, 會傳回 B3：B8 中第二列的電話。這兩個 INDEX 函數的公式由「&」結合, 因此第一個儲存格內會帶入「第一列的姓名&第二列的電話」。

複製公式時, 會各自帶入指定的列編號, 如此一來一筆二列的資料便被轉換成一筆一列。

密技
加碼送
若要在合併的值之間輸入空格的話？

利用上述公式合併資料的話,每個值之間會相連在一起。希望以空格區隔各列資料的話,要事先在各列文字的尾端輸入空格。

❶ 先在姓名的尾端輸入全形空格。

❷ 建立公式後,姓名與電話之間便會被插入空格。

	A	B	C	D	E	F
1	手機會員名單			手機會員名單		
2	No.	姓名		No.	姓名	
3	1	張美雯 ❶		1	張美雯0938-550-433	
4		0938-550-433		2	許芊沛0933-122-538	
5	2	許芊沛		3	張銘偉0988-785-655	
6		0933-122-538				
7	3	張銘偉				
8		0988-785-655				

E3　=INDEX($B$3:$B$8,(ROW(A1)*2)-1)&INDEX($B$3:$B$8,(ROW(A1)*2))

	A	B	C	D	E	F	G	H	I
1	手機會員名單			手機會員名單					
2	No.	姓名		No.	姓名				
3	1	張美雯		1	張美雯　0938-550-433				
4		0938-550-433		2	許芊沛　0933-122-538				
5	2	許芊沛		3	張銘偉　0988-785-655				
6		0933-122-538							
7	3	張銘偉			❷				
8		0988-785-655							

密技 **16** ｜ ## 將一筆多列的資料轉換為一筆多欄

一次 OK 的重點提示 利用序號＋排序

變更表格欄列形式的整理術！

為了之後方便整理表格,想將表格中一筆多列的資料轉換為一筆多欄。利用此處的密技一次搞定,便不用重新輸入！

手機會員名單	
No.	姓名
1	張美雯
	0938-550-433
2	許芊沛
	0933-122-538
3	張銘偉
	0988-785-655

手機會員名單		
No.	姓名	電話
1	張美雯	0938-550-433
2	許芊沛	0933-122-538
3	張銘偉	0988-785-655

STEP 1 將第二列以下的資料貼到第二欄，並輸入隔列的序號

❶ 將原始資料 B3：B8 複製到新表格內貼上。

❷ 將資料從第二列開始複製，到第二欄內貼上。

❸ 每隔一列輸入一個序號。

	A	B	C	D	E	F	G	H
1	手機會員名單				手機會員名單			
2	No.	姓名		No.	姓名	電話		
3	1	張美雯			張美雯	0938-550-433	1	
4		0938-550-433			0938-550-433	許芊沛		
5	2	許芊沛			許芊沛	0933-122-538	2	
6		0933-122-538			0933-122-538	張銘偉		
7	3	張銘偉			張銘偉	0988-785-655	3	
8		0988-785-655			0988-785-655			
9								

❶ ❷ ❸

STEP 2 將序號由小到大排序，並刪除序號以外的列

❶ 選取其中一個序號，從**資料**頁次的**排序與篩選**區中點選**從最小到最大排序**鈕。

❷ 刪除沒有序號的列。

❸ 一筆兩列的資料便會被轉換為一筆兩欄。

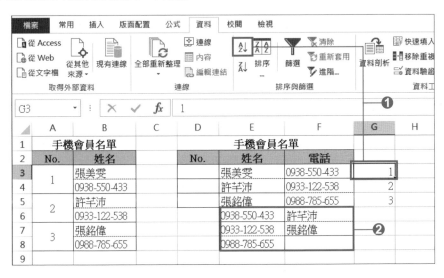

Check!

若要轉換一筆三列的資料時，便在第二欄貼上第二列開始的資料，在第三欄貼上從第三列開始的資料，並每隔兩列輸入一個序號。

密技 加碼送 **若想快速將一筆多列的資料轉換為一筆多欄的話？**

想利用一次操作將一筆〇列的資料轉換成一筆〇欄時,可以利用 Word 的表格來做轉換。

❶ 將所有一筆兩列的資料複製後,以**只保留文字**的方式貼上 Word 文件。

❷ 選取貼上的文字範圍,從**插入**頁次的**表格**區中按下**表格**鈕,選擇**文字轉換為表格**。

❸ 跳出**文字轉換為表格**交談窗後,在**欄數**的欄位中輸入「2」。按下**確定**鈕。

❹ 在 Word 中複製排成兩欄的值,以只保留值的方式貼到 Excel 的新表格內 (E3：F5)。

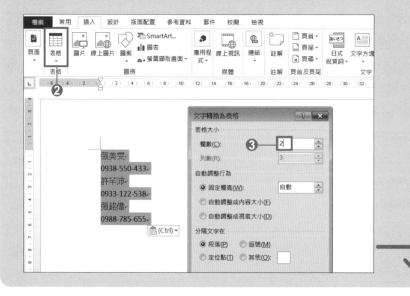

NEXT

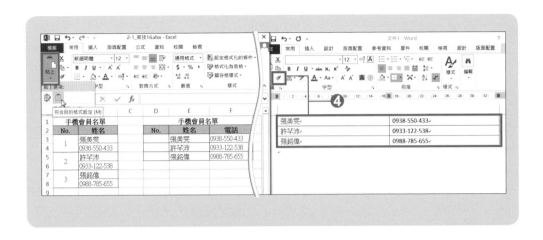

密技 **17** | 將一筆多列的資料轉換為一筆多欄，並建立資料間的連結

一次 OK 的重點提示 利用 INDEX + ROW + COLUMN 函數

變更表格欄列形式的整理術！

想將表格中一筆兩列的資料轉換為一筆兩欄，使用**密技 16** 的方法，之後更改原始資料時新表格無法同步更新，但又不想一筆一筆建立連結後貼上…。利用小技巧便可以搞定這些問題！

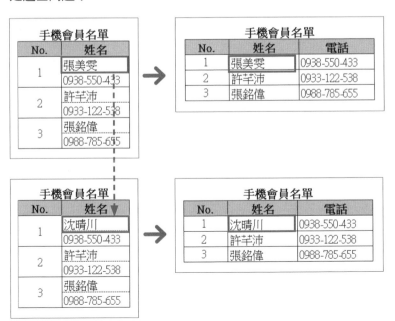

STEP 1　在 INDEX 函數的「列編號」中使用 ROW+COLUMN 函數提取

❶ 選取新表格中的 E3 儲存格, 輸入「=INDEX($B$3:$B$8, (ROW(A1)-1)*2+COLUMN(A1))」。

❷ 根據所需資料的筆數複製公式。一筆兩列的資料便會轉換為一筆兩欄。

❸ 因為有與原始資料建立了連結, 當我們更改原始資料時, 新表格也會同步更新。

✓公式 Check !

INDEX 函數會傳回根據所指定欄列交集處的儲存格之參照。ROW 函數會傳回儲存格的列編號。COLUMN 函數會傳回儲存格的欄編號 (詳細解說請參考 2-5 頁)。

在「=INDEX($B$3:$B$8, (ROW(A1)-1)*2+COLUMN(A1))」的公式中, 列編號為「1」、欄編號為「1」, 因此引數的「列編號」被指定為「1」, 會回傳 B3：B8 儲存格中第一列的姓名。

複製公式時, 會各自帶入指定的列編號與欄編號, 如此一來, 一筆兩列的資料便會被轉換為一筆兩欄。

密技 18 | 將一筆多欄的資料轉換為一筆多列

一次 OK 的重點提示 利用序號 + 排序

變更表格欄列形式的整理術！

與**密技 16** 相反，如果想將一筆多欄的資料轉換為一筆多列，又不想重新輸入的話，便可利用此處的密技一次搞定！

	手機會員名單	
No.	姓名	電話
1	張美雯	0938-550-433
2	許芊沛	0933-122-538
3	張銘偉	0988-785-655

→

	手機會員名單
No.	姓名
1	張美雯
	0938-550-433
2	許芊沛
	0933-122-538
3	張銘偉
	0988-785-655

STEP 1 插入與資料數相同的序號並以列數決定複製次數，再將序號由小到大排列

❶ 將原始資料複製到新表格內貼上。

❷ 為了將三筆資料轉換成隔列輸入的形式，在貼上的資料旁邊輸入兩組 1～3 的序號。

❸ 選取其中一個序號的儲存格，從**資料**頁次的**排序與篩選**區中點選**從最小到最大排序**鈕。

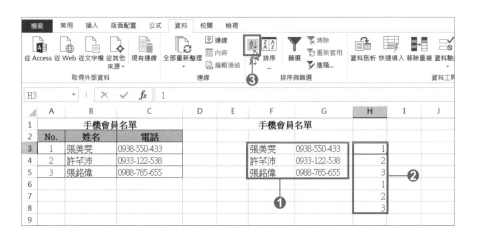

STEP 2　將第二欄的資料以「略過空格」的方式貼上第一欄

❶ 選取第二欄的 G3：G7 儲存格，從**常用**頁次的**剪貼簿**區中按下**複製**鈕。

❷ 選取第一欄的 F4 儲存格，從**常用**頁次的**剪貼簿**區中點選**貼上**的▼鈕，選取選單中的**選擇性貼上**。

❸ 從跳出的**選擇性貼上**交談窗中勾選**略過空格**，按下**確定**鈕。

❹ 一筆兩欄的資料便會被轉換為一筆兩列。

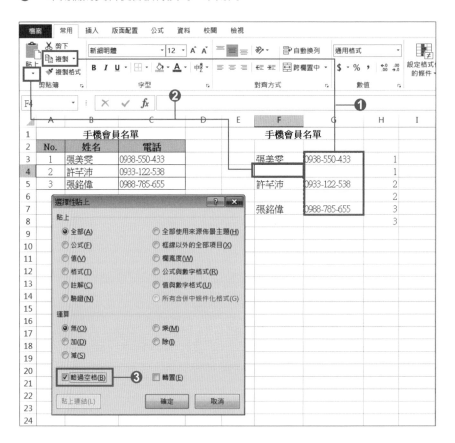

密技 19 | 將一筆多欄的資料轉換為一筆多列,並建立資料連結

一次 OK 的重點提示 利用 INDEX + ROW + MOD 函數

變更表格欄列形式的整理術!

想將表格中一筆兩欄的資料轉換為一筆兩列, 使用密技 18 的方法, 之後更改原始資料時新表格無法同步更新, 但又不想一筆一筆建立連結後貼上⋯。利用以下的小技巧便可以搞定這些問題!

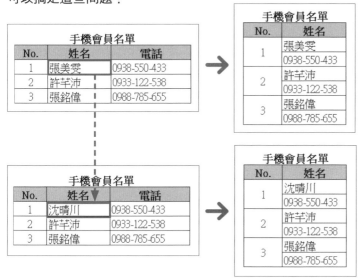

STEP 1 在 INDEX 函數的「列編號」使用 ROW 函數,「欄編號」使用 MOD + ROW 函數提取。

❶ 選取新表格中的 F3 儲存格, 輸入「=INDEX($B$3:$C$5, ROW(A2)/2, MOD(ROW(A2), 2)+1)」。

❷ 根據所需資料的筆數複製公式。

❸ 一筆兩欄的資料便會轉換為一筆兩列, 更改原始資料時, 新表格也會同步更新。

F3		▼ : × ✓ fx	=INDEX($B$3:$C$5, ROW(A2)/2, MOD(ROW(A2), 2)+1)					❶
⬜	A	B	C	D	E	F	G	H
1		手機會員名單				手機會員名單		
2	No.	姓名	電話		No.	姓名		
3	1	張美雯	0938-550-433			張美雯		
4	2	許芢沛	0933-122-538				❷	
5	3	張銘偉	0988-785-655					
6								

> **✔公式 Check！**
>
> - INDEX 函數會傳回根據所指定欄列交集處的儲存格之參照。ROW 函數會傳回儲存格的列編號 (詳細解說請參考 2-5 頁)。
>
> - MOD 函數會傳回兩數相除後之餘數。
>
>   **函數的語法：=MOD(數值, 除數)**
>
>   在「=INDEX($B$3:$C$5, ROW(A2)/2, MOD(ROW(A2), 2)+1)」的公式中, 列編號為「1」, 因此引數的「列編號」被指定為「1」、「欄編號」被指定為「1」, 會回傳 B3：C5 儲存格中第一列第一欄的姓名。
>
>   複製公式時, 會各自帶入指定的列編號, 如此一來, 一筆兩欄的資料便會被轉換為一筆兩列。

密技 20 │ 將多個欄列資料轉換為垂直列表的方法 ❶

一次 OK 的重點提示 利用「樞紐分析表」的向下探查功能

變更表格欄列形式的整理術！

想將原本依地區區分欄位的銷售量資料統整成垂直表格, 但又不想插入儲存格再慢慢將資料貼過去。利用此處的密技, 可以一次搞定這些問題！

地區別每月銷量			
	梅田	神戶	京都
1月	595	476	668
2月	670	879	920
3月	803	430	704

→

地區別每月銷量		
	地區	銷量
1月	梅田	595
1月	神戶	476
1月	京都	668
2月	梅田	670
2月	神戶	879
2月	京都	920
3月	梅田	803
3月	神戶	430
3月	京都	704

STEP 1 利用「樞紐分析表」和「樞紐分析圖精靈」

❶ 按下 `Alt` + `D` 鍵, 會出現 **Office便捷鍵** 的工具提示, 請繼續按下 `P` 鍵。

❷ 開啟**樞紐分析表和樞紐分析圖精靈**後, 選擇步驟 3 之 1 畫面中**資料的來源**下的**多重彙總資料範圍**後, 按下**下一步**鈕。

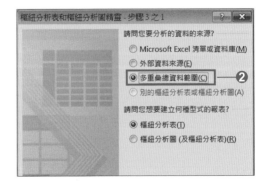

❸ 進入**步驟 3 之 2a** 的畫面後, 選擇**我會自行建立分頁欄位**項目後, 按**下一步**鈕。

❹ 接著進入**步驟 3 之 2b** 在**範圍**中選取 A2：D5 的儲存格範圍, 按下**下一步**鈕。

❺ 在**步驟 3 之 3** 的畫面中選擇**新工作表**, 便可建立樞紐分析表。

STEP 2 利用向下探查功能

❶ 在新的工作表中建立好樞紐分析表後, 請在**樞紐分析表欄位**工作窗格中, 將「欄」移到**欄**區域、「列」移到**列**區域、「值」移到**值**區域。

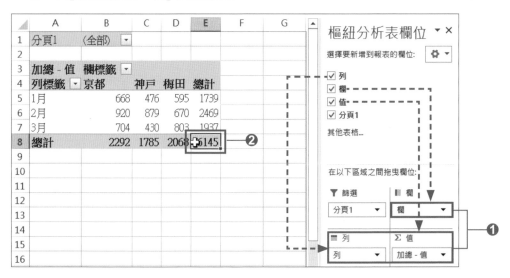

Check!

在 Excel 2010/2007 中, 則是配置到「欄標籤」、「列標籤」區域。

❷ 將滑鼠移動到設定好的樞紐分析表的右下
角的儲存格後雙按滑鼠。產生的新工作表
中, 表格會被統整成垂直排列的形式。

❸ 只複製值的部分, 貼入要轉換的新表格中。

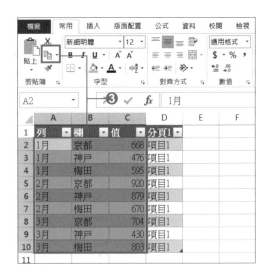

Check!

若**樞紐分析表選項**交談窗**資料**頁次中的**啟用顯示詳細資訊**項目沒有被勾選, 以滑鼠左鈕雙按樞紐分析表右下角的儲存格便無法進行。因此請留意此選項是否有勾選。

你可以點選樞紐分析表中的任一個儲存格, 點選最上方的**分析**頁次, 接著在**樞紐分析表**區按下**選項**鈕, 即會開啟**樞紐分析表選項**交談窗。

密技 **21** │ 將多個欄列資料轉換為垂直列表的方法 ❷

一次 OK 的重點提示 利用「資料剖析精靈」

變更表格欄列形式的整理術！

想將原本依班別區分欄位
的幹部資料統整成垂直表
格，但表格中的標題若有
合併的儲存格，便無法使
用**密技 20** 的方法。利用
此處的密技，任何形式的
表格都能一次搞定！

班聯會班別名單		
班別	幹部名	
第1班	張美芝	王品川	陳櫻文
第2班	張培武	陳俊耀	謝炳煌
第3班	石誠朗	許青海	林純慧

班聯會班別名單	
班別	幹部名
第1班	張美芝
	王品川
	陳櫻文
第2班	張培武
	陳俊耀
	謝炳煌
第3班	石誠朗
	許青海
	林純慧

STEP 1 將第一筆資料以字串形式建立儲存格參照

❶ 在第一筆資料的儲存格
   內 (G3：G5) 輸入「'=B3」、
   「'=C3」、「'=D3」。

❷ 選取此三列的儲存格範
   圍，根據所需資料的筆數
   複製公式。

STEP 2 利用「資料剖析精靈」將「'」刪除

❶ 選取 G3：G11 儲存格後，從**資料**頁次的**資料工具**中按下**資料剖析**鈕。

❷ 開啟**資料剖析精靈 － 步驟 3 之 1**交談窗後，勾選**分隔符號(D) － 用分欄字元，如逗號或
   TAB 鍵，區分每一個欄位**，再按下**完成**鈕。

❸ 排成三欄三列的姓名資料便被轉換為垂直排列的新表格。

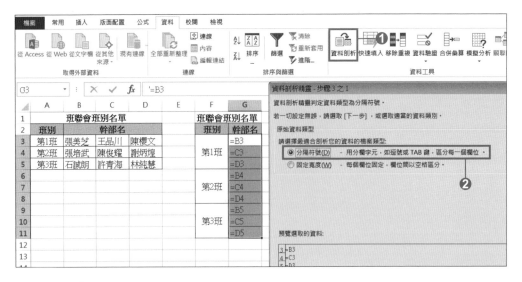

Check!

輸入「'=B3」、「'=C3」、「'=D3」後執行**資料剖析精靈**,「'」便會被刪除而使儲存格內的參照公式轉換為「=B3」、「=C3」、「=D3」。如此一來, 多個欄列的幹部名便會轉換為垂直排列的形式。

密技
加碼送

若需要繼續新增資料的話?

以 INDEX 函數加上 ROW 函數與 MOD 函數來建立公式的話, 即使原始表格中新增了資料, 只要貼上公式便可將資料加入新表格。在此情況下, INDEX 函數的引數「參照」所指定的範圍, 一定要包含到新增的儲存格為止。

❶ 選取新表格中的 G3 儲存格, 輸入「=INDEX($B$3:$D$10, ROW(A3)/3, MOD(ROW(A3), 3)+1)」。

❷ 根據希望增加的筆數複製公式。

NEXT

❸ 有新增的資料時, 只要複製公式便會將資料帶入新表格內。

	A	B	C	D	E	F	G	H
1	班聯會班別名單					班聯會班別名單		
2	班別	幹部名				班別	幹部名	
3	第1班	張美芝	王品川	陳櫻文		第1班	張美芝	
4	第2班	張培武	陳俊耀	謝炳煌			王品川	
5	第3班	石誠朗	許青海	林純慧			陳櫻文	
6	第4班	張文雯	黃明惠	楊金豪		第2班	張培武	
7							陳俊耀	
8							謝炳煌	
9						第3班	石誠朗	
10			❸				許青海	
11							林純慧	
12						第4班	張文雯	
13							黃明惠	
14							楊金豪	
15								

✓公式 Check！

INDEX 函數會傳回根據所指定欄列交集處的儲存格之參照。ROW 函數會傳回儲存格的列編號 (詳細解説請參考 2-5 頁)。

MOD 函數會傳回兩數相除後之餘數 (詳細解説請參考 2-38 頁)。

「=INDEX($B$3:$D$10, ROW(A3)/3, MOD(ROW(A3), 3)+1)」的公式中, 列編號為「3」, 因此引數「列編號」被指定為「1」、「欄編號」被指定為「1」, 會帶入 B3：D10 幹部名中第一列第一欄的名字。

複製公式時, 會各自帶入指定的列編號, 便會將所有幹部名帶入垂直的表格內。只要是在公式所指定的儲存格範圍內新增幹部名, 複製公式後便可將新資料帶入垂直的表格內。

密技 22 將排成一欄或一列的表格轉換為三欄三列的形式

一次 OK 的重點提示 利用 INDEX + ROW + COLUMN 函數

變更表格欄列形式的整理術！

想將排成一欄或一列的表格轉換為三欄三列的形式, 又不想配合欄列數一個一個複製及貼上的話, 利用此處的技巧便可一次搞定！

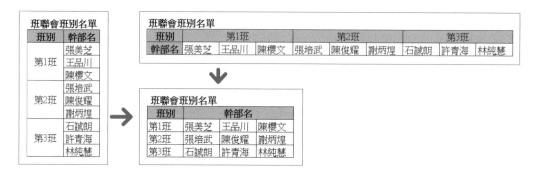

●將排成一欄的資料轉成三欄三列的形式

STEP 1 在 INDEX 函數的「列編號」中使用 ROW 與 COLUMN 函數

❶ 請開啟「範例檔案/Ch02/2-1」資料夾下的「2-1_密技22.xlsx」, 並切換到「2-1_密技22_將一欄轉成三欄三列」工作表來練習。選取新表格的 E3 儲存格, 輸入「=INDEX($B$3:$B$11, (ROW(A1)-1)*3+COLUMN(A1))」。

❷ 根據所需資料的筆數複製公式。

❸ 一整欄的幹部姓名便會被轉換為三欄三列的形式。

E3		▾	⋮	✕	✓	fx	=INDEX($B$3:$B$11,(ROW(A1)-1)*3+COLUMN(A1))		❶

⊿	A	B	C	D	E	F	G	H	I	J
1	班聯會班別名單			班聯會班別名單						
2	班別	幹部名		班別	幹部名					
3		張美芝		第1班	張美芝					
4	第1班	王品川		第2班						
5		陳櫻文		第3班			❷			
6		張培武								
7	第2班	陳俊耀								
8		謝炳煌								
9		石誠朗								
10	第3班	許青海								
11		林純慧								

INDEX 函數會傳回根據所指定欄列交集處的儲存格之參照。ROW 函數會傳回儲存格的列編號。COLUMN 函數會傳回儲存格的欄編號 (詳細解說請參考 2-5 頁)。

在「=INDEX($B$3:$B$11, (ROW(A1)-1)*3+COLUMN(A1))」的公式中, 列編號為「1」、欄編號也為「1」, 因此引數「列編號」被指定為「1」, 會回傳 B3：B11 儲存格中第一列的姓名。

複製公式時, 會各自帶入指定的列編號與欄編號, 所以一整欄的幹部名便會被轉換為三欄三列的形式。

●將排成一列的資料轉成三欄三列的形式

STEP 1　**在 INDEX 函數的「列編號」中使用 ROW 與 COLUMN 函數**

❶ 請開啟「範例檔案/Ch02/2-1」資料夾下的「2-1_密技22.xlsx」, 並切換到「2-1_密技22_將一列轉成三欄三列」工作表來練習。選取新表格的 B8 儲存格, 輸入「=INDEX($B$3:$J$3, (ROW(A1)-1)*3+COLUMN(A1))」。

❷ 根據所需資料的筆數複製公式。

❸ 一整列的幹部名便會被轉換為三欄三列的形式。

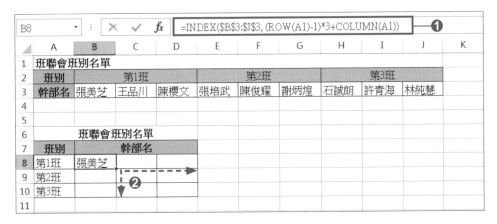

在「=INDEX($B$3:$J$3, (ROW(A1)-1)*3+COLUMN(A1))」的公式中, 列編號為「1」、欄編號也為「1」, 因此引數「列編號」被指定為「1」, 會回傳 B3：J3 儲存格中第一欄的姓名。

複製公式時, 會各自帶入指定的列編號與欄編號, 所以一整列的幹部名便會被轉換為三欄三列的形式。

密技 23 | 將一欄多列的會員資料轉換成一列多欄

一次 OK 的重點提示 利用 IFNA+VLOOKUP+ROW+COLUMN 函數

變更表格欄列形式的整理術！

會員名單中每筆資料排成兩列或三列不一，想轉換成一列的表格，但是因為每筆資料的列數不同，無法使用**密技 22** 的方法轉換。利用此處的密技，便可以解決這些問題！

手機會員名單

NO.	姓名	電話
1	姓名	張嘉惠
	電話1	02-6633-1554
	電話2	0933-155-888
2	姓名	沈杏美
	電話	02-5548-5687
3	姓名	許閔洲
	電話1	04-5832-4458
	電話2	0931-050-155
	電話3	0911-155-333

→

手機會員名單

NO.	姓名	電話1	電話2	電話3
1	張嘉惠	02-6633-1554	0933-155-888	
2	沈杏美	02-5548-5687		
3	許閔洲	04-5832-4458	0931-050-155	0911-155-333

STEP 1　插入一個欄位並輸入要帶入表格中的欄位序號

❶ 在**No.**欄的左側插入一欄，並輸入序號。要帶入四欄表格的話，一筆資料分別有四個序號。第一列中要帶入三筆資料，因此序號為 1～3；第二列有兩筆資料，因此序號為 5～6；第三列有四筆資料，因此輸入 9～12 的序號。

	A	B	C	D	E
1			手機會員名單		
2		NO.	姓名	電話	
3	1		姓名	張嘉惠	
4	2	1	電話1	02-6633-1554	
5	3		電話2	0933-155-888	
6	5	2	姓名	沈杏美	
7	6		電話	02-5548-5687	
8	9		姓名	許閔洲	
9	10	3	電話1	04-5832-4458	
10	11		電話2	0931-050-155	
11	12		電話3	0911-155-333	
12					

STEP 2　在 VLOOKUP 函數的「搜尋值」引數中，使用 ROW 與 COLUMN 函數

❶ 選取新表格的 G3 儲存格，輸入「=IFNA(VLOOKUP(4*ROW(A1)+COLUMN(A1)-4, $A$3:$D$11, 4, 0), "")」。

❷ 根據所需資料的筆數複製公式。

G3		▼	⋮	× ✓	fx	=IFNA(VLOOKUP(4*ROW(A1)+COLUMN(A1)-4, $A$3:$D$11, 4, 0), "")				①

	A	B	C	D	E	F	G	H	I	J	K
1			手機會員名單				手機會員名單				
2		NO.	姓名	電話		NO.	姓名	電話1	電話2	電話3	
3	1		姓名	張嘉惠		1	張嘉惠				
4	2	1	電話1	02-6633-1554		2		②			
5	3		電話2	0933-155-888		3					
6	5		姓名	沈杏美							
7	6	2	電話	02-5548-5687							
8	9		姓名	許閎洲							
9	10		電話1	04-5832-4458							
10	11	3	電話2	0931-050-155							
11	12		電話3	0911-155-333							
12											

√ 公式 Check！

• IFNA 函數在運算式為錯誤值「#N/A」時會回傳指定的值。

函數的語法：=IFNA(值, NA 時傳回的值)

• ROW 函數會傳回儲存格的列編號。COLUMN 函數會傳回儲存格的欄編號 (詳細解說請參考 2-5 頁)。

• VLOOKUP 函數會在搜索範圍縱向做搜尋, 從指定的欄提取與搜尋值相符的值。

函數的語法：=VLOOKUP(搜尋值, 範圍, 欄編號, [搜尋方法])

引數「搜尋方法」是指用來尋找「搜尋值」的方法, 指定方法如下。

搜尋方法	搜尋範圍的方法
0、FALSE	搜尋與「搜尋值」完全相符的值
1、TRUE、省略	搜尋不到「搜尋值」時, 搜尋僅次於搜尋值的最大值 ※此狀況下,「範圍」最左端的欄必須以文字值的遞增方式排序

在「=IFNA(VLOOKUP(4*ROW(A1)+COLUMN(A1)-4, $A$3:$D$11, 4, 0), "")」的公式中, 列編號為「1」、欄編號也為「1」, 因此引數「搜尋值」被指定為「1」, 會搜尋 A3：A11 中數值符合「1」的列, 並回傳此列中第四欄的姓名。

複製公式時, 會各自帶入指定的列編號與欄編號, 所以可以將一欄多列的會員名單轉換成一列多欄的形式。

√ 公式 Check！

• 在 Exce 2010 / 2007 中沒有 IFNA 函數, 因此需使用 IFERROR 函數, 輸入「=IFERROR(VLOOKUP(4*ROW(A1)+COLUMN(A1)-4, $A$3:$D$11, 4, 0), "")」的公式。

函數的語法：=IFERROR(值, 錯誤時的回傳值)

密技 24 將單筆多列不連續的欄位資料轉換為一筆一列

一次 OK 的重點提示 建立資料連結及「自動篩選」功能

變更表格欄列形式的整理術！

表格中一筆資料共三列, 而其中填入資料的欄位又不連續時, 想要將其轉換為一筆資料一列的形式, 但又因為欄列複雜而無法使用**密技 23** 轉換。利用此處的密技可以一次搞定這些問題！

客戶名單		
雲乃海股份有限公司		
300-00	新竹市光復路一段54號	雲乃海大樓5F
電話號碼	04-8012-0533	傳真號碼 04-8012-0535
龜岩興業有限公司		
104-00	台北市中山北路一段315號2樓	
電話號碼	03-2258-1135	傳真號碼 03-2258-1155
紀見川興產股份有限公司		
100-00	台北市羅斯福路二段55號	紀見川大樓1F
電話號碼	03-2258-1235	傳真號碼 03-2258-1230

公司名稱	郵遞區號	地址1	地址2	電話號碼	傳真號碼
雲乃海股份有限公司	300-00	新竹市光復路一段54號	雲乃海大樓5F	04-8012-0533	04-8012-0535
龜岩興業有限公司	104-00	台北市中山北路一段315號2樓		03-2258-1135	03-2258-1155
紀見川興產股份有限公司	100-00	台北市羅斯福路二段55號	紀見川大樓1F	03-2258-1235	03-2258-1230

STEP 1 讓新表格的第一列與相對應的資料建立連結

❶ 參照原始表格中第一筆資料的儲存格, 在新表格的第一列中輸入公式 (A15：F15 儲存格)。
請依序輸入「=A2」、「=A3」、「=B3」、「=C3」、「=B4」、「=D4」。

❷ 根據所需資料的筆數複製公式。

STEP 2　利用數值格式隱藏「0」值

❶ 選取 A15：F21 儲存格範圍，再從**常用**頁次的**數值**區按下 🔽 鈕。

❷ 開啟**儲存格格式**交談窗後，切換到**數值**頁次，選取**自訂**並輸入「0;;」，再按下**確定**鈕。

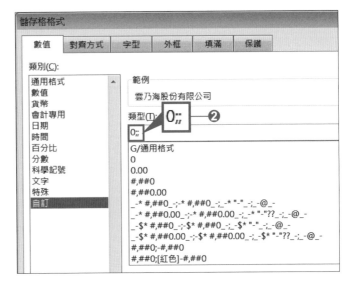

STEP 3　利用「自動篩選」抽取「0」以外的資料

❶ 選取表格內其中一個儲存格，從**資料**頁次的**排序與篩選**區點選**篩選**鈕。

❷ 點選最後一欄的箭號，將選單中的**空格**取消選取，按下**確定**鈕。

❸ 一筆三列而欄位又不連續的資料便被轉換為一筆一列的形式。

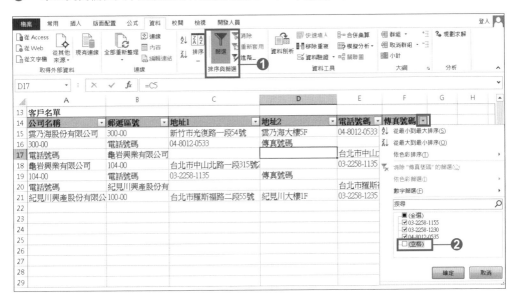

密技 25 ｜將一整欄的資料改為在指定列換行的表格

一次 OK 的重點提示 利用 INDEX+COLUMN+ROW 函數

變更表格欄列形式的整理術！

想將名單中排成 14 列的姓名轉換為每 7 列換一欄的形式。利用此處的密技便可一次搞定！

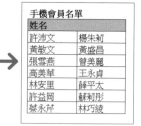

手機會員名單

姓名	地址
許沛文	台北市中山北路一段58號
黃敏文	台北市忠孝東路3-1號
張雪燕	台南市永華路二段77號
高美華	台中市向上路二段38號
林安里	台北市建國南路二段150號
許益岡	台中市新社區水井街123號
蔡永芹	台中市西屯區西屯路二段79號
楊朱莉	台北市羅斯福路一段13號
黃盛昌	基隆市壽山路二段54號
曾美麗	台南市安平區育平八街178號
王永貞	台北市汀州路三段46號
薛平太	新北市板橋區府中路16號
蘇莉彤	宜蘭縣羅東鎮河濱路31號
林巧綾	台東縣台東市永安街244號

手機會員名單

姓名	
許沛文	楊朱莉
黃敏文	黃盛昌
張雪燕	曾美麗
高美華	王永貞
林安里	薛平太
許益岡	蘇莉彤
蔡永芹	林巧綾

STEP 1　在 INDEX 函數的「列編號」中使用 COLUMN 與 ROW 函數提取

❶ 選取新表格中的 D3 儲存格，輸入「=INDEX($A$3:$A$16, (COLUMN(A1)-1)*7+ROW(A1))」。

❷ 根據所需資料的筆數複製公式。

❸ 一整欄的資料便被轉換為一欄七列的兩欄表格。

D3		:	× ✓ fx	=INDEX($A$3:$A$16, (COLUMN(A1)-1)*7+ROW(A1))		❶

	A	B	C	D	E	F
1	手機會員名單			手機會員名單		
2	姓名	地址		姓名		
3	許沛文	台北市中山北路一段58號		許沛文		
4	黃敏文	台北市忠孝東路3-1號				
5	張雪燕	台南市永華路二段77號			❷	
6	高美華	台中市向上路二段38號				
7	林安里	台北市建國南路二段150號				
8	許益岡	台中市新社區水井街123號				
9	蔡永芹	台中市西屯區西屯路二段79號				
10	楊朱莉	台北市羅斯福路一段13號				
11	黃盛昌	基隆市壽山路二段54號				
12	曾美麗	台南市安平區育平八街178號				
13	王永貞	台北市汀州路三段46號				
14	薛平太	新北市板橋區府中路16號				
15	蘇莉彤	宜蘭縣羅東鎮河濱路31號				
16	林巧綾	台東縣台東市永安街244號				
17						

✓公式 Check！

INDEX 函數會傳回根據所指定欄列交集處的儲存格之參照。ROW 函數會傳回儲存格的列編號。COLUMN 函數會傳回儲存格的欄編號（詳細解說請參考 2-5 頁）。

在「=INDEX($A$3:$A$16, (COLUMN(A1)-1)*7+ROW(A1))」的公式中，列編號為「1」、欄編號為「1」，因此引數的「列編號」被指定為「1」，會回傳 A3：A16 儲存格中第一列的姓名。

複製公式時，會各自帶入指定的列編號與欄編號，如此一來，一整欄的資料便被轉換為一欄七列的兩欄表格。

密技 **26** │ 將會員名單每七筆資料排成一欄

一次 OK 的重點提示 利用序號 +INDEX 函數

變更表格欄列形式的整理術！

想將名單中所有排成十四列的資料都轉換為每七列換一欄的形式。但用密技 25 的方法只能轉換一欄的資料。利用此處的密技便可一次轉換多欄！

手機會員名單	
姓名	**地址**
許沛文	台北市中山北路一段58號
黃敏文	台北市忠孝東路3-1號
張雪燕	台南市永華路二段77號
高美華	台中市向上路二段38號
林安里	台北市建國南路二段150號
許益岡	台中市新社區水井街123號
蔡永芹	台中市西屯區西屯路二段79號
楊朱莉	台北市羅斯福路一段13號
黃盛昌	基隆市壽山路二段54號
曾美麗	台南市安平區育平八街178號
王永貞	台北市汀州路三段46號
薛平太	新北市板橋區府中路16號
蘇莉彤	宜蘭縣羅東鎮河濱路31號
林巧綾	台東縣台東市永安街244號

→

手機會員名單			
姓名	**地址**	**姓名**	**地址**
許沛文	台北市中山北路一段58號	楊朱莉	台北市羅斯福路一段13號
黃敏文	台北市忠孝東路3-1號	黃盛昌	基隆市壽山路二段54號
張雪燕	台南市永華路二段77號	曾美麗	台南市安平區育平八街178號
高美華	台中市向上路二段38號	王永貞	台北市汀州路三段46號
林安里	台北市建國南路二段150號	薛平太	新北市板橋區府中路16號
許益岡	台中市新社區水井街123號	蘇莉彤	宜蘭縣羅東鎮河濱路31號
蔡永芹	台中市西屯區西屯路二段79號	林巧綾	台東縣台東市永安街244號

STEP 1 在新表格的左邊及下方輸入作為換行基準的數值

❶ 在新表格的左邊輸入到要換行的列數為止的序號「1～7」。

❷ 在新表格下方輸入要轉換的欄數「1、2、1、2」，以及換行的列數數值「0、0、7、7」。

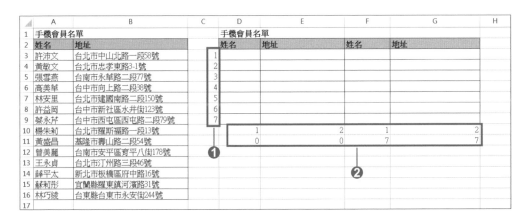

STEP 2 將剛才輸入的數值以 INDEX 函數抽取

❶ 選取新表格中的 D3 儲存格, 輸入「=INDEX($A$3:$B$16, D$11+$C3, D$10)」。

❷ 根據所需資料的筆數複製公式。

❸ 姓名與地址的兩欄資料便會被轉換為一欄七列的四欄表格。

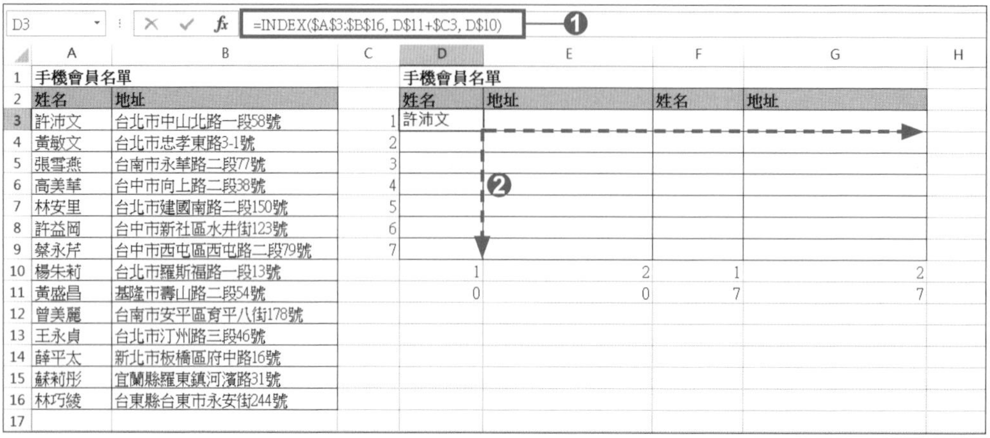

✓**公式 Check!**

INDEX 函數會傳回根據所指定欄列交集處的儲存格之參照 (詳細解說請參考 2-5 頁)。

在「=INDEX($A$3:$B$16, D$11+$C3, D$10)」的公式中, 引數的「列編號」被指定為「1」、「欄編號」被指定為「1」, 因此會回傳 A3:B16 儲存格中第一欄第一列的姓名。

將公式朝下及朝右複製時, 會各自指定 **STEP1** 中表格左邊及下方輸入數值的儲存格, 如此一來, 姓名與地址的兩欄資料便會被轉換為一欄七列的四欄表格。

密技
加碼送　**若不在表格外輸入數字, 只建立公式時?**

若顧慮到表格的樣式, 無法像 **STEP1** 一樣在表格外面輸入數值的話, 可以在 INDEX 函數中使用 COLUMN 與 ROW 函數建立公式。

❶ 選取新表格中 D3 的儲存格, 輸入「=INDEX(A$3:A$16, ((COLUMN($A1)-1)/2)*7+ROW($A1))」。

❷ 將公式複製到要換行的列數為止。

NEXT

❸ 選取 F3 儲存格，輸入「=INDEX(A$3:A$16, ((COLUMN($C1)-1)/2)*7+ROW($C1))」。

❹ 將公式複製到要換行的列數為止。

❺ 姓名與地址的兩欄資料便會被轉換為一欄七列的四欄表格。

✓ 公式 Check !

在「=INDEX(A$3:A$16, ((COLUMN($A1)-1)/2)*7+ROW($A1))」的公式中，列編號為「1」、欄編號為「1」，因此引數的「列編號」被指定為「1」，會回傳 A3：A16 儲存格中第一欄第一列的姓名。

在「=INDEX(A$3:A$16, ((COLUMN($C1)-1)/2)*7+ROW($C1))」的公式中，列編號為「1」、欄編號為「3」，因此引數的「列編號」被指定為「8」，會回傳 A3：A16 儲存格中第一欄第八列的姓名。

將公式朝下及朝右複製時，會各自帶入指定的欄編號及列編號，如此一來，姓名與地址的兩欄資料便會被轉換為一欄七列的四欄表格。

2-2 交叉分析表的整理術

密技 01 │ 保留列標題的交叉分析表

一次 OK 的重點提示 利用 IF 函數

交叉分析表的整理術！

根據各個員工票選的賞花日期及地點資料，將表格整理成在日期下顯示賞花地點的形式。不想對照原始表格慢慢輸入時，便可利用此處的密技一次搞定！

賞花日期及地點票選		
員工姓名	希望日期	地點
陳文雅	4/5(週六)	天滿宮
張津川	3/29(週六)	大阪城
王瑛娟	4/5(週六)	大阪城

賞花日期及地點票選			
員工姓名	3/29(週六)	4/4(週五)	4/5(週六)
陳文雅			天滿宮
張津川	大阪城		
王瑛娟			大阪城

STEP 1 利用 IF 函數提取原始表格中，與欄標題相同所對應的值

❶ 選取交叉分析表的 F3 儲存格，輸入「=IF($B3=F$2,$C3,"")」。

❷ 根據所需資料的筆數複製這個公式。

❸ 建立員工姓名與希望日期的交叉分析表。

Check!

若不想提取對應欄的值，而想直接標記記號的話，便輸入「=IF($B3=F$2,"●","")」。

✓**公式 Check !**

• IF 函數會依據是否滿足條件來判斷要回傳的結果。

函數的語法：=IF(條件式, [條件成立], [條件不成立])

滿足引數「條件式」指定的條件時, 會回傳「條件成立」指定的值。沒有滿足時則回傳「條件不成立」指定的值。

「=IF($B3=F$2,$C3,"")」的公式, 是將「B3 儲存格的希望日期與新表格中 F2 儲存格的日期相同」指定為條件式。滿足條件時便提取同一列中 C3 儲存格的地點, 沒有滿足條件時則回傳空白。複製公式時, 公式會各自指定希望日期、地點及日期的欄位, 如此一來, 便可建立員工姓名與希望日期的交叉分析表。

密技
加碼送　**若要建立保留欄標題的交叉分析表？**

要建立保留欄標題的交叉分析表時, 需利用 IF 函數建立公式, 提取原始表格中與列標題相同的值所對應的值。

❶ 選取交叉分析表的 G3 儲存格, 輸入「=IF($F3=B$3,B$4,"")」。

❷ 根據所需資料的筆數複製這個公式。

❸ 建立員工姓名與希望日期的交叉分析表。

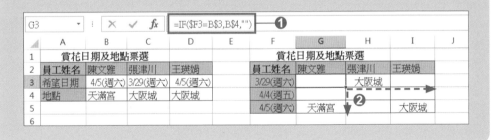

密技 02 | 將儲存格中以頓號分隔的各個值轉換為欄標題

一次 OK 的重點提示 利用 IF+SUBSTITUTE 函數

交叉分析表的整理術！

根據員工夏季休假表中以頓號區隔的各個休假預定日的資料，將表格整理成在預定日下標記「●」的形式。不想對照原始表格慢慢標記時，便可利用此處的密技一次搞定！

員工夏季休假預定表

姓名	休假預定日
張其純	8/16、8/17
黃明緯	8/15
張立山	8/13、8/14、8/15
林英貴	8/15、8/16
陳志偉	8/13、8/14

→

員工夏季休假預定表

姓名	8/13	8/14	8/15	8/16	8/17
張其純				●	●
黃明緯			●		
張立山	●	●	●		
林英貴			●	●	
陳志偉	●	●			

STEP 1 利用 IF+SUBSTITUTE 函數在對應的日期標記記號

❶ 選取交叉分析表的 E3 儲存格，輸入「=IF($B3=SUBSTITUTE($B3,E$2,""),"","●")」。

❷ 根據所需資料的筆數複製這個公式。

❸ 建立員工姓名與日期的交叉分析表。

E3 fx =IF($B3=SUBSTITUTE($B3,E$2,""),"","●") ❶

	A	B	C	D	E	F	G	H	I	J
1	員工夏季休假預定表			員工夏季休假預定表						
2	姓名	休假預定日		姓名	8/13	8/14	8/15	8/16	8/17	
3	張其純	8/16、8/17		張其純						
4	黃明緯	8/15		黃明緯						
5	張立山	8/13、8/14、8/15		張立山		❷				
6	林英貴	8/15、8/16		林英貴						
7	陳志偉	8/13、8/14		陳志偉						
8										

編輯註：必需將 B3：B7 以及 E2：I2 的儲存格格式設為**文字**，執行公式時才不會有誤。

☑公式 Check！

- IF 函數會依據是否滿足條件來區分要輸出的結果 (詳細解説請參考 2-55 頁)。

- SUBSTITUTE 函數會將原本的字串轉換為指定的字串。

  函數的語法：=SUBSTITUTE(字串, 搜尋的字串, 置換的字串, [置換的對象])

  「SUBSTITUTE($B3,E$2,"")」的公式會回傳 B3 儲存格中的休假預定日去除新表格中 E2 的日期的結果。例如第三列的公式為「=SUBSTITUTE($B5,E$2,"")」，便會回傳「8/14、8/15」的結果。

  利用這個值建立「=IF($B3=SUBSTITUTE($B3,E$2,""),"","●")」的公式, 便會將「B3儲存格的休假預定日與回傳的日期相同」指定為條件式。滿足條件時便回傳空白, 沒有滿足條件時則回傳「●」。複製公式時, 公式會各自指定休假預定日及日期的欄位, 如此一來, 便可建立員工姓名與日期的交叉分析表。

密技 03 │ 將表格中的值與欄標題對調

一次 OK 的重點提示 利用 INFA+INDEX+MATCH 函數

交叉分析表的整理術！

此範例要將原本在時間標題下填入講師名稱資料, 轉換成在講師名稱標題下填入時間資料的表格。不想一個一個對照表格輸入時, 便可利用此處的密技一次搞定！

2014年4月份 講師場次表

	10:00	14:00	18:00
4月1日	志明		小璋
4月2日	小璋	佳騰	
4月3日	志明		金偉
4月4日	志明	佳騰	金偉
4月5日		佳騰	小璋

2014年4月份 講師場次表

	志明	小璋	佳騰	金偉
4月1日	10:00	18:00		
4月2日		10:00	14:00	
4月3日	10:00			18:00
4月4日	10:00		14:00	18:00
4月5日		18:00	14:00	

STEP 1 利用 MATCH 函數求得欄標題的位置並以 INDEX 函數提取

❶ 選取交叉分析表的 G3 儲存格, 輸入「=IFNA(INDEX($B$2:$D$2,MATCH(G$2,$B3:$D3,0)),"")」。

❷ 根據所需資料的筆數複製這個公式。

❸ 建立日期與講師的交叉分析表。

| G3 | ▼ | : | × | ✓ | fx | =IFNA(INDEX($B$2:$D$2,MATCH(G$2,$B3:$D3,0)),"") | **①** |

▲	A	B	C	D	E	F	G	H	I	J	K
1	2014年4月份 講師場次表						2014年4月份 講師場次表				
2	╲	10:00	14:00	18:00			╲	志明	小璋	佳騰	金偉
3	4月1日	志明		小璋			4月1日	10:00			
4	4月2日	小璋	佳騰				4月2日				
5	4月3日	志明		金偉			4月3日	**②**			
6	4月4日	志明	佳騰	金偉			4月4日				
7	4月5日		佳騰	小璋			4月5日				
8											

✓ 公式 Check！

- IFNA 函數在運算式為錯誤值「#N/A」時會回傳指定的值。除此之外的狀況下則會回傳公式的結果。

   函數的語法：=IFNA(值, NA時傳回的值)

- INDEX 函數會傳回根據所指定欄列交集處的儲存格之參照。

   函數的語法：陣列形式=INDEX(陣列, 列編號, [欄編號])
   **　　　　　　參照形式=INDEX(參照, 列編號, [欄編號], [區域編號])**

- MATCH 函數會回傳搜尋值在範圍內的相對位置。

   函數的語法：=MATCH(搜尋值, 搜尋範圍, [比對的種類])

   引數「比對的種類」如何指定搜尋範圍的方法, 請參考以下表格。

比對的種類	搜尋範圍的方法
0、FALSE	搜尋與「搜尋值」完全一致的值
1、TRUE、省略	搜尋不到「搜尋值」時, 便搜尋搜尋值以下的最大值 ※在此狀況下,「搜尋範圍」的資料必須以遞增次序排列
-1	搜尋不到「搜尋值」時, 便搜尋搜尋值以上的最小值 ※在此狀況下,「搜尋範圍」的資料必須以遞減次序排列

「MATCH(G$2,$B3:$D3,0)」的公式中, 會回傳新表格中 G2 的講師名稱在 B3：D3 儲存格的講師名稱中從左數來第幾個位置的結果。

將此結果指定為 INDEX 函數的引數「列編號」並建立「=INDEX($B$2:$D$2,MATCH(G$2,$B3:$D3,0))」的公式, 便會根據新表格中 G2 的講師名稱提取 B2：D2 儲存格中對應的時間。複製公式時, 公式會各自指定講師名稱的欄位, 如此一來, 便可建立日期與講師的交叉分析表。

在此處, 找不到講師名稱而無法回傳位置的結果時, 會回傳錯誤值「#N/A」, 在 INFA 函數的引數「值」中設定 INDEX 函數的公式, 可以讓結果為錯誤值「#N/A」時回傳空白。

使用 Excel 2010/2007 時

Excel 2010/2007 中沒有 IFNA 函數, 因此要利用 IFERROR 函數來建立公式。

❶ 選取交叉分析表的 G3 儲存格, 輸入「=IFERROR(INDEX($B$2:$D$2,MATCH(G$2,$B3:$D3,0)),"")」。

❷ 根據所需資料的筆數複製這個公式。

❸ 建立日期與講師的交叉分析表。

| G3 | ▼ : × ✓ fx | =IFERROR(INDEX($B$2:$D$2,MATCH(G$2,$B3:$D3,0)),"") | ❶ |

	A	B	C	D	E	F	G	H	I	J	K
1	2014年4月份 講師場次表					2014年4月份 講師場次表					
2		10:00	14:00	18:00			志明	小璋	佳藤	金偉	
3	4月1日	志明		小璋		4月1日	10:00	18:00		---→	
4	4月2日	小璋	佳騰			4月2日		10:00			
5	4月3日	志明		金偉		4月3日	10:00	❷		18:00	
6	4月4日	志明	佳騰	金偉		4月4日	10:00			18:00	
7	4月5日		佳騰	小璋		4月5日		18:00			
8											

✓ 公式 Check！

• IFERROR函數會在發生錯誤時回傳指定的值。

函數的語法：=IFERROR(值,錯誤時的回傳值)

密技 04 將表格內的值轉換為列標題, 並標記「●」記號

一次 OK 的重點提示 利用 IF+COUNTIFS 函數

交叉分析表的整理術！

根據說明會名單中的出席日及出席企業名資料, 將表格整理成以企業名為標題, 並在出席日標記「●」的形式。不想對照原始表格慢慢標記時, 便可利用此處的密技一次搞定！

說明會出席名單		
日期	出席企業名	姓名
3/20(週四)	鶴美乃股份有限公司	黃武炫
3/20(週四)	鶴美乃股份有限公司	陳岩本
3/20(週四)	鶴美乃股份有限公司	王櫻祥
3/20(週四)	赤羽有限公司	石深川
3/20(週四)	赤羽有限公司	林福原
3/28(週五)	鶴丸股份有限公司	陳進一
3/28(週五)	茜口股份有限公司	許香春
3/28(週五)	茜口股份有限公司	薛谷子
3/28(週五)	若一工業股份有限公司	張明明

→

說明會出席名單		
出席企業名	3/20(週四)	3/28(週五)
茜口股份有限公司		●
鶴丸股份有限公司		●
赤羽有限公司	●	
鶴美乃股份有限公司	●	
若一工業股份有限公司		●

STEP 1 利用 COUNTIFS 函數計算是否有兩欄的值, 若有的話便以 IF 函數標記記號

❶ 選取交叉分析表的 F3 儲存格, 輸入「=IF(COUNTIFS($B$3:$B$11,$E3,$A$3:$A$11, F$2),"●","")」。

❷ 根據所需資料的筆數複製這個公式。

❸ 建立出席企業名與日期的交叉分析表。

| F3 | : | × ✓ fx | =IF(COUNTIFS($B$3:$B$11,$E3,$A$3:$A$11,F$2),"●","") |

◢	A	B	C	D	E	F	G	H
1	說明會出席名單				說明會出席名單			
2	日期	出席企業名	姓名		出席企業名	3/20(週四)	3/28(週五)	
3	3/20(週四)	鶴美乃股份有限公司	黃武炫		茜口股份有限公司			
4	3/20(週四)	鶴美乃股份有限公司	陳岩本		鶴丸股份有限公司			
5	3/20(週四)	鶴美乃股份有限公司	王櫻祥		赤羽有限公司			
6	3/20(週四)	赤羽有限公司	石深川		鶴美乃股份有限公司			
7	3/20(週四)	赤羽有限公司	林福原		若一工業股份有限公司			
8	3/28(週五)	鶴丸股份有限公司	陳進一					
9	3/28(週五)	茜口股份有限公司	許香看					
10	3/28(週五)	茜口股份有限公司	薛谷子					
11	3/28(週五)	若一工業股份有限公司	張明明					
12								

✓公式 Check!

• IF 函數會依據是否滿足條件來區分要輸出的結果 (詳細解說請參考 2-55 頁)。

• COUNTIFS 函數會計算滿足多個條件的儲存格數目。

函數的語法：=COUNTIFS(條件範圍 1, 搜尋條件 1, [條件範圍 2, 搜尋條件 2…, 條件範圍 127, 搜尋條件 127])

「=IF(COUNTIFS($B$3:$B$11,$E3,$A$3:$A$11,F$2),"●","")」的公式會將「新表格的 E3 儲存格的企業名在 B3：B11 儲存格的出席企業名內做搜尋, 而 F2 儲存格的日期也會在 A3：A11 儲存格的出席日中搜尋符合的件數」指定為條件式。若得出的結果有一件以上便回傳「●」, 連一件都沒有時則回傳空白。複製公式時, 公式會各自指定出席企業名及日期的欄位, 如此一來, 便可建立出席企業名與日期的交叉分析表。

若要在不使用 IF 函數的狀況下標記記號的話？

將數值格式設定為出現「0」時隱藏結果, 再利用 COUNTIFS 函數建立公式。

❶ 選取交叉分析表的 F3 儲存格, 輸入「=COUNTIFS($B$3:$B$11,$E3,$A$3:$A$11, F$2)」。

❷ 根據所需資料的筆數複製這個公式。

❸ 從**常用**頁次的**數值**區按下 ⬛, 從開啟的**儲存格格式**交談窗, 切換到**數值**頁次中, 選取**自訂**並輸入「"●";;」, 按下**確定**鈕。

❹ 建立出席企業名與日期的交叉分析表。

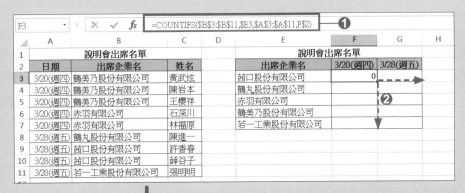

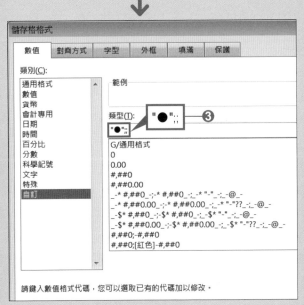

密技 **05** 將兩欄的值轉換為欄列標題,並在表格內帶入另一欄的值

一次 OK 的重點提示 利用 IF+INDEX+MATCH 函數

交叉分析表的整理術!

此範例想將「預約會面表」整理成以「預約日」及「時間」為標題,再填入公司名稱的表格。不想一個一個對照表格輸入時,便可利用此處的密技一次搞定!

6月預約會面表

公司名稱	預約日	時間
紀見川興產股份有限公司	6/10(週二)	10:00
大柳一股份有限公司	6/20(週五)	13:00
千丸股份有限公司	6/5(週四)	10:00
羽木產業股份有限公司	6/10(週二)	15:00
美吉山股份有限公司	6/5(週四)	13:00

6月預約會面表

時間 預約日	10:00	13:00	15:00
6/5(週四)	千丸股份有限公司	美吉山股份有限公司	
6/10(週二)	紀見川興產股份有限公司		羽木產業股份有限公司
6/20(週五)		大柳一股份有限公司	

STEP 1 將要作為欄列標題的值合併為一個值

❶ 選取 D3 儲存格,輸入「=B3&C3」。

❷ 根據所需資料的筆數複製這個公式。

Check!

「=B3&C3」的公式會將 B3 的預約日及 C3 的時間合併為一個字串。

STEP 2 將合併好的值在同一列所對應的公司名稱以 INDEX 與 MATCH 函數提取出來

① 選取交叉分析表的 F3 儲存格，輸入「=IFNA(INDEX($A$3:$A$7,MATCH($E3&F$2,$D$3:$D$7,0)),"")」。

② 根據所需資料的筆數複製這個公式。

③ 建立預約日與時間的交叉分析表。

Check！

在 Excel 2010/2007 中沒有 IFNA 函數，因此要利用 IFERROR 函數建立「=IFERROR(INDEX($A$3:$A$7,MATCH($E3&F$2,$D$3:$D$7,0)),"")」的公式。

✓公式 Check！

IFNA 函數在運算式為錯誤值「#N/A」時會回傳指定的值。除此之外的狀況下則會回傳公式的結果 (詳細解說請參考 2-58 頁)。

「MATCH($E3&F$2,$D$3:$D$7,0)」的公式中，會回傳新表格中 E3 的預約日 &F2 的時間在 D3：D7 儲存格的預約日 & 時間中從第一列數來第幾個位置的結果。

將此結果指定為 INDEX 函數的引數「列編號」並建立「=IFNA(INDEX($A$3:$A$7,MATCH($E3&F$2,$D$3:$D$7,0)),"")」的公式，便會根據新表格中 E3 的預約日與 F2 的時間提取 A3：A7 儲存格中對應的公司名稱。複製公式時，公式會各自指定預約日與時間的欄位，如此一來，便可建立預約日與時間的交叉分析表。

在此處，找不到 E3 的預約日 &F2 的時間而無法回傳位置的結果時，會回傳錯誤值「#N/A」，在 IFNA 函數的引數「值」中設定 INDEX 函數的公式，可以讓結果為錯誤值「#N/A」時回傳空白。另外，若提取值的原始表格中有兩列相同的值時，便無法使用此公式。

密技
加碼送

有多個欄標題、列標題時？

交叉分析表中有多個欄標題、列標題時, 要在 **STEP1** 中將所有被設為標題的欄或列以「&」合併為同一個字串。

●有兩欄以上的列標題時

❶ 選取 E3 儲存格, 輸入「=A3&B3&C3」。

❷ 根據所需資料的筆數複製這個公式。

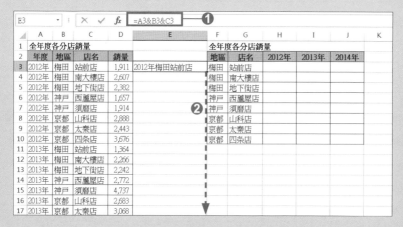

❸ 選取交叉分析表的 H3 儲存格, 輸入「=IFNA(INDEX($D$3:$D$26,MATCH(H$2&$F3&$G3,$E$3:$E$26,0)),"")」。

❹ 根據所需資料的筆數複製這個公式。

❺ 建立地區、店名與各年度的交叉分析表。

H3			fx	=IFNA(INDEX($D$3:$D$26,MATCH(H$2&$F3&$G3,$E$3:$E$26,0)),"") ❸						
	A	B	C	D	E	F	G	H	I	J	K
1	全年度各分店銷量					全年度各分店銷量					
2	年度	地區	店名	銷量		地區	店名	2012年	2013年	2014年	
3	2012年	梅田	站前店	1,911	2012年梅田站前店	梅田	站前店	1,911	1,364	3,798	
4	2012年	梅田	南大樓店	2,607	2012年梅田南大樓店	梅田	南大樓店	2,607	2,266	3,987	
5	2012年	梅田	地下街店	2,382	2012年梅田地下街店	梅田	地下街店	2,382	2,242	5,945	
6	2012年	神戶	西麗屋店	1,657	2012年神戶西麗屋店	神戶	西麗屋店	1,657	2,772	3,725	
7	2012年	神戶	須磨店	1,914	2012年神戶須磨店	神戶	須磨店	1,914	4,737	4,846	
8	2012年	京都	山科店	2,888	2012年京都山科店	京都	山科店	2,888	2,683	4,736	
9	2012年	京都	太秦店	2,443	2012年京都太秦店	京都	太秦店	2,443	3,068	4,378	
10	2012年	京都	四条店	3,676	2012年京都四条店	京都	四条店	3,676	2,092	6,924	
11	2013年	梅田	站前店	1,364	2013年梅田站前店						
12	2013年	梅田	南大樓店	2,266	2013年梅田南大樓店						
13	2013年	梅田	地下街店	2,242	2013年梅田地下街店						
14	2013年	神戶	西麗屋店	2,772	2013年神戶西麗屋店						
15	2013年	神戶	須磨店	4,737	2013年神戶須磨店						
16	2013年	京都	山科店	2,683	2013年京都山科店						
17	2013年	京都	太秦店	3,068	2013年京都太秦店						

NEXT

● 有兩列以上的欄標題時

❶ 選取 E3 儲存格，輸入「=A3&B3&C3」。

❷ 根據所需資料的筆數複製這個公式。

❸ 地區的欄標題被合併顯示時，可將欄標題的內容分別輸入到表格外。

❹ 選取交叉分析表的 G4 儲存格，輸入「=IFNA(INDEX($D$3:$D$26,MATCH($F4&G$7& G$3,$E$3:$E$26,0)),"")」。

❺ 根據所需資料的筆數複製這個公式。

❻ 建立地區、店名與各年度的交叉分析表。

密技 06 | 將表格中的休假日轉換成欄標題，並以「●」做標記

利用 IF+SUMPRODUCT 函數

交叉分析表的整理術！

根據員工休假預定表中多個欄位的休假預定日資料，將表格整理成在休假預定日的標題下標記「●」的形式。不想對照原始表格慢慢標記時，便可利用此處的密技一次搞定！

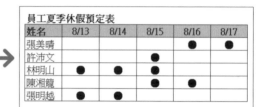

STEP 1　利用 IF+SUMPRODUCT 函數，在滿足條件式時標記記號

❶ 選取交叉分析表的 G3 儲存格，輸入「=IF(SUMPRODUCT(($A$3:$A$7=$F3)*($B$3:$D$7=G$2)),"●","")」。

❷ 根據所需資料的筆數複製這個公式。

❸ 建立姓名與日期的交叉分析表。

G3		×　✓　*fx*	=IF(SUMPRODUCT(($A$3:$A$7=$F3)*($B$3:$D$7=G$2)),"●","")		❶

	A	B	C	D	E	F	G	H	I	J	K	L
1	員工夏季休假預定表					員工夏季休假預定表						
2	姓名	休假預定日				姓名	8/13	8/14	8/15	8/16	8/17	
3	張美晴	8/16	8/17			張美晴						
4	許沛文	8/15				許沛文						
5	林明山	8/13	8/14	8/15		林明山						
6	陳湘龍	8/15	8/16			陳湘龍						
7	張明越	8/13	8/14			張明越						
8												

✓ 公式 Check！

- IF 函數會依據是否滿足條件來區分要輸出的結果 (詳細解說請參考 2-55 頁)。

- SUMPRODUCT 函數會傳回對應元素乘積之總和。

  函數的語法：=SUMPRODUCT (陣列1, [陣列 2…, 陣列 255])

  「=IF(SUMPRODUCT(($A$3:$A$7=$F3)*($B$3:$D$7=G$2)),"●","")」的公式會將「新表格中 F3 儲存格的姓名在 A3：A7 儲存格的姓名內做比對，而 G2 儲存格的日期也在 B3：D7 儲存格的休假日內」指定為條件式。滿足條件時便回傳「●」，沒有滿足條件時則回傳空白。

  複製公式時，公式會各自指定姓名及日期的欄位，如此一來，便可建立姓名與日期的交叉分析表。

2-3 轉換統計表形式的整理術

密技 01 刪除分散的空白儲存格, 並將其他資料往左補

一次 OK 的重點提示 右側儲存格左移

轉換統計表形式的整理術！

想根據預約會面表整理出
每日預約的公司名單, 並
刪除沒有預約的空白儲存
格。利用此處的密技便可
一次搞定！

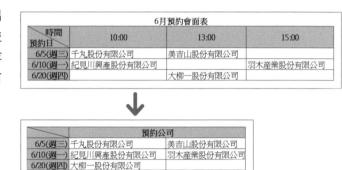

STEP 1 在「特殊目標」交談窗中選擇「空格」

❶ 在新表格中貼上原始表格的資料。

❷ 選取所有資料的儲存格範圍, 從**常用**頁次的**編輯**區中按下**尋找與選取**鈕, 選擇**特殊目標**項目。

❸ 開啟**特殊目標**交談窗後, 選取**空格**項目, 再按下**確定**鈕。

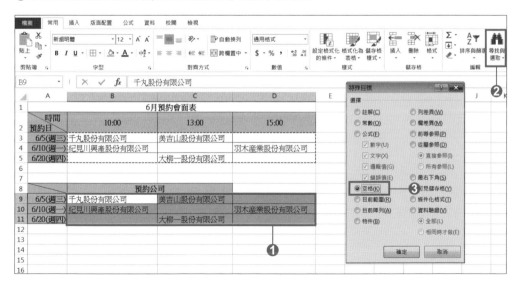

STEP 2　利用右側儲存格左移刪除空白儲存格

❶ 從**常用**頁次的**儲存格**區中按下**刪除**鈕下方的▼, 選擇**刪除儲存格**。

❷ 開啟**刪除**交談窗後, 選取**右側儲存格左移**項目, 再按下**確定**鈕。

❸ 預約名單中空白的儲存格被刪除, 而其他名單便往左補上。

Check!

若表格為垂直方向, 可在**刪除**交談窗中選取**下方儲存格上移**項目, 來刪除空白儲存格。

密技 **02**　**將多個欄位內的值轉換為表格裡的選項, 並以「●」標記被選中的選項**

一次 OK 的重點提示　利用 IF+COUNTIF 函數

轉換統計表形式的整理術！

此範例想將多欄內的各個能量石名稱列為選項, 並以「●」標記被選中的項目。利用此處的密技, 便可一次搞定這個表格！

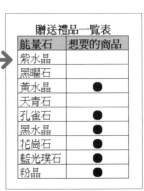

想要的商品

客戶	原石	手鐲
竹谷杏奈	黃水晶	粉晶
畑野智美	黑水晶	花崗石
藤居由紀香	藍光璞石	孔雀石

贈送禮品一覽表

能量石	想要的商品
紫水晶	
黑曜石	
黃水晶	●
天青石	
孔雀石	●
黑水晶	●
花崗石	●
藍光璞石	●
粉晶	●

利用 IF+COUNTIF 函數, 讓指定的值出現在原始表格時, 便標記「●」

❶ 選取新表格的 F3 儲存格, 輸入「=IF(COUNTIF($B$3:$C$5,E3),"●","")」。

❷ 根據所需資料的筆數複製這個公式。

❸ 有被選中的能量石選項便會被標記上「●」。

| F3 | | ▼ | : | × | ✓ | f_x | =IF(COUNTIF($B$3:$C$5,E3),"●","") |

	A	B	C	D	E	F	G
1		想要的商品				贈送禮品一覽表	
2	客戶	原石	手鐲		能量石	想要的商品	
3	竹谷杏奈	黃水晶	粉晶		紫水晶		
4	畑野智美	黑水晶	花崗石		黑曜石		
5	藤居由紀香	藍光璞石	孔雀石		黃水晶		
6					天青石		
7					孔雀石		
8					黑水晶		
9					花崗石		
10					藍光璞石		
11					粉晶		
12							

✓ 公式 Check !

• IF 函數會依據是否滿足條件來判斷要回傳的結果。

函數的語法:IF(條件式, [條件成立], [條件不成立])

滿足引數「條件式」指定的條件時, 會回傳「條件成立」指定的值。沒有滿足時則回傳「條件不成立」指定的值。

• COUNTIF 函數會計算符合條件的儲存格個數。

函數的語法:COUNTIF(範圍, 搜尋條件)

「=IF(COUNTIF($B$3:$C$5,E3),"●","")」的公式, 是將「在 B3:C5 儲存格中所包含的 E3 儲存格的商品名的總件數」指定為條件式。若結果有一件以上便顯示「●」, 連一件都沒有時則顯示為空白。

複製公式時, 公式會各自帶入指定的能量石名稱的儲存格, 如此一來, 新表格中便會建立能量石的名稱選項, 並將被選上的項目標記「●」。

密技 03 將有輸入資料的標題列帶入新表格內

一次 OK 的重點提示 利用 INDEX+MATCH 函數

轉換統計表形式的整理術！

想將被標記「●」的員工旅遊日期整理成表格，又不想一筆一筆對照「●」的標記來
輸入日期⋯。利用此處的密技便可一次搞定這些問題！

| STEP 1 | 利用 INDEX+MATCH 函數提取有標記「●」的日期 |

❶ 選取新表格中的 H3 儲存格, 輸入「=INDEX($B$2:$E$2,,MATCH("*",B3:E3,0))」。

❷ 根據所需資料的筆數複製這個公式。

❸ 表格中便被輸入各個員工希望的參加日。

H3		✕ ✓ fx	=INDEX($B$2:$E$2,,MATCH("*",B3:E3,0))					
	A	B	C	D	E	F	G	H	I
1	一日員工旅遊日期票選						一日員工旅遊日期票選		
2	員工姓名	11/3(日)	11/10(日)	11/17(日)	11/24(日)		員工姓名	希望日期	
3	張美晴		●				張美晴	11/10(日)	
4	許沛文				●		許沛文		
5	林明山	●					林明山		
6	陳湘龍		●				陳湘龍		
7	張明越				●		張明越		
8									

✓公式 Check！

• INDEX 函數會傳回根據所指定欄列交集處的儲存格之參照。

　函數的語法：**陣列形式=INDEX(陣列, 列編號, [欄編號])**
　　　　　　　參照形式=INDEX(參照, 列編號, [欄編號], [區域編號])

• MATCH 函數會回傳搜尋值在範圍內的相對位置。

　函數的語法：**=MATCH(搜尋值, 搜尋範圍, [比對的種類])**

　引數「比對的種類」如何指定搜尋範圍的方法, 請參考以下表格。

比對的種類	搜尋範圍的方法
0、FALSE	搜尋與「搜尋值」完全一致的值
1、TRUE、省略	搜尋不到「搜尋值」時，便搜尋「搜尋值」以下的最大值 ※在此狀況下，「搜尋範圍」的資料必須以遞增排列
-1	搜尋不到「搜尋值」時，便搜尋搜尋值以上的最小值 ※在此狀況下，「搜尋範圍」的資料必須以遞減排列

將 MATCH 函數的引數「搜尋值」指定為「*」，便會回傳任一字串的相對位置。「MATCH("*",B3:E3,0)」的公式會回傳「●」在 B3：E3 儲存格中從左數來第幾個位置的結果。將此結果用於 INDEX 函數的引數「欄編號」所建立的公式「=INDEX($B$2:$E$2,,MATCH("*",B3:E3,0))」，便會從 B2：E2 儲存格中提取第二欄的日期。

複製公式時，公式會指定到每個員工各自標記「●」的儲存格，如此一來，新表格中便被輸入各個員工希望的參加日。

密技04 將欄標題轉換成列標題，並將有輸入「●」的日期資料帶入表格內

一次 OK 的重點提示 利用 INDEX+MATCH+INDIRECT 函數

轉換統計表形式的整理術！

將表格的欄標題轉換成列，並將有標記「●」的列標題資料帶入新表格內。新表格的列標題與原始表格不同，因此無法使用**密技03**的方法。利用此處的密技，便可一次搞定這些問題！

一日員工旅遊日期票選

員工姓名	張美晴	許沛文	林明山	陳湘龍	張明越
11/3(週一)			●		
11/10(週一)	●			●	
11/17(週一)					
11/24(週一)		●			●

一日員工旅遊日期票選

員工姓名	希望日期
張美晴	11/10(週一)
許沛文	11/24(週一)
林明山	11/3(週一)
陳湘龍	11/10(週一)
張明越	11/24(週一)

STEP 1 以標題欄中的姓名將各欄儲存格範圍建立名稱

❶ 選取 B2：F6 的儲存格範圍, 從**公式**頁次的**已定義之名稱**區中按下**從選取範圍建立**鈕。

❷ 在**以選取範圍建立名稱**交談窗中勾選**頂端列**, 按下**確定**鈕。

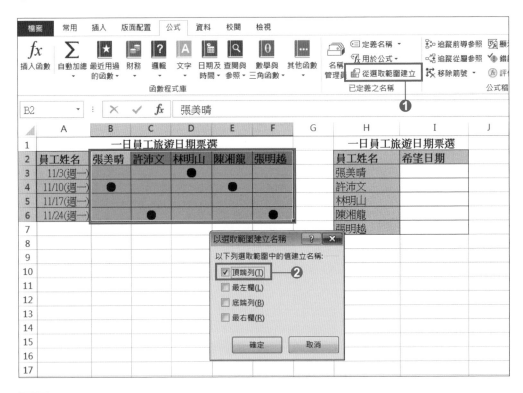

STEP 2 利用 INDEX+MATCH+INDIRECT 函數提取有標記「●」的日期

❶ 選取新表格中的 I3 儲存格, 輸入「=INDEX($A$3:$A$6,MATCH("*",INDIRECT(H3),0))」。

❷ 根據所需資料的筆數複製這個公式。

❸ 表格中便被輸入各個員工希望的參加日。

✓**公式 Check！**

- INDEX 函數會傳回根據所指定欄列交集處的儲存格之參照。MATCH 函數會回傳搜尋值在範圍內的相對位置 (詳細解說請參考 2-70 頁)。

- INDIRECT 函數會將表示儲存格參照的字串間接性的參照到顯示的位置。

    函數的語法：=INDIRECT(參照字串, [參照類型])

    以欄標題的員工姓名, 將各自的儲存格範圍建立名稱, 再設定「=INDIRECT(H3)」公式的話, 代表此公式會間接參照到標示員工姓名的 H3 儲存格範圍。利用間接參照的儲存格範圍來設定「MATCH("*",INDIRECT(H3),0)」的公式會回傳「●」在該儲存格範圍中, 從第一列數來第幾個位置的結果。將此結果用於 INDEX 函數的引數「列編號」所建立的公式「=INDEX($A$3:$A$6,MATCH("*",INDIRECT(H3),0))」, 便會從 A3：A6 儲存格中提取第二列的日期。

    複製公式時, 公式會指定到每個員工各自標記「●」的儲存格, 如此一來, 新表格中便被輸入各個員工希望的參加日。

密技 05　將沒有標示「●」的日期資料帶入同一個儲存格內

一次 OK 的重點提示 利用 REPT+TRIM 函數

轉換統計表形式的整理術！

想根據沙龍的營業日整理出沒有標記「●」的公休日。利用此處的密技便可一次搞定！

連假期間營業日					櫻綠美容沙龍
店名	12日(一)	13日(二)	14日(三)	15日(四)	16日(五)
台北店	●				
高雄店	●	●			
台中店				●	●

→

連假期間公休日				櫻綠美容沙龍
店名		公休日		
台北店	13日(二)	14日(三)	15日(四)	16日(五)
高雄店	14日(三)	15日(四)	16日(五)	
台中店	12日(一)	13日(二)	14日(三)	

STEP 1　利用 REPT 函數提取沒有標記記號的儲存格欄標題

❶ 選取 G3 儲存格, 輸入「=REPT(B$2,B3="")」。

❷ 根據所需資料的筆數複製這個公式。

	A	B	C	D	E	F	G	H
1	連假期間營業日					櫻綠美容沙龍		
2	店名	12日(一)	13日(二)	14日(三)	15日(四)	16日(五)		
3	台北店	●						
4	高雄店	●	●					
5	台中店				●	●		
6								
7								
8	連假期間公休日				櫻綠美容沙龍			
9	店名		公休日					
10	台北店							
11	高雄店							
12	台中店							

STEP 2　利用 TRIM 函數合併提取出來的標題資料, 並刪除多餘的空白

❶ 選取新表格中的 B10 儲存格, 輸入「=TRIM(G3&"　"&H3&"　"&I3&"　"&J3&"　"&K3)」。

❷ 根據所需資料的筆數複製這個公式。

❸ 未標記營業日「●」的日期便一併被帶入公休表中的同一個儲存格內, 並以空格區隔開來。

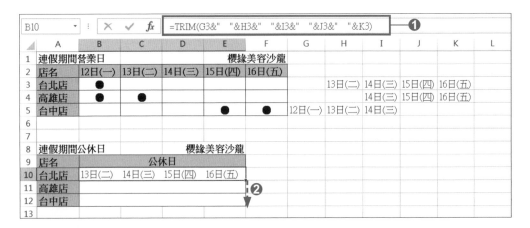

✓公式 Check！

• REPT 函數會依指定的次數重複顯示字串。

　函數的語法：=REPT(字串, 重複的次數)

　在「=REPT(B$2,B3="")」的公式中, 引數「重複的次數」輸入「B3=""」, 當 B3 儲存格為空白時會回傳「TRUE(1)」, 而使引數「字串」的日期重複顯示一次。不是空白時則回傳「FALSE(0)」使日期不會重複顯示。也就是說, 營業日為空白時便會提取日期, 有標記「●」時則不會提取日期。

　複製公式時, 公式會各自指定到欄標題的日期與標記「●」的儲存格, 如此一來, 只會將沒標記記號的日期提取出來。

• TRIM 函數會刪除文字字串中多餘的空格。

　函數的語法：=TRIM(字串)

　「=TRIM(G3&"　"&H3&"　"&I3&"　"&J3&"　"&K3)」的公式會將 REPT 函數所提取的日期以空格結合, 並刪除多餘的空格。

　複製公式時, 公式會指定每家分店在 **STEP1** 所提取日期的列, 如此一來, 沒有標記營業日「●」的日期便一併被帶入公休表中的同一個儲存格內, 並以空格區隔開來。

若要將同一列中多個值的標題資料帶入同一個儲存格，並以頓號區隔的話？

要將沒有標記營業日「●」的日期一併帶入公休表中的同一個儲存格內，並以頓號區隔開來的話，要在 **STEP2** 利用 SUBSTITUTE 函數與 TRIM 函數。

❶ 建立與 **STEP1** 相同的公式，選取新表格中的 B10 儲存格，輸入「=SUBSTITUTE(TRIM(G3&" "&H3&" "&I3&" "&J3&" "&K3),"　","、")」。

❷ 根據所需資料的筆數複製這個公式。

❸ 未標記營業日「●」的日期便一併被帶入公休表中的一個儲存格內，並以頓號區隔開來。

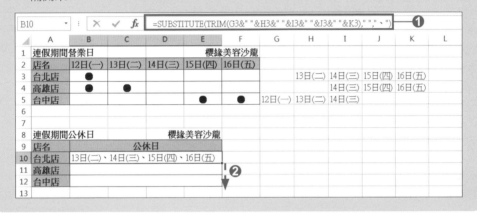

√ **公式 Check！**

• SUBSTITUTE 函數會將原本的字串轉換為指定的字串。

　函數的語法：=SUBSTITUTE(字串, 搜尋的字串, 置換的字串, [置換的對象])

　「=SUBSTITUTE(TRIM(G3&" "&H3&" "&I3&" "&J3&" "&K3),"　","、")」的公式會將合併日期時用來區隔的空格以「、」取代。如此一來，沒有標記營業日「●」的日期便一併被帶入公休表中的同一個儲存格內，並以頓號區隔開來。

密技 06 | 將沒有標示「●」的日期資料帶入不同儲存格

一次 OK 的重點提示 利用 INDEX+SMALL+IF+COLUMN 函數

轉換統計表形式的整理術！

想根據沙龍的營業日整理出沒有標記「●」的公休日，並帶入不同儲存格內。利用此處的密技便可一次搞定！

連假期間營業日				櫻緣美容沙龍	
店名	12日(一)	13日(二)	14日(三)	15日(四)	16日(五)
台北店	●				
高雄店	●	●			
台中店				●	●

↓

連假期間公休日		櫻緣美容沙龍		
店名		公休日		
台北店	13日(二)	14日(三)	15日(四)	16日(五)
高雄店	14日(三)	15日(四)	16日(五)	
台中店	12日(一)	13日(二)	14日(三)	

STEP 1 將空白的欄號由小至大提取，並利用 INDEX 函數提取日期

❶ 選取新表格中的 B10 儲存格，輸入「=INDEX($B$2:$F$2,,SMALL(IF($B3:$F3="",COLUMN($A$1:$E$65537)),COLUMN(A1)))」並按下 Ctrl + Shift + Enter 鍵確認公式輸入。

❷ 根據所需資料的筆數複製這個公式。

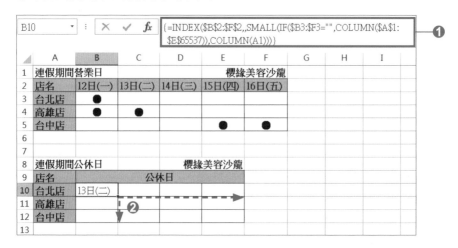

STEP 2 **在「設定格式化的條件」中設定格式以隱藏錯誤值**

❶ 從**常用**頁次的**樣式**區中按下**設定格式化的條件**鈕, 選取**新增規則**。

❷ 開啟**新增格式化規則**交談窗後, 從**選取規則類型**中選擇**只格式化包含下列的儲存格**。

❸ 在**編輯規則說明**中選擇**錯誤值**。

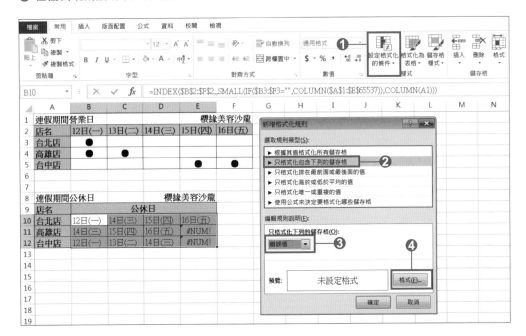

❹ 按下**格式**鈕後, 切換到**儲存格格式**交談窗的**字型**頁次, 將**色彩**設為白色後, 按下**確定**鈕。

❺ 未標記營業日「●」的日期便被帶入公休表中的各個儲存格內。

☑ **公式 Check！**

- INDEX 函數會傳回根據所指定欄列交集處的儲存格參照。

  函數的語法：**陣列形式＝INDEX(陣列, 列編號, [欄編號])**
  　　　　　　 參照形式＝INDEX(參照, 列編號, [欄編號], [區域編號])

- COLUMN 函數會傳回儲存格的欄編號。

  函數的語法：**＝COLUMN(參照)**

- SMALL 函數會回傳由小到大排列的資料中指定順位的值。

  函數的語法：**＝SMALL(陣列, 順位)**

在「SMALL(IF($B3:$F3="",COLUMN($A$1:$E$65537)),COLUMN(A1))」的公式中, 欄編號為「1」, 因此 B3：F3 儲存格中有空白時, 會從表格內標題的第一欄開始將欄編號做為陣列回傳, 最小的欄編號會回傳到第一項。在這邊, 第一欄中有填入「●」而非空白, 因此「FALSE、2、3、4、5」中會回傳「2」的結果。

將此處的「2」指定為 INDEX 的引數「欄編號」,「{=INDEX($B$2:$F$2,,SMALL(IF($B3:$F3="", COLUMN($A$1:$E$65537)),COLUMN(A1)))}」的公式便會提取 B2：F2 儲存格中第二欄的日期。

複製公式時, 會各自帶入指定的欄編號與每家分店中標記「●」的列, 如此一來, 沒有標記營業日「●」的日期便被帶入公休表中的各個儲存格內。

另外, 此處為陣列的形式, 因此一定要使用陣列的公式操作。

密技 07　將送給同一位客戶的商品統整到同一個儲存格內, 並以冒號做區隔

一次 OK 的重點提示 利用 IF＋VLOOKUP 函數

轉換統計表形式的整理術！

希望統整出每年送給各個客戶的生日禮清單。在此要將送給同一位客戶的商品名帶入同一個儲存格內, 並以頓號區隔開來的話, 利用此處的密技便可一次搞定！

生日禮清單

	客戶	贈送商品
2012年	竹谷杏奈	黃水晶
2012年	畑野智美	黑水晶
2013年	竹谷杏奈	紫水晶
2013年	畑野智美	花崗石
2013年	藤居由紀香	橘水晶
2014年	竹谷杏奈	藍光璞石
2014年	畑野智美	藍光璞石
2014年	藤居由紀香	孔雀石

→

生日禮清單

客戶	贈送商品
竹谷杏奈	黃水晶、紫水晶、藍光璞石
畑野智美	黑水晶、花崗石、藍光璞石
藤居由紀香	橘水晶、孔雀石

STEP 1 依客戶姓名重新排序, 並利用 IF 函數做成條件式

① 在新表格中貼上原始表格的資料。

② 選取任一個客戶姓名的儲存格, 從**資料**頁次的**排序與篩選**區中點選**從 A 到 Z 排序**鈕。

③ 選取 D14 儲存格, 輸入「=IF(B14=B15,C14&"、"&D15,C14)」。

④ 根據所需資料的筆數複製這個公式。

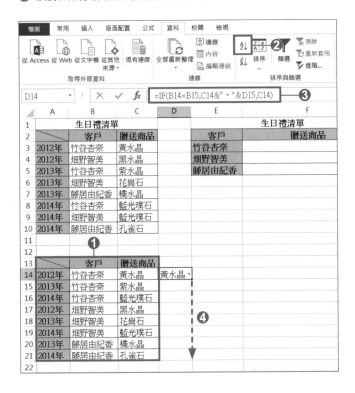

✓**公式 Check！**

IF 函數會依據是否滿足條件來判斷要輸出的結果 (詳細解説請參考 2-69 頁)。
「=IF(B14=B15,C14&"、"&D15,C14)」的公式會將相同客戶姓名的禮物清單帶入到各個客戶
姓名的第一列, 並以「、」區隔各項資料。

STEP 2 利用 VLOOKUP 函數將對應到客戶名稱值的第一列提取出來

① 選取新表格中的 F3 儲存格, 輸入「=VLOOKUP(E3,$B$14:$D$21,3,0)」。

② 根據所需資料的筆數複製這個公式。

③ 贈送給各個客戶的商品便會被帶入新表格中對應的位置。

| F3 | ▼ | : | ✕ | ✓ | fx | =VLOOKUP(E3,$B$14:$D$21,3,0) | ❶ |

	A	B	C	D	E	F	G
1		生日禮清單				生日禮清單	
2		客戶	贈送商品		客戶	贈送商品	
3	2012年	竹谷杏奈	黃水晶		竹谷杏奈	黃水晶、紫水晶、藍光璞石	
4	2012年	畑野智美	黑水晶		畑野智美		❷
5	2013年	竹谷杏奈	紫水晶		藤居由紀香		
6	2013年	畑野智美	花崗石				
7	2013年	藤居由紀香	橘水晶				
8	2014年	竹谷杏奈	藍光璞石				
9	2014年	畑野智美	藍光璞石				
10	2014年	藤居由紀香	孔雀石				
11							
12							
13		客戶	贈送商品				
14	2012年	竹谷杏奈	黃水晶	黃水晶、紫水晶、藍光璞石			
15	2013年	竹谷杏奈	紫水晶	紫水晶、藍光璞石			
16	2014年	竹谷杏奈	藍光璞石	藍光璞石			
17	2012年	畑野智美	黑水晶	黑水晶、花崗石、藍光璞石			
18	2013年	畑野智美	花崗石	花崗石、藍光璞石			
19	2014年	畑野智美	藍光璞石	藍光璞石			
20	2013年	藤居由紀香	橘水晶	橘水晶、孔雀石			
21	2014年	藤居由紀香	孔雀石	孔雀石			
22							

✓ 公式 Check！

- VLOOKUP 函數會在搜索範圍縱向做搜尋，從指定的欄提取與搜尋值相符的值。

  函數的語法：=VLOOKUP(搜尋值, 範圍, 欄編號, [搜尋方法])

  引數「搜尋方法」是指用來尋找「搜尋值」的方法，指定方法如下。

搜尋方法	搜尋範圍的方法
0、FALSE	搜尋與「搜尋值」完全相符的值
1、TRUE、省略	搜尋不到「搜尋值」時，搜尋僅次於「搜尋值」的最大值 ※此狀況下，「範圍」最左端的欄必須以遞增方式排序

在「=VLOOKUP(E3,$B$14:$D$21,3,0)」的公式中，與 E3 儲存格的客戶姓名同樣在第三列作成的商品資料會被提取出來。複製公式時，會各自指定客戶名稱的儲存格，如此一來，贈送給各個客戶的商品便會被帶入新表格中。

另外要注意的是，此處的公式遇到重複出現的值也會直接提取出來。

密技 08 │ 依各個部門別列出所屬的員工姓名

一次 OK 的重點提示 利用 COUNTIF+INDEX+MATCH+COLUMN 函數

轉換統計表形式的整理術！

想將員工名單整理成以部門分類的姓名清單，但又不想一個一個對照部門與姓名…。

利用此處的密技，便可一次搞定這些問題！

員工名單

No.	員工姓名	部門	公司信箱
1	張美晴	會計	Uranishi@***.com.tw
2	許沛文	業務	Sakuragi@***.com.tw
3	林相山	總務	Tatuyama@***.com.tw
4	陳湘龍	業務	Tugawa@***.com.tw
5	張明越	技術	Nagoshi@***.com.tw
6	柳明義	總務	Nenaka@***.com.tw
7	周君如	技術	Hinagata@***.com.tw
8	張紹美	技術	Makita@***.com.tw
9	柳千尋	會計	Yanagihara@***.com.tw
10	林泰智	業務	Waku@***.com.tw

➡

員工名單

部門	員工姓名		
總務	林明山	柳明義	
會計	張美晴	柳千尋	
業務	許沛文	陳湘龍	林泰智
技術	張明越	周君如	張紹美

STEP 1 利用 COUNTIF 函數按照部門輸入「部門+序號」

❶ 選取 E3 儲存格，輸入「=C3&COUNTIF($C$3:C3,C3)」。

❷ 根據所需資料的筆數複製這個公式。

| E3 | ▾ : ✕ ✓ fx | =C3&COUNTIF($C$3:C3,C3) ❶ |

	A	B	C	D	E	F	G	H	I	J
1		員工名單						員工名單		
2	No.	員工姓名	部門	公司信箱		部門	員工姓名			
3	1	張美晴	會計	Uranishi@***.com.tw	會計1	總務				
4	2	許沛文	業務	Sakuragi@***.com.tw		會計				
5	3	林相山	總務	Tatuyama@***.com.tw		業務				
6	4	陳湘龍	業務	Tugawa@***.com.tw		技術				
7	5	張明越	技術	Nagoshi@***.com.tw						
8	6	柳明義	總務	Nenaka@***.com.tw						
9	7	周君如	技術	Hinagata@***.com.tw	❷					
10	8	張紹美	技術	Makita@***.com.tw						
11	9	柳千尋	會計	Yanagihara@***.com.tw						
12	10	林泰智	業務	Waku@***.com.tw	↓					
13										

> ✓**公式 Check！**
>
> COUNTIF 函數會計算符合條件的儲存格個數 (詳細解說請參考2-69頁)。「=C3&COUNTIF
> ($C$3:C3,C3)」的公式會從第一列開始搜尋與 C3 相同部門名稱的件數並回傳, 因此儲存格中
> 會帶入「部門+序號」。

STEP 2 利用 INDEX+MATCH+COLUMN 函數提取與「部門+序號」相符的員工姓名

❶ 選取新表格內的 G3 儲存格, 輸入「=INDEX($B$3:$B$12,MATCH($F3&COLUMN(A1),$E$3:$E$12,0))」。

❷ 根據所需資料的筆數複製這個公式。

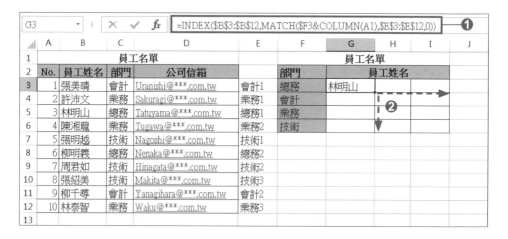

STEP 3 在「設定格式化的條件」中設定格式以隱藏錯誤值

❶ 選取 G3:I6 儲存格範圍, 從**常用**頁次的**樣式**區中, 按下設定格式化的條件鈕, 選取**新增規則**。

❷ 開啟**新增格式化規則**交談窗, 從**選取規則類型**中選擇只格式化包含下列的儲存格。

❸ 在**編輯規則說明**中選擇**錯誤值**。

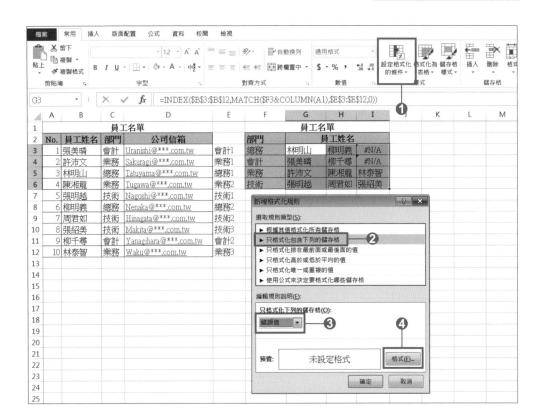

④ 按下**格式**鈕後，切換到**儲
存格格式**交談窗的**字型**頁
次中，將**色彩**設為白色，再
按下**確定**鈕。

⑤ 員工名單便被轉換為部門
分類的形式。

✓**公式 Check！**

INDEX 函數會傳回根據所指定欄列交集處的儲存格之參照。MATCH 函數會回傳搜尋值在範圍內的相對位置 (詳細解說請參考 2-70 頁)。COLUMN 函數會傳回儲存格的欄編號 (詳細解說請參考 2-78 頁)。

「MATCH($F3&COLUMN(A1),$E$3:$E$12,0)」公式中的欄編號為「1」，因此會回傳新表格中 F3 的部門名稱 &1在 E3：E12 的部門名稱 + 序號的第一列數來第幾個位置的結果。將此結果用於 INDEX 函數的引數「列編號」所建立的公式「=INDEX($B$3:$B$12,MATCH($F3&COLUMN(A1),$E$3:$E$12,0))」，便會對照新表格中 F3 的部門名稱 &1，提取 B3：B12 儲存格中的員工姓名。複製公式時，公式會指定到每個部門名稱的儲存格及欄編號，如此一來，員工名單便被轉換為依部門分類的形式。

密技 **隱藏錯誤值**
加碼送

●**使用 Excel 2013 時**

要以公式而非設定格式化的條件來隱藏錯誤值的話，要在 **STEP2** 中一併利用 IFNA 函數。

❶ 在 **STEP2** 選取新表格中的 G3 儲存格後，輸入「=IFNA(INDEX($B$3:$B$12,MATCH($F3&COLUMN(A1),$E$3:$E$12,0)),"")」。

❷ 根據所需資料的筆數複製這個公式。

❶

| G3 | ▾ : ✕ ✓ *fx* | =IFNA(INDEX($B$3:$B$12,MATCH($F3&COLUMN(A1),$E$3:$E$12,0)),"") |

	A	B	C	D	E	F	G	H	I	J
1		員工名單					員工名單			
2	No.	員工姓名	部門	公司信箱		部門	員工姓名			
3	1	張美晴	會計	Uranishi@***.com.tw	會計1	總務	林明山	柳明義	⇢	
4	2	許沛文	業務	Sakuragi@***.com.tw	業務1	會計	張美晴	柳千尋		
5	3	林明山	總務	Tatuyama@***.com.tw	總務1	業務	許沛文	陳湘龍	林泰智	
6	4	陳湘龍	業務	Tugawa@***.com.tw	業務2	技術	張明越	周君如	張紹美	
7	5	張明越	技術	Nagoshi@***.com.tw	技術1					
8	6	柳明義	總務	Nenaka@***.com.tw	總務2					
9	7	周君如	技術	Hinagata@***.com.tw	技術2					
10	8	張紹美	技術	Makita@***.com.tw	技術3					
11	9	柳千尋	會計	Yanagihara@***.com.tw	會計2					
12	10	林泰智	業務	Waku@***.com.tw	業務3					
13										

NEXT

- IFNA 函數在運算式為錯誤值「#N/A」時會回傳指定的值。除此之外的狀況下則會回傳公式的結果。

函數的語法：**=IFNA(值,NA時傳回的值)**

「=IFNA(INDEX($B$3:$B$12,MATCH($F3&COLUMN(A1),$E$3:$E$12,0)),"")」的公式中, 在「INDEX($B$3:$B$12,MATCH($F3&COLUMN(A1),$E$3:$E$12,0))」的公式結果為錯誤值「#N/A」時會回傳空白。如此一來, 在尋找不到要提取的員工姓名時, 會顯示為空白而不是錯誤值。

●**使用 Excel 2010/2007 時**

使用 Excel2010/2007 時, 要一併利用 IFERROR 函數。

❶ 在 **STEP2** 選取新表格中的 G3 儲存格後, 輸入「=IFERROR(INDEX($B$3:$B$12, MATCH($F3&COLUMN(A1),$E$3:$E$12,0)),"")」。

❷ 根據所需資料的筆數複製這個公式。

- IFERROR 函數會在發生錯誤時回傳指定的值。除此之外的狀況下則會回傳公式的結果。

函數的語法：**=IFERROR(值,錯誤時回傳的值)**

「=IFERROR(INDEX($B$3:$B$12,MATCH($F3&COLUMN(A1),$E$3:$E$12,0)),"")」的公式中, 在「INDEX($B$3:$B$12,MATCH($F3&COLUMN(A1),$E$3:$E$12,0))」的公式結果為錯誤值「#N/A」時會回傳空白。如此一來, 在找不到要提取的員工姓名時, 會顯示為空白而不是錯誤值。

若要在水平排列的部門分類下將員工姓名帶入各列內的話？

要在水平排列的部門分類下將員工姓名帶入各列的話，要將 **STEP2** 的 MATCH 函數與
ROW 函數一併使用。

❶ 在 **STEP2** 選取新表格中的 G3 儲存格後，輸入「=INDEX($B$3:$B$12,MATCH(G$2&
ROW(A1),$E$3:$E$12,0))」。

❷ 根據所需資料的筆數複製這個公式。

❸ 與 **STEP3** 相同，在設定格式化的條件中設定格式以隱藏錯誤值。員工名單便被帶
入水平排列的各部門分類下。

G3				fx	=INDEX($B$3:$B$12,MATCH(G$2&ROW(A1),$E$3:$E$12,0)) ❶					
	A	B	C	D	E	F	G	H	I	J	K
1		員工名單					員工名單				
2	No.	員工姓名	部門	公司信箱		部門	總務	會計	業務	技術	
3	1	張美晴	會計	Uranishi@***.com.tw	會計1		林明山				
4	2	許沛文	業務	Sakuragi@***.com.tw	業務1	姓名	❷				
5	3	林明山	總務	Tatuyama@***.com.tw	總務1						
6	4	陳湘龍	業務	Tugawa@***.com.tw	業務2						
7	5	張明越	技術	Nagoshi@***.com.tw	技術1						
8	6	柳明義	總務	Nenaka@***.com.tw	總務2						
9	7	周君如	技術	Hinagata@***.com.tw	技術2						
10	8	張紹美	技術	Makita@***.com.tw	技術3						
11	9	柳千尋	會計	Yanagihara@***.com.tw	會計2						
12	10	林泰智	業務	Waku@***.com.tw	業務3						
13											

✓公式 Check！

• ROW 函數會傳回儲存格的列編號。

函數的語法：**=ROW(參照)**

在「=INDEX($B$3:$B$12,MATCH(G$2&ROW(A1),$E$3:$E$12,0))」公式中，引數「列編
號」被指定為「3」，因此會回傳 B3：B12 儲存格範圍中第三列的員工姓名。複製公式
時，會各自帶入指定的部門名稱的儲存格與列編號，如此建立的表格便是將部門作為欄
標題的員工名單。

密技 09 將員工資料依部門分類，並排成一欄多列的姓名清單

一次 OK 的重點提示 利用「樞紐分析表」

轉換統計表形式的整理術！

想將員工名單以部門分類後，整理成一欄多列的姓名清單，但密技 08 的方法只能將姓名帶入各個項目下的多個欄內。利用此處的密技，便可一次搞定這些問題！

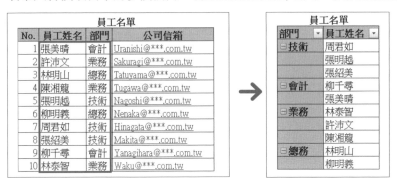

STEP 1 建立樞紐分析表

❶ 選取表格內的任一個儲存格，從**插入**頁次的**表格**區中按下**樞紐分析表**鈕。

❷ 跳出**建立樞紐分析表**交談窗後，在**選取表格或範圍**中選取 A2：D12 的儲存格範圍。

❸ 因為要在原始表格的旁邊建立樞紐分析表，所以放置樞紐分析表的位置要選擇**已經存在的工作表**，在**位置**中選取 F2 儲存格，再按下**確定**鈕。

STEP 2　在「列」區域配置要帶入表格中的部門與員工姓名

❶ 開啟**樞紐分析表欄位**工作窗格後, 將「部門」、「員工姓名」移到「列」區域。

❷ 從**設計**頁次的**版面配置**區中按下**報表版面配置**鈕, 選擇**以列表方式顯示**。

❸ 接著從**小計**選擇**不要顯示小計**、從**總計**選擇**關閉列與欄**來隱藏小計與總計。

❹ 員工名單便被轉換為依部門分類的表格, 而員工姓名則是在一整欄中向下排序的形式。

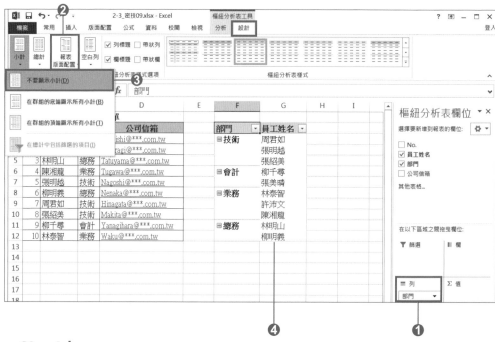

Check!

在 Excel 2010 / 2007 中則是將欄位配置到**列標籤**區域。

3

CHAPTER 3

將資料轉換成更有彈性的表格

3-1 表格發生錯誤的整理術

密技 01 | 移動資料間的小計儲存格後, 合計會出現錯誤!

一次 OK 的重點提示 按住 Shift 鍵拉移或插入剪下的儲存格

以這樣的表格取代錯誤表格!

此範例想將第 1 季及第 2 季的小計顯示在表格的最下方。若是在第 2 季的上方插入一列, 再利用複製/貼上的方法插入第 1 季的小計, 小計的值會出現錯誤。想要利用簡單快速的方法, 將資料快速置換。

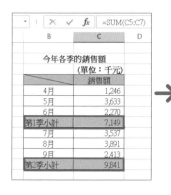

●方法 1. 按住 Shift 鍵拉曳

STEP 1 | 按住 Shift 鍵拉曳目的儲存格

❶ 選取第 1 季小計的儲存格範圍 A8:B8, 然後將滑鼠移動到選取儲存格的下方, 當滑鼠變成白色箭頭後, 按住 Shift 鍵的同時, 將選取的儲存格拉曳到第 2 季小計儲存格的上列。

❷ 完成後, 第 1 季小計儲存格會被移動到第 2 季小計儲存格的上方列。

●方法 2. 插入剪下的儲存格

STEP 1 **按滑鼠右鈕，插入剪下的儲存格**

❶ 選取第 1 季小計儲存格範圍 A8：B8，然後從**常用**頁次**剪貼簿**區中按下**剪下**鈕。

❷ 選取第 2 季小計儲存格範圍，然後在選取範圍中按一下滑鼠右鈕，接著從出現的快顯功能表中選擇**插入剪下的儲存格**。

❸ 完成後，第 1 季小計儲存格會被移到第 2 季小計儲存格的上方列。

Check!

使用按下**剪下**鈕的方法時，也可以先插入新的列後，再按下**貼上**鈕將資料貼上，但若使用**插入剪下的儲存格**方法，則只要一個步驟即可完成。

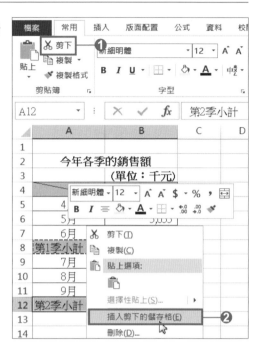

密技 **02** **貼上包含公式的儲存格後，會出現錯誤！**

一次 OK 的重點提示 **使用「貼上連結」的方式貼上**

以這樣的表格取代錯誤表格！

把利用 SUM 函數求得的銷售合計貼到銷售累計時，由於公式的參照會隨著改變，因此貼上後會出現錯誤。雖然可以以「**值**」的方式貼上，但當合計的月份資料增加後，累計值就無法自動更新。想要利用簡單快速的方法，製作當月份資料增加的同時，累計資料也會自動更新的表格。

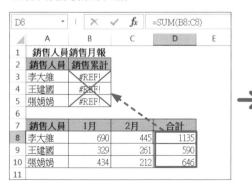

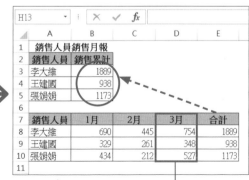

即使新增一欄，合計也不會出現錯誤

STEP 1 將參照儲存格內容以「貼上連結」的方式貼上

❶ 選取合計儲存格範圍 D8：D10, 然後按下**常用**頁次**剪貼簿**區中的**複製**鈕。

❷ 選取儲存格 B3, 然後按下**常用**頁次**剪貼簿**區中**貼上**鈕下方的▼鈕, 接著從選單中選擇**貼上連結**。

❸ 完成後, 若增加月份欄位資料時, 除了不會出現錯誤外, 累計資料也會自動更新。

Check!

不想將表格的合計資料利用連結的方式貼上時, 可以按下**貼上**鈕下方的▼鈕, 然後從選單中選擇**值**或**值與數字格式**的方式貼上。但是, 利用這個方法貼上後, 資料會以數值的方式被貼上, 因此公式會被刪除。

密技
加碼送

如何將多個儲存格中的公式值, 以連結方式置換?

要將分別輸入在多個儲存格中的公式值, 以連結方式置換時, 請按住 Ctrl 鍵不放, 選取所有儲存格, 然後再以連結的方式貼上。

❶ 按住 Ctrl 鍵的同時選取所有小計儲存格。並按下**常用**頁次**剪貼簿**區的**複製**鈕。

❷ 選取儲存格 B3, 然後從**常用**頁次的**剪貼簿**區中按下**貼上**鈕下方的▼鈕, 接著從出現的選單中選擇**貼上連結**。

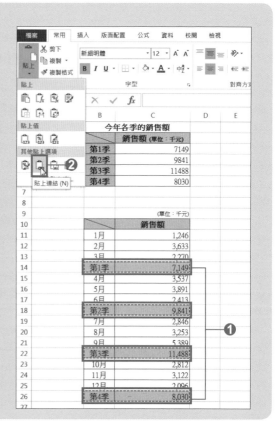

密技 03 | 將貼上連結或輸入公式的表格排序後，資料會出現錯誤！

一次 OK 的重點提示 使用 INDEX ＋ ROW ＋ INT ＋ COLUMN ＋ MOD 函數

以這樣的表格取代錯誤表格！

在 2012 年與 2013 年的銷售表中，想要將 2 個年度同月份的資料以相鄰方式顯示，以便快速比較資料內容。雖然試著將資料排序，但因為表格資料是參照其他表格的值，所以值會出現錯誤。想要利用簡單快速的方法，將表格資料以相鄰的方式顯示。

第1季銷售額 (單位：千元)

	2012年			2013年		
	4月	5月	6月	4月	5月	6月
信義分店	1,962	2,617	1,457	1,246	3,633	2,270
松山分店	997	1,414	876	1,962	1,604	896

➡

第1季銷售額 (單位：千元)

	2012年	2013年	2012年	2013年	2012年	2013年
	4月	4月	5月	5月	6月	6月
信義分店	1,962	0	1,475	1,246	1,356	2,270
松山分店	997	0	876	1,962	1,152	896

第1季銷售額 (單位：千元)

	2012年	2013年	2012年	2013年	2012年	2013年
	4月	4月	5月	5月	6月	6月
信義分店	1,962	1,246	2,617	3,633	1,457	2,270
松山分店	997	1,962	1,414	1,604	876	896

STEP 1 在 INDEX 函數中使用 ROW、INT、COLUMN、MOD 函數以取出資料

❶ 選取置換表格中的儲存格 B11，然後輸入公式「=INDEX($B$4:$G$5, ROW(A1), INT(COLUMN(A1)/2+0.5)+(MOD(COLUMN(A1), 2)=0)*3)」。

❷ 將公式複製到其他儲存格。

❸ 完成後，2012 年及 2013 年同月份的銷售資料就會以相鄰的方式顯示。

| B11 | | ▾ | : | × | ✓ | fx | =INDEX($B$4:$G$5, ROW(A1), INT(COLUMN(A1)/2+0.5)+(MOD(COLUMN(A1), 2)=0)*3) |

⏷	A	B	C	D	E	F	G	H	I	J	K	L	M	N	O	P
1	第1季銷售額					(單位：千元)			2012年							
2			2012年			2013年					4月	5月	6月	7月	8月	9月
3		4月	5月	6月	4月	5月	6月		信義分店		1,962	2,617	1,457	2,630	1,356	1,549
4	信義分店	1,962	2,617	1,457	1,246	3,633	2,270		松山分店		997	1,414	876	1,634	1,152	775
5	松山分店	997	1,414	876	1,962	1,604	896									
6									2013年							
7											4月	5月	6月	7月	8月	9月
8	第1季銷售額					(單位：千元)			信義分店		1,246	3,633	2,270	3,537	3,891	2,413
9		2012年	2013年	2012年	2013年	2012年	2013年		松山分店		1,962	1,604	896	2,216	2,744	987
10		4月	4月	5月	5月	6月	6月									
11	信義分店	1,962														
12	松山分店															
13																

✓公式 Check！

- INDEX 函數會回傳指定欄、列編號交集處的儲存格參照。

  函數的語法：**陣列形式=INDEX(陣列, 列編號, [欄編號])**
  　　　　　　參照形式=INDEX(參照, 列編號, [欄編號], [區域編號])

- ROW 函數會回傳儲存格的列編號、COLUMN 函數則會回傳儲存格的欄編號。

  函數的語法：**=ROW(參照)**
  函數的語法：**=COLUMN(參照)**

- INT 函數會將數值的小數點捨去後回傳。

  函數的語法：**=INT(數值)**

- MOD 函數會將數值相除後的餘數回傳。

  函數的語法：**=MOD(數值, 除數)**

  INDEX 函數的「列編號」引數指定成「ROW(A1)」，因為列編號為「1」，所以回傳值也會為「1」。「欄編號」引數指定成「INT(COLUMN(A1)/2+0.5)+(MOD(COLUMN(A1), 2)=0)*3」，因為欄編號為「1」，所以回傳值也會為「1」。

  將這個欄列編號指定成 INDEX 函數的引數「列編號」、「欄編號」，撰寫成「=INDEX($B$4:$G$5, ROW(A1), INT(COLUMN(A1)/2+0.5)+(MOD(COLUMN(A1), 2)=0)*3)」公式後，原來表格中第 1 欄第 1 列的銷售金額就會被取出。

  將公式往右邊欄位複製後，公式會變成「=INDEX($B$4:$G$5, ROW(B1), INT(COLUMN(B1)/2+0.5)+(MOD(COLUMN(B1), 2)=0)*3)」，由於欄編號為「2」、列編號為「1」，所以 INDEX 函數的引數之「列編號」被指定為「1」、「欄編號」被指定為「4」後，即可從原來的表格中取出第 4 欄第 1 列的銷售金額。像這樣將公式複製後，依照指定不同欄編號與列編號的方式，就可以將表格置換成 2012 年及 2013 年同月份銷售資料相鄰顯示的表格。

密技 04 | 刪除某列的資料後, 連續編號會被打亂!

一次 OK 的重點提示 使用 ROW 函數

以這樣的表格取代錯誤表格!

刪除 1 列會員資料後, 原本的連續編號會被打亂!就算將編號重新順過後, 下一次刪除資料時, 還是得要重新將編號順過。想要利用簡單快速的方法, 製作會自動連續編號的表格。

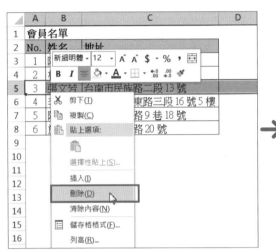

STEP 1 建立連續編號

❶ 選取想要顯示連續編號的儲存格 A3, 然後輸入公式「=ROW()-2」。

❷ 將公式往下複製。

❸ 完成後, 即使刪除表格中間的資料, 編號也會自動更新成連續編號。

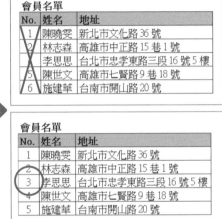

✓公式 Check!

ROW 函數可以回傳儲存格的列編號 (詳細解說請參考 3-6 頁)。

「=ROW()-2」的公式中, 為了要在列編號「3」中顯示連續編號「1」, 所以要「-2」。將公式往下複製後, 第 2 列公式會變成「=4-2」, 所以會顯示「2」。利用這個方式產生的連續編號, 即使刪除中間的資料, 連續編號也不會被打亂。想要在編號中加上其他文字, 例如「No.1」的話, 可以將公式改寫成「="No."&ROW()-2」後, 公式就能和字串連結顯示。

密技 05 ｜ 刪除某列資料後, 累計資料會出現錯誤!

一次 OK 的重點提示 使用 SUM 函數

以這樣的表格取代錯誤表格!

想要將原本輸入每天住宿人數的累計資料修改成只顯示週末及假日的累計人數之表格, 但是將平日的住宿人數刪除後, 累計資料就會出現錯誤。想要利用簡單快速的方法, 製作一個就算資料被刪除, 累計資料也不會出現錯誤的表格。

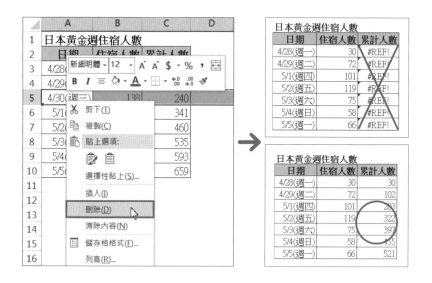

STEP 1 利用 SUM 函數計算累計人數

❶ 選取想累計的儲存格 C3, 然後輸入公式「=SUM($B$3:B3)」。

❷ 將公式往下複製。

❸ 完成後, 即使刪除表格中間的資料, 累計結果也會自動更新。

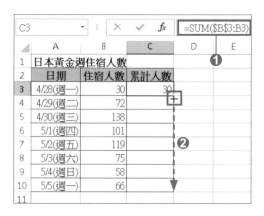

✓公式 Check！

- SUM 函數是用來計算數值合計的函數。

函數的語法：=SUM(數值 1, [數值 2⋯, 數值 255])

將「=SUM($B$3:B3)」公式往下複製後，公式會變成「=SUM($B$3:B4)」，每往下複製一列，計算的合計範圍就會從儲存格 B3 逐漸往下擴大。

也就是說每一列所顯示的數值是從第一列到該列的累計結果。就算中間資料被刪除，但因儲存格編號沒有改變，所以還是可以計算出從第 1 列開始累計的結果。

Check！

透過 Excel 2013 中的**快速分析**功能，可以自動插入利用 SUM 函數計算累計結果的公式。

❶ 選取想要計算累計的儲存格範圍 B3：B9 後，就會出現**快速分析**鈕 📧。

❷ 按下**快速分析**鈕後就會出現「快速分析工具」，切換到**總計**頁次，然後按下**列計算加總**鈕。

❸ 完成後，就會自動顯示利用 SUM 函數公式所計算出的累計結果。

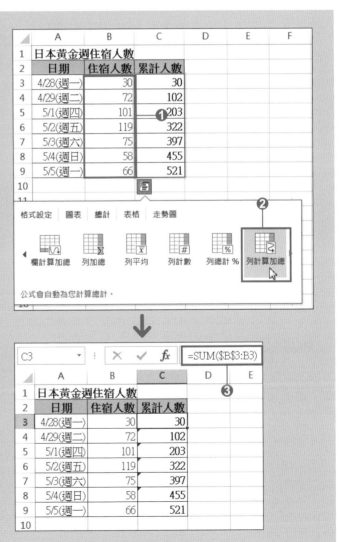

密技
加碼送

套用「自動篩選」或隱藏列後, 累計結果出現錯誤時怎麼辦？

當資料套用**自動篩選**或列被隱藏之後, 未被篩選出來或是被隱藏的列之資料不想被
列入計算時,可以使用 SUBTOTAL 函數來計算累計結果。

❶ 選取想要顯示累計結果的儲存格 C3, 然後輸入公式「=SUBTOTAL(109,
$B$3:B3)」。

❷ 將公式往下複製。

❸ 完成後, 即使資料因未被篩選或是列被隱藏的情況下, 還是可以正確的計算出累計
結果。

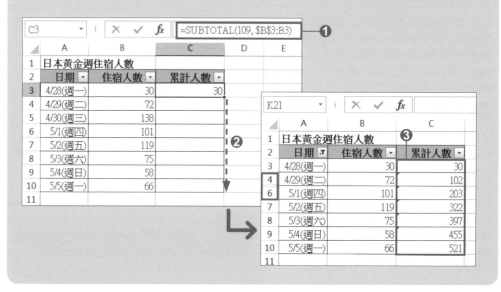

√**公式 Check！**

- SUBTOTAL 函數可以利用指定的合計方法計算出其累計結果。

函數的語法：=SUBTOTAL(合計方法, 參照 1, [參照 2, …, 參照 254])

將 SUBTOTAL 函數的引數「合計方法」指定成「109」時, 表示在篩選或列被隱藏的情況下,
只計算顯示資料的累計結果。

將「=SUBTOTAL(109, $B$3:B3)」公式往下一列複製後, 公式會變成「=SUBTOTAL(109,
$B$3:B4)」, 以求得從第一列開始到各列為止, 並將非顯示資料除外後的累計結果。

密技 06 刪除某列資料後, 隔列顯示的底色會跟著位移!

一次 OK 的重點提示 將資料轉換成表格

以這樣的表格取代錯誤表格!

當資料筆數很多時, 通常會每隔一列填滿底色, 以便讓資料更容易閱讀。但若刪除其中一筆會員資料後, 隔列的底色設定就會跑掉。在此想要利用簡單快速的方法製作在刪除資料後, 列的底色還是能夠以每隔一列的方式來顯示。

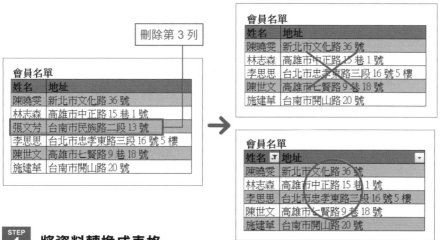

STEP 1 將資料轉換成表格

❶ 選取資料範圍中的任一個儲存格, 然後從**插入**頁次的**表格**區中按下**表格**鈕。

❷ 出現**建立表格**交談窗後, 選取包含資料標題的儲存格範圍。

❸ 勾選**有標題的表格**項目後, 按下**確定**鈕。

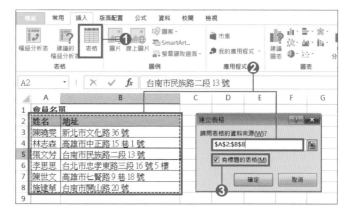

❹ 完成後, 列的底色就會以隔列的方式顯示。當其中的列被刪除後, 表格會自動將列色彩調整成以隔列的方式顯示。

Check!

想要變更其他色彩時，請點選表格中的任一儲存格，再按下**資料工作表/設計**頁次**表格樣式**區中的**快速樣式**鈕，然後從出現的選單中選擇想要套用的樣式。若不想套用預設的樣式，而要自訂其樣式時，可以選擇**新增表格樣式**。

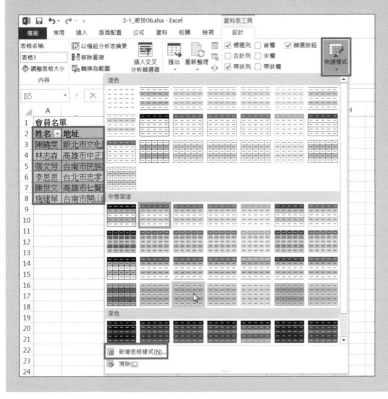

Check!

在 Excel 2013 中也可以利用**快速分析**鈕 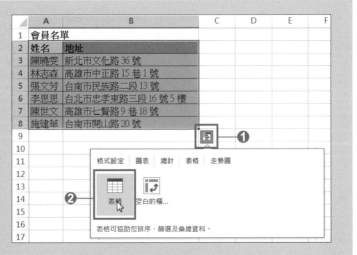 將資料轉換成表格。

❶ 選取想要轉換成表格的儲存格範圍後，選取範圍的右下方就會出現**快速分析**鈕。

❷ 點選**快速分析**鈕後就會出現「快速分析工具」，選擇**表格**，然後按下**表格**鈕。

如何將色彩間隔設定成 2 列或 3 列 ?

要間隔 2 列或 3 列才填滿列色彩時,可以利用**設定格式化的條件**來完成。利用 MOD 函數及 ROW 函數來設定條件,當列編號符合條件的話,該列才會填滿色彩。

❶ 選取儲存格範圍 A3：B8,然後從**常用**頁次的**樣式**區中按下**設定格式化的條件**鈕, 接著從出現的選單中選擇**新增規則**。

❷ 開啟**新增格式化規則**交談窗後,選擇**使用公式來決定要格式化哪些儲存格**。

❸ 在輸入公式欄位中輸入「=MOD(ROW()-2, 3)=1」。

❹ 按下**格式**鈕,然後切換到**填滿**頁次並選擇背景色彩。

✓公式 Check !

• MOD 函數是用來取得數值相除後的餘數 (詳細解說請參考 3-6 頁),ROW 函數則是用 來取得儲存格的列編號。

函數的語法：=ROW(參照)

數值為順序 1 到 3,因此取得的餘數為「1」、「2」、「0」。將結果為「1」的條件 指定成格式化的條件後,當公式執行結果為「TRUE」才會套用其設定的格式,因此只 有第 1 列、第 4 列、第 7 列……每隔 2 列才會以填滿列色彩的方式顯示。要將表格 內的全列填滿色彩時,表格內列的編號一定要設定從編號 1 開始,因此利用可以取得 ROW 函數之餘數的 MOD 函數,將公式撰寫成「=MOD(ROW()-2, 3)=1」,就能將表格設 定成每隔 2 列就填滿 1 列色彩的表格。上面的這個公式可以將第 1 列、第 4 列、第 7 列填滿列色彩,若想要第 3 列開始,將第 6 列、第 9 列填滿色彩時,要將公式修改成 「=MOD(ROW()-2, 3)=0」。

密技 07 ｜ 只要將特定的列資料複製到其他表格！

一次 OK 的重點提示　條件排序＋使用連續編號

以這樣的表格取代錯誤表格！

想要將依區域做區分的各月份目標銷售量, 貼到其他表格中的指定儲存格。利用**自動篩選**功能雖然可以篩選出想要貼上的指定儲存格, 但卻無法順利的貼上。在此想要利用簡單快速的方法, 將資料貼到指定的儲存格中。

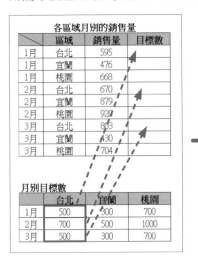

STEP 1　加上連續編號後, 將資料依條件排序

❶ 在 E 欄輸入連續編號。

❷ 選取 B3 儲存格, 然後從**資料**頁次的**排序與篩選**區中按下**從 A 到 Z 排序**鈕。

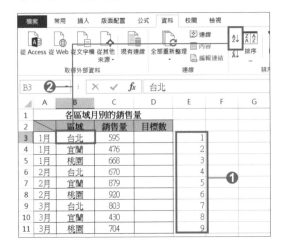

STEP 2 值貼上後, 再將連續編號升冪排序

❶ 選取儲存格範圍 B16：B18, 然後按下**常用**頁次**剪貼簿**區中的**複製**鈕。

❷ 選取想要貼上的儲存格 D3, 然後按下**常用**頁次**剪貼簿**區中的**貼上**鈕, 將「台北」區域的目標值貼到表格中。

❸ 要將資料還原時, 先選取連續編號中的任一儲存格, 然後按下**資料**頁次**排序與篩選**區中的**從 A 到 Z 排序**鈕, 即可將資料快速貼上。

	各區域月別的銷售量				
1		區域	銷售量	目標數	
2					
3	1月	台北	595		1
4	2月	台北	670		4
5	3月	台北	803		7
6	1月	宜蘭	476		2
7	2月	宜蘭	879		5
8	3月	宜蘭	430		8
9	1月	桃園	668		3
10	2月	桃園	920		6
11	3月	桃園	704		9
12					
13					
14	月別目標數				
15		台北	宜蘭	桃園	
16	1月	500	300	700	
17	2月	700	500	1000	
18	3月	500	300	700	
19					

密技 08　只要將篩選後的儲存格內容複製到其他表格！

一次 OK 的重點提示　以 `Ctrl` + `Enter` 鍵確定參照式的輸入

以這樣的表格取代錯誤表格！

想要將商品單價表中篩選出來的商品編號貼到新商品欄位, 但因資料間有其他列被隱藏, 所以無法順利貼上。想要利用簡單快速的方法, 只將顯示的儲存格內容複製到其他儲存格。

STEP 1 選取顯示儲存格後，以 Ctrl + Enter 鍵確定參照式的輸入

❶ 利用自動篩選功能將資料篩選出來，然後選取想要貼上的儲存格範圍，接著按下 Alt + ; 鍵。

❷ 輸入「=B6」後，按下 Ctrl + Enter 鍵確定參照式的輸入。

❸ 完成後，只有被篩選出來的資料列才會顯示商品編號。

VLOOKUP	▼	:	×	✓	*fx*	=B6

	A	B	C	D	E
1		Ladies Fashion商品單價表			
2	分類 ▼	商品編號 ▼	單價 ▼	新商品 ▼	
6	洋裝	WAN-004	2,980	=B6	
10	上衣	TYU-004	3,980		
14	裙子	SKA-004	4,980		
15					
16					

Check!

按下 Alt + ; 鍵可以只選取顯示的儲存格內容。

密技 加碼送 貼上的儲存格為相鄰欄時，可以利用「自動填滿」功能來完成！

想要複製**自動篩選**後的資料時，若是要貼到相鄰欄的話，可以直接利用**自動填滿**功能來完成。

❶ 在自動篩選後的資料中選取想要複製的儲存格，然後拉曳**填滿控點**讓資料往右自動填滿。

❷ 完成後，只有篩選出的資料列才會被輸入商品編號。

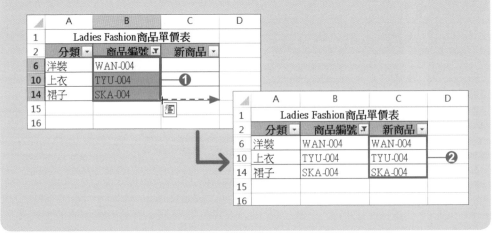

密技 09 │ 相同日期只輸入一次時, 無法將資料正確篩選！

一次 OK 的重點提示 使用「特殊目標」功能＋參照式

以這樣的表格取代錯誤表格！

在製作記錄每天銷售量的表格時, 若日期資料相同, 就只會輸入一次。在這個情況下, 要利用日期來篩選資料時, 只有輸入日期的單一列資料才會被篩選出來。想要利用簡單快速的方法, 將相同日期但未輸入日期的資料也一併篩選出來。

7月銷售量

日期	地區	店名	銷售量
7/1(週二)	台北	信義店	52
	桃園	林口店	45
7/3(週四)	桃園	中壢店	88
7/5(週六)	宜蘭	礁溪店	172
	台北	松山店	186
	宜蘭	礁溪店	82
7/6(週日)	桃園	中壢店	128
	台北	信義店	179
	台北	中山店	149
7/7(週一)	宜蘭	羅東店	94
	桃園	中壢店	152
	桃園	林口店	119
	台北	中山店	146

7月銷售量

日期	地區	店名	銷售量
7/5(週六)	~~宜蘭~~	礁溪店	172

7月銷售量

日期	地區	店名	銷售量
7/5(週六)	宜蘭	礁溪店	172
	台北	松山店	186
	宜蘭	礁溪店	82

STEP 1 利用「特殊目標」功能選取空白儲存格

❶ 選取儲存格範圍 A3：A15, 然後從**常用**頁次的**編輯**區中按下**尋找與選取**鈕, 接著從選單中選擇**特殊目標**。

❷ 開啟**特殊目標**交談窗後, 勾選**空格**項目, 然後按下**確定**鈕。

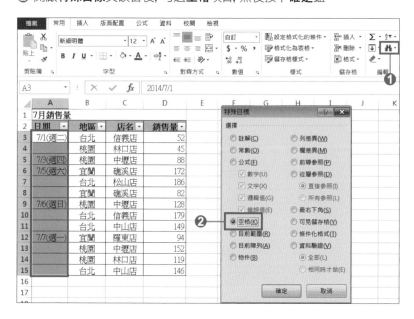

STEP 2 在空白儲存格中輸入參照上方儲存格的參照式後，利用「字型色彩」將它隱藏

① 輸入「=A3」後，按下 `Ctrl` + `Enter` 鍵。

② 從**常用**頁次的**字型**區中按下**字型色彩**鈕，然後從選單中選擇**白色**。

③ 完成後，就可以利用**自動篩選**功能篩選出相同日期的所有資料。

Check!

在空白儲存格被選取的情況下，輸入參照上一個儲存格的參照式後，所有被選取的空白儲存格都會自動輸入參照上一個儲存格的參照式。

	A	B	C	D	E
1	7月銷售量				
2	日期	地區	店名	銷售量	
3	7/1(週二)	台北	信義店	52	
4	=A3	林口	林口店	45	
5	7/3(週四)	桃園	中壢店	88	
6	7/5(週六)	宜蘭	礁溪店	172	
7		台北	松山店	186	
8		宜蘭	礁溪店	82	
9	7/6(週日)	桃園	中壢店	128	
10		台北	信義店	179	
11		台北	中山店	149	
12	7/7(週一)	宜蘭	羅東店	94	
13		桃園	中壢店	152	
14		桃園	林口店	119	
15		台北	中山店	146	
16					

密技 10 　篩選或資料列被隱藏後，連續編號會被打亂！

一次 OK 的重點提示 使用 IF 函數＋ SUBTOTAL 函數

以這樣的表格取代錯誤表格！

雖然會員名單中有連續編號，但利用**自動篩選**篩選出女性資料後，其連續編號會被打亂。想要利用簡單快速的方法，製作資料被隱藏後，連續編號還是可以正常顯示的表格。

會員名單

No.	姓名	性別	地址
1	陳曉雯	女	新北市文化路00號
2	林志森	男	高雄市中正路00號00號
3	張文芳	女	台南市民族路二段00號
4	李思思	女	台北市忠孝東路三段00號5樓
5	陳世文	男	高雄市七賢路9巷9號
6	施建華	男	台南市開山路00號
7	楊冠志	男	台北市興隆路三段00號2樓
8	朱莉娟	女	台北市安樂路3巷8號6樓

→

會員名單

No.	姓名	性別	地址
1	陳曉雯	女	新北市文化路00號
3	張文芳	女	台南市民族路二段00號
4	李思思	女	台北市忠孝東路三段00號5樓
8	朱莉娟	女	台北市安樂路3巷8號6樓

會員名單

No.	姓名	性別	地址
1	陳曉雯	女	新北市文化路00號
2	張文芳	女	台南市民族路二段00號
3	李思思	女	台北市忠孝東路三段00號5樓
4	朱莉娟	女	台北市安樂路3巷8號6樓

STEP 1 使用 IF ＋SUBTOTAL 函數來製作連續編號

❶ 選取要顯示連續編號的儲存格 A3, 然後輸入公式「=IF(B3="","",SUBTOTAL(103, $B$3:B3))」。

❷ 將公式往下複製。

❸ 完成後, 就算資料被篩選, 編號會自動重新調整, 以連續編號的方式顯示。

A3	⋮	✕ ✓ *fx*	=IF(B3="","",SUBTOTAL(103,$B$3:B3))	❶	
	A	B	C	D	E
1	會員名單				
2	No. ▾	姓名 ▾	性別 ▾	地址 ▾	
3	1	陳曉雯	女	新北市文化路00號	
4		林志森	男	高雄市中正路00巷00號	
5		張文芳	女	台南市民族路二段00號	
6	❷	李思思	女	台北市忠孝東路三段00號5樓	
7		陳世文	男	高雄市七賢路9巷0號	
8		施建華	男	台南市開山路00號	
9		楊冠志	男	台北市興隆路三段0號9樓	
10		朱莉娟	女	台北市安樂路3巷0號6樓	
11					

✓ 公式 Check！

• IF 函數會先判斷條件式是否成立才決定回傳內容。

函數的語法：=IF(條件式, [條件成立], [條件不成立])

引數「條件式」滿足指定的條件式時, 會回傳「條件成立」的值, 不滿足的情況下, 會回傳「條件不成立」的值。

• SUBTOTAL 函數會依指定的合計方法計算出合計值。

函數的語法：=SUBTOTAL(合計方法, 參照 1, [參照 2, …, 參照 254])

引數「合計方法」是透過數值來指定合計的方式, 可以指定的計算方法共有 11 種。

利用「1」～「11」的數值指定時, 因未被篩選出而被隱藏的資料, 不會被列入計算範圍, 利用「101」～「111」數值指定時, 除了未被篩選出來的資料外, 被設定成隱藏列而未顯示的資料也不會被列入計算範圍。

合計內容	求得的函數	合計方法的指定數值	
		包含隱藏值	不包含隱藏值
平均	AVERAGE	1	101
數值個數	COUNT	2	102
空白以外的個數	COUNTA	3	103
最大值	MAX	4	104
最小值	MIN	5	105
積	PRODUCT	6	106
求樣本標準差	STDEV	7	107
求母體標準差	STDEVP	8	108
合計	SUM	9	109
求樣本變異數	VAR	10	110
求母體團體變異數	VARP	11	111

「=IF(B3="","", SUBTOTAL(103, $B$3:B3))」公式中條件式為「判斷儲存格 B3 是否為空白」,
當條件成立時, 就會回傳空白, 不成立時, 就會計算排除未被篩選出來或被隱藏列之外的資料
筆數。儲存格 B3 為第 1 筆資料, 因此可取得連續編號的「1」。將公式往下複製後會變成
「=IF(B4="","", SUBTOTAL(103, $B$3:B4))」, 儲存格 B3：B4 有 2 筆姓名資料, 所以可以取得
第 2 筆的連續編號「2」。利用這個方法, 將公式往下複製後, 可以取得未被篩選出來或被隱
藏列之外的資料筆數, 因此就算資料被重新篩選或被隱藏, 其編號還是會以連續編號的方式
顯示。

密技 11 | 不小心將資料重複輸入了！

一次 OK 的重點提示 使用「資料驗證」+ COUNTIF 函數

以這樣的表格取代錯誤表格！

在輸入會員名單時, 不小心將相同資料重複輸入。想要利用簡單快速的方法, 將表格設
定成無法輸入相同資料的表格。

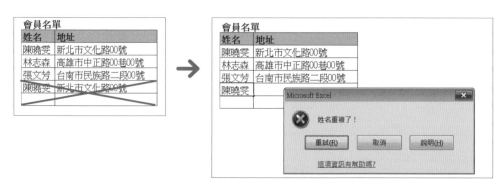

在「資料驗證」中使用 COUNTIF 函數來設定輸入規則

❶ 選取想要輸入姓名的儲存格範圍 (A3：A7), 然後按下**資料**頁次**資料工具**區中的**資料驗證**鈕。

❷ 開啟**資料驗證**交談窗後, 在**設定**頁次的**儲存格內允許**選單中選擇**自訂**。

❸ 在**公式**欄位輸入「=COUNTIF($A$3:A3, A3)=1」。

❹ 切換到**錯誤提醒**頁次中設
定輸入錯誤值時會出現的
提醒文字，然後按下**確定**
鈕。

❺ 完成後, 當輸入重複姓名,
按下 Enter 鍵後, 就會出現
錯誤提示交談窗, 讓重複
的姓名無法輸入。

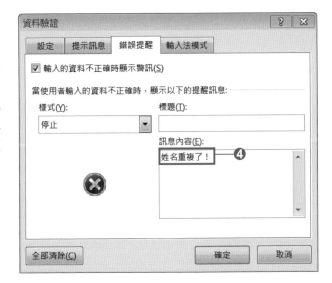

✓公式 Check！

• COUNTIF 函數會計算滿足條件的儲存格個數。

函數的語法：=COUNTIF(條件範圍, 搜尋條件)

在**資料驗證**交談窗中所輸入的公式「=COUNTIF($A$3:A3, A3)=1」中, 引數「條件範圍」的第 1 個儲存格設定成絕對參照與相對參照的組合, 因此將資料往下複製時, 公式會變成「=COUNTIF($A$3:A4, A4)=1」。

當姓名只出現一次回傳值為「1」, 出現二次回傳值為「2」, 出現三次回傳值為「3」。因此不要讓資料重複出現時, 要將條件式設定成「=1」, 表示「相同的姓名只能出現一次」。

利用公式來設定資料驗證時, 當回傳值會「TRUE」的情況下才可以輸入資料, 當輸入的姓名為重複資料時, 就會出現交談窗讓資料無法輸入。

密技 加碼送　同時滿足多個條件才可輸入

想要設定同時滿足多個條件才可輸入時, 可以利用 COUNTIFS 函數來設定輸入規則。

● 姓名相同的情況下, 無法輸入相同的預約日

❶ 選取想要輸入預約日的儲存格範圍 (C3：C10), 然後從**資料**頁次的**資料工具**區中按下**資料驗證**鈕。

❷ 開啟**資料驗證**交談窗後, 在**設定**頁次的**儲存格內允許**選單中選擇**自訂**。

❸ 在**公式**欄位輸入「=COUNTIFS($B$3:B3, B3, $C$3:C3, C3)=1」。

❹ 切換到**錯誤提醒**頁次中設定輸入錯誤值時會出現的提醒文字, 然後按下**確定**鈕。

❺ 完成後, 當輸入相同的姓名及預約日, 按下 Enter 鍵後, 就會出現交談窗, 讓重複的姓名及預約日資料無法輸入。

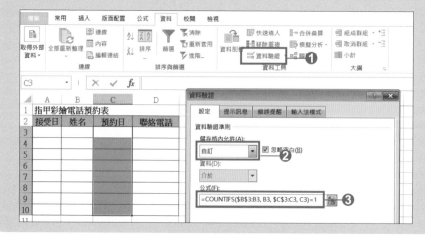

NEXT

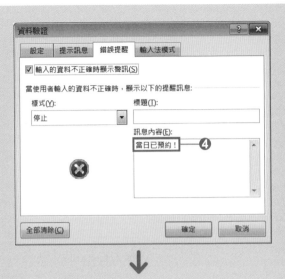

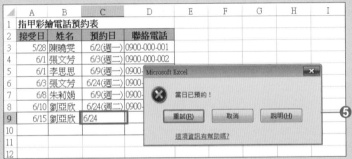

✓公式 Check !

• COUNTIFS 函數會計算同時滿足多個條件的儲存格個數。

函數的語法：=COUNTIFS(條件範圍 1, 搜尋條件 1, [條件範圍 2, 搜尋條件 2, …, 條件範圍 127, 搜尋條件 127])

將「=COUNTIFS($B$3:B3,B3,CC:C3,C3)=1」公式往下複製後, 下一列公式會變成「=COUNTIFS($B$3:B4,B4,$C$3:C4,C4)=1」。

當姓名及預約日只出現一次回傳值為「1」，出現二次回傳值為「2」，出現三次回傳值為「3」。因此不要讓姓名及預約日重複出現時, 要將條件式設定成「=1」, 表示「相同的姓名及預約日只能出現一次」。

利用公式來設定資料驗證時, 當回傳值會「TRUE」的情況下才可以輸入資料, 所以當確定輸入的姓名及預約日為重複資料時, 就會出現交談窗讓資料無法輸入。

密技 12　在 Excel 中開啟文字檔後，「-」會變成日期資料

一次 OK 的重點提示　使用「文字匯入精靈」

以這樣的表格取代錯誤表格！

在記事本中輸入的企業名簿資料貼到 Excel 之後，有些數值資料會被當成日期資料顯示。想要利用簡單快速的方法，讓資料以原來的資料格式呈現。

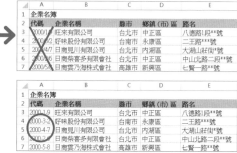

STEP 1　利用匯入精靈將企業代碼以字串方式匯入

❶ 請開啟「企業名簿.txt」，全選並複製文字，再貼到 Excel 的範例檔中，點選**貼上選項**鈕 📋(Ctrl)▼，然後從出現的選單中選擇**使用文字匯入精靈**。

	A	B	C	D	E	F	G
1	企業名簿						
2	代碼	企業名稱	縣市	鄉鎮(市)區	路名		
3	2000/1/9	旺來有限公司	台北市	中正區	八德路1段**號		
4	2000/3/2	好味股份有限公司	台南市	永康區	二王路***號		
5	2000/4/7	日商見川有限公司	台北市	內湖區	大湖山莊街*號		
6	2000/2/6	日商柴喜多有限會社	台北市	中正區	中山北路二段**號		
7	2000/5/8	日商雲乃海株式會社	高雄市	新興區	七賢一路**號		
8						📋(Ctrl)▼	
9					貼上選項：		
10					📄A		
11							
12					使用文字匯入精靈(U)...	❶
13							

❷ 開啟**匯入字串精靈-步驟 3 之 1** 交談窗後, 選擇**分隔符號**後, 按**下一步**鈕, 在**匯入字串精靈-步驟 3 之 2** 交談窗中的**分隔符號**區勾選 **Tab 鍵**, 然後按**下一步**鈕。

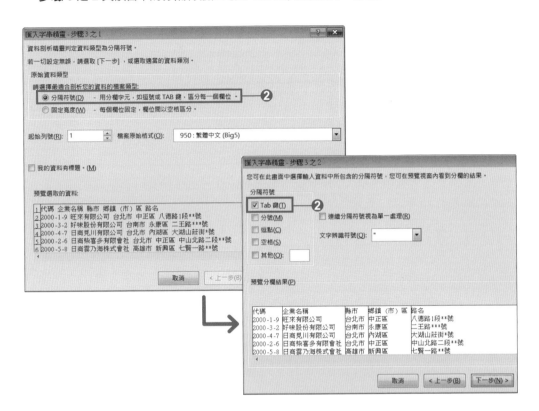

❸ 在**匯入字串精靈-步驟 3 之 3** 交談窗中選擇**代碼**欄位, 然後在**欄位的資料格式**選擇**文字**, 接著按下**完成**鈕。

❹ 完成後, 企業名簿就會依照原來的資料格式顯示。

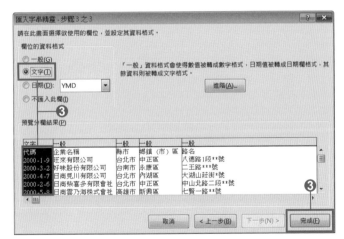

3-2 將大型表格轉換成可以快速編輯的表格

密技 01 讓新增的資料可以自動套用表格設定的公式或格式 ❶

一次 OK 的重點提示 將資料轉換成表格

將大型表格轉換成可以快速編輯的表格！

如果表格需要經常更新資料, 每當有資料新增就需要將公式複製、變更樣式及重新加上格線等操作。在此想要製作一個當有新增資料時, 所有設定都會自動套用的表格。

E3			×	✓	fx	=DATEDIF(D3,TODAY(),"Y")				
	A	B	C	D	E	F	G	H	I	J
1	會員名單									
2	No.	姓名	性別	生日	年齡	地址	電話	手機號碼	E-Mail	
3	1	陳曉雯	女	61/6/8		42 新北市板橋區文化路一段30號	02-2225-5144	0939-700-551	abc@yahoo.com.tw	
4	2	林志森	男	1983/3/8	31					
5										

⬇ 新增的資料會自動套用樣式、公式及格線

會員名單								
No. ▾	姓名 ▾	性別 ▾	生日 ▾	年齡 ▾	地址 ▾	電話 ▾	手機號碼 ▾	E-Mail ▾
1	陳曉雯	女	61/6/8	42	新北市板橋區文化路一段30號	02-2225-5144	0939-700-551	abc@yahoo.com.tw
2	林志森	男	72/3/8	31				

STEP 1 以此範例而言, 第 1 列為表格標題, 先在第 2 列將公式、格式、顯示樣式、輸入規則等設定完成。

❶ 第 1 列為表格標題, 在第 2 列設定公式、格式、顯示樣式及輸入規則等。先在儲存格 E3 中設定當輸入生日時, 就會自動顯示年齡的公式「=DATEDIF(D3,TODAY(),"Y")」。接著, 在儲存格 C3 利用**資料驗証**的方法設定性別從選單中輸入。

E3			×	✓	fx	=DATEDIF(D3,TODAY(),"Y")				
	A	B	C	D	E	F	G	H	I	J
1	會員名單									
2	No.	姓名	性別	生日	年齡	地址	電話	手機號碼	E-Mail	
3					114					
4										

❶

STEP
2
將資料轉換成表格

❶ 選擇資料範圍中的任一儲存格, 然後按下**插入**頁次**表格**區中的**表格**鈕。

❷ 選取包含表格標題列的儲存格範圍。

❸ 勾選**有標題的表格**後, 按下**確定**鈕。

❹ 不想要套用表格格式, 要將格式還原成原來的樣子時, 可以從**資料表工具/設計**頁次的**表格樣式**區中按下 ▼ 鈕, 然後從選單中選擇**清除**。

❺ 完成後, 新增的資料就會自動套用顯示樣式、格線等格式及公式。

Check!

想要變換表格格式時, 只要按下**常用**頁次**樣式**區中的**格式化為表格**鈕, 然後從選單中選擇喜歡的格式。

Check!

在 Excel 2013 中也可以利用**快速分析**鈕 ，將資料轉換成表格。

❶ 選取包含標題的資料儲存格範圍後，選取範圍的右下角就會出現**快速分析**鈕。

❷ 按下**快速分析**鈕後會出現**快速分析工具**選單，請切換到**表格**頁次中點選**表格**。

Check!

這裡所介紹的操作方法，其使用的函數只適用於同列的儲存格範圍。即使選取別列，並將該列轉換成表格後，公式也不會自動複製到其他選取的範圍，一定要特別注意。在這個情況下，不是透過表格，而是利用公式來對應。

密技 02　**讓新增的資料可以自動套用表格設定的公式或格式 ❷**

一次 OK 的重點提示　使用 IF 函數或設定格式化的條件

將大型表格轉換成可以快速編輯的表格！

雖然想要將新增的資料自動套用表格格式或公式，但在操作上，不想利用**密技01** 的方法，將資料轉換成表格。

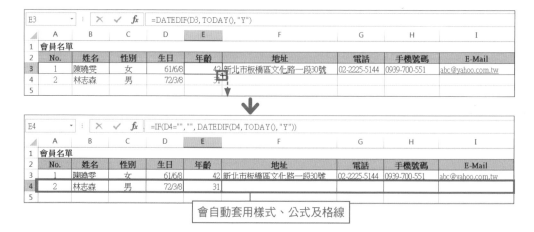

會自動套用樣式、公式及格線

STEP 1　事先將格式、顯示格式、輸入規則等設定完成

❶ 先在要輸入的儲存格範圍中設定格式、顯示格式、輸入規則等。

STEP 2　利用 IF 函數隱藏未輸入資料的儲存格

❶ 利用 IF 函數的條件式來判斷，當資料為空白時，就不要顯示任何資料。在**年齡**的儲存格 E3 中輸入公式「=IF(D3="", "", DATEDIF(D3, TODAY(), "Y"))」。

❷ 將公式往下複製。

√公式 Check！

• IF 函數會先判斷條件式是否成立才決定回傳內容。

函數的語法：=IF(條件式, [條件成立], [條件不成立])

引數「條件式」滿足指定的條件式時, 會回傳「條件成立」的值, 不滿足的情況下, 會回傳「條件不成立」的值。

• DATEDIF 函數可以依指定的單位計算出 2 個日期的期間。

函數的語法：=DATEDIF(起始日期, 結束日期, 單位)

下表是用來指定引數「單位」的單位記號。另外, 單位的前後一定要用「"」框住。

期間	單位記號
滿幾年	"Y"
滿幾月	"M"
滿幾天	"D"
未滿一年的月數	"YM"
未滿一年的日數	"YD"
未滿一個月的日數	"MD"

• TODAY 函數是用來取得目前日期的函數。

函數的語法：=TODAY()

TODAY 函數所取得的日期, 是來自於電腦系統的當天日期。

「=IF(D3="","", DATEDIF(D3, TODAY(), "Y"))」公式中條件式為「判斷生日儲存格 D3 是否為空白」, 當條件成立時, 就會回傳空白, 不成立時, 會計算出從生日到現在日期的年齡。也就是說, 當生日欄位有輸入資料的話, 就會回傳並顯示年齡資料, 若未輸入資料時以空白顯示。

STEP 3 利用「設定格式化的條件」讓格線可以自動繪製

❶ 選取要輸入資料的儲存格範圍, 然後從**常用**頁次的**樣式**區中按下**設定格式化的條件**鈕, 接著從選單中選擇**新增規則**。

❷ 出現**新增格式化規則**交談窗後, 選擇**使用公式來決定要格式化哪些儲存格**。

❸ 在輸入公式欄位中輸入「=$A3<>""」。

❹ 按下**格式**鈕。開啟**儲存格格式**交談窗後, 切換到**外框**頁次, 按下**外框**鈕後, 再按下**確定**鈕。

❺ 完成後, 新增加的資料會自動套用顯示樣式、格線等格式及公式。

密技 03 | 依欄位資料自動切換輸入法！

一次 OK 的重點提示 使用「資料驗證」功能切換輸入法

將大型表格轉換成可以快速編輯的表格！

在輸入大型表格資料時, 依照欄位的不同常常會需要一直切換輸入法。想要利用簡單快速的方法, 製作可以依欄位資料自動切換輸入法的表格。

STEP 1 利用「資料驗證」來切換輸入法

❶ 請按住 Ctrl 鍵不放, 然後選取需要利用半形英文輸入法輸入資料的欄位：A 欄、D 欄、G 欄、I 欄, 選好欄位後按下**資料**頁次**資料工具**區中的**資料驗證**鈕。

❷ 開啟**資料驗證**交談窗後, 在**輸入法模式**頁次的**模式**選單中選擇**關閉 (英文模式)**, 再按下**確定**鈕。

❸ 完成後, 當編輯儲存格移動到 A 欄、D 欄、G 欄、I 欄後, 輸入法就自動切換成「英數半形」, 移動到未設定的欄位時, 則會自動切換成「中文輸入法」。

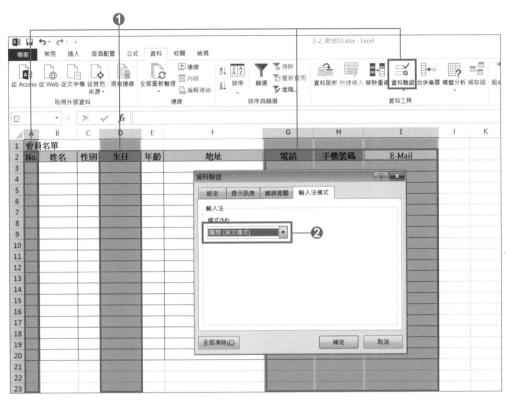

Check!

編註：請先確認您的 Windows 中已安裝了**英文 (美國) US** 鍵盤, 此功能才能發揮作用, 若是沒有安裝**英文 (美國) US** 鍵盤, 請在**語言列**上按右鍵選**設定值**, 開啟**文字服務和輸入語言**交談窗後, 按下**新增**鈕來新增。

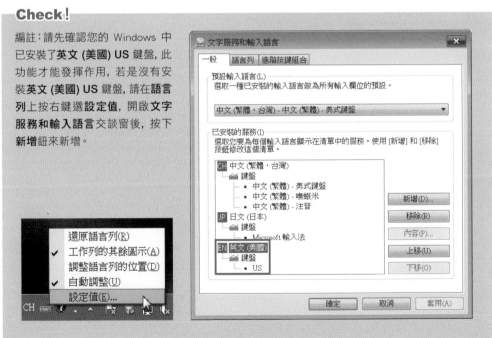

密技 04 ｜ 輸入資料後, 表格會自動顯示連續編號!

一次 OK 的重點提示 使用表格＋ROW 函數

將大型表格轉換成可以快速編輯的表格!

雖然表格中有顯示連續編號, 但每當有資料新增後, 就要重新設定。想要利用簡單快速的方法, 製作會依資料筆數自動顯示連續編號的表格。

會員名單								
No.	姓名	性別	生日	年齡	地址	電話	手機號碼	E-Mail
1	陳曉雯	女	61/6/8	42	新北市板橋區文化路一段30號	02-2225-5144	0939-700-551	abc@yahoo.com.tw
2								

會員名單								
No.	姓名	性別	生日	年齡	地址	電話	手機號碼	E-Mail
1	陳曉雯	女	61/6/8	42	新北市板橋區文化路一段30號	02-2225-5144	0939-700-551	abc@yahoo.com.tw
2	張明偉							

輸入時自動產生編號

STEP 1 利用 ROW 函數產生連續編號

❶ 選取要輸入連續編號的儲存格 A3, 然後輸入公式「=ROW(A1)」。

A3	▾	:	×	✓	fx	=ROW(A1)	❶		
	A	B	C	D	E	F	G	H	I
1	會員名單								
2	No.	姓名	性別	生日	年齡	地址	電話	手機號碼	E-Mail
3	1								
4									

STEP 2 將資料轉換成表格資料

❶ 選取資料中的任一儲存格, 然後按下**插入**頁次**表格**區中的**表格**鈕。

❷ 選取包含表格標題的資料儲存格範圍。

❸ 勾選**有標題的表格**項目後, 按下**確定**鈕。

❹ 若不想套用表格格式, 要將格式還原成原來的樣子時, 可以從**資料表工具/設計**頁次的**表格樣式**區中按下 ▾ 鈕, 然後從選單中選擇**清除**。

❺ 完成後, 當有新增資料後, 表格就會自動產生連續編號。

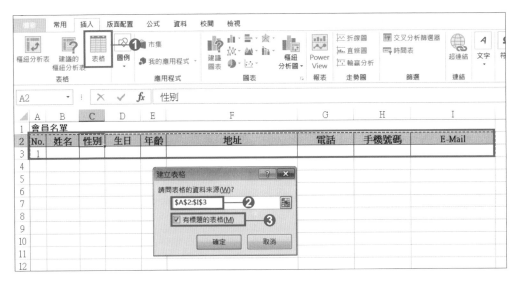

Check!

想要變換表格格式時, 可按下**常用**頁次**樣式**區中的**格式化為表格**鈕, 然後從選單中選擇要用的格式。

√公式 Check !

• ROW 函數會回傳儲存格的列編號。

  函數的語法：=ROW(參照)

  「=ROW(A1)」公式中, 可以將取得的列編號「1」當連成連續編號的「1」。資料轉換成表格並在下一列輸入資料後, 公式會自動複製到下列, 變成「=ROW(A2)」, 利用這個方法取得列編號「2」。完成後, 當有資料輸入時, 表格就會自動產生連續編號。

密技 加碼送 | 不想將資料轉換成表格的話, 怎麼辦？

在編輯時, 若不想將資料轉換成表格資料的話, 可以利用 IF 函數及 ROW 函數來產生連續編號。

❶ 選取要輸入連續編號的儲存格 A3, 然後輸入公式「=IF(B3="","",ROW(A1))」。

❷ 將公式一直複製到想要新增的資料筆數為止

❸ 完成後, 當 B3 儲存格有資料輸入時, 表格就會自動產生連續編號。

NEXT

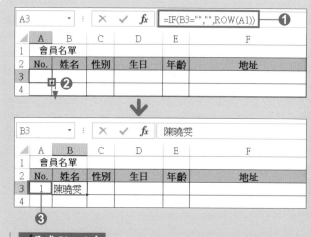

✓ 公式 Check！

• IF 函數會先判斷條件式是否成立才決定回傳內容。

函數的語法：**=IF(條件式, [條件成立], [條件不成立])**

引數「條件式」滿足指定的條件式時, 會回傳「條件成立」的值, 不滿足的情況下, 會回傳「條件不成立」的值。

「=IF(B3="","",ROW(A1))」公式中條件式為「判斷儲存格 B3 是否為空白」,當條件成立時, 就會回傳空白, 不成立時, 就會求得列編號。也就是說, 當姓名欄位有輸入資料的話, 就會顯示連續編號, 未輸入資料時, 就不會顯示連續編號。完成操作後, 當有資料輸入時, 表格就會自動產生連續編號。

密技 05 | 確保資料不會輸入到錯誤的欄位！

一次 OK 的重點提示 使用表單／表格

將大型表格轉換成可以快速編輯的表格！

在大型表格中輸入資料時, 往往會不小心將資料輸入到錯誤的欄位中。想要利用簡單快速的方法, 製作不論表格多大都不會將資料輸入到錯誤欄位的表格。

	A	B	C	D	E	F	G	H	I
9		7	楊冠志	男	78/2/16	25	台北市興隆路三段22號9樓	02-0000-0000	0900-000-007	bbb2@yahoo.com.tw
10		8	朱莉娟	女	64/8/6	39	台北市安樂路3巷24號6樓	02-0000-0000	0900-000-008	ccc33@pchome.com.tw
11		9	李松志	男	79/9/10	24	高雄市五福路60號	07-000-0000	0900-000-009	ddd012@hotmail.com
12		10	施佩佩	女	80/11/11	23	台中市龍井區藝術南街105號	04-0000-0000	0900-000-010	
13		11	劉亞欣	女	70/4/25	33	台中市北屯區旅順路二段73號	0900-000-011		
14										
15										

表格標題未顯示在視窗中時, 表格欄位就容易輸入錯誤

●方法 1：使用表單功能

	A	B	C	D	E	F	G	H	I
1	會員名單								
2	No.	姓名	性別	生日	年齡				E-Mail
3	1	陳曉雯	女	61/6/8	42	新北市			hoo.com.tw
4	2	林志森	男	72/12/3	30	高雄市			il.com
5	3	張文芳	女	66/4/5	37	台南市			home.com
6	4	李思思	女	77/1/12	26	台北市			hotmail.com
7	5	陳世文	男	53/9/22	50	高雄市			gmail.com
8	6	施建華	男	71/3/9	32	台南市			hoo.com.tw
9	7	楊冠志	男	78/2/16	25	台北市			pchome.com.tw
10	8	朱莉娟	女	64/8/6	39	台北市			hotmail.com
11	9	李松志	男	79/9/10	24	高雄市			
12	10	施佩佩	女	80/11/11	23	台中市			
13	11	劉亞欣	女	70/4/25	33	台中市			
14									
15									
16									
17									

表單對話窗：會員名單

No.：　姓名：　性別：　生日：　年齡：　地址：　電話：　手機號碼：　E-Mail：

輸入的欄位會以表單的方式顯示

新增記錄　新增(W)　刪除(D)　還原(R)　找上一筆(P)　找下一筆(N)　準則(C)　關閉(L)

●方法 2：將資料轉換成表格

2	No	姓名	性別	生日	年齡	地址	電話	手機號碼	E-Mail
3	1	陳曉雯	女	61/6/8	42	新北市文化路36號	02-0000-0000	0900-000-001	abc@yahoo.com.tw
4	2	林志森	男	72/12/3	30	高雄市中正路15巷1號	07-000-0000	0900-000-002	def@gmail.com
5	3	張文芳	女	66/4/5	37	台南市民族路二段13號	06-000-0000	0900-000-003	
6	4	李思思	女	77/1/12	26	台北市忠孝東路三段16號5樓	02-0000-0000	09	
7	5	陳世文	男	53/9/22	50	高雄市七賢路9巷18號	03-0000-0000		
8	6	施建華	男	71/3/9	32	台南市開山路20號	06-000-0000	0900-000-006	aaa111@gmail.com
9	7	楊冠志	男	78/2/16	25	台北市興隆路三段22號9樓	02-0000-0000	0900-000-007	bbb2@yahoo.com.tw
10	8	朱莉娟	女	64/8/6	39	台北市安樂路3巷24號5樓	02-0000-0000	0900-000-008	ccc33@pchome.com.tw
11	9	李松志	男	79/9/10	24	高雄市五福路60號	07-000-0000	0900-000-009	ddd012@hotmail.com
12	10	施佩佩	女	80/11/11	23	台中市龍井區藝術南街105號	04-0000-0000	0900-000-010	
13	11	劉亞欣	女	70/4/25	33	台中市北屯區旅順路二段73號	04-0000-0000	0900-000-011	
14									

欄號會以標題名稱顯示

●方法 1：使用表單功能

STEP 1　**在 Excel 的功能頁次中新增「表單」功能**

❶ 在 Excel 的功能頁次上按一下滑鼠右鈕, 從選單中選擇**自訂功能區**項目。

❷ 出現 **Excel 選項**交談窗後, 從**自訂功能區**選單中選擇**主要索引標籤**, 然後選擇新增的索引標籤要顯示在哪個位置, 再按下**新增群組**鈕。

❸ 按下**重新命名**鈕, 出現**重新命名**交談窗後, 在**顯示名稱**欄位中輸入「表單」, 然後按下**確定**鈕。

❹ 從**由此選擇命令**選單中選擇**所有命令**, 然後在底下的列示窗中選擇**表單**。

❺ 按下**新增**鈕, 將表單加到新增的**表單**群組後, 按下**確定**鈕。

❻ 選取表格標題的儲存格範圍後, 點選新增的**表單**鈕。

❼ 出現**表單**交談窗後, 視窗中會顯示出單筆資料所要輸入的所有標題欄位, 只要依照欄位輸入就不會出錯。

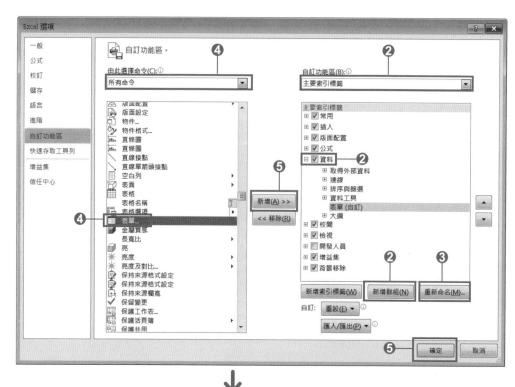

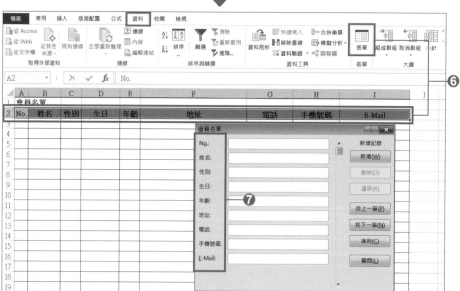

Check!

若使用 Excel 2007，請在功能頁次上按一下滑鼠右鈕，然後從選單中選擇**自訂快速存取工具列**，將按鈕新增到**快速存取工具列**中。

●方法 2：將資料轉換成表格

STEP 1　**將資料轉換成表格**

❶ 選取資料中的任一儲存格, 然後按下**插入**頁次**表格**區中的**表格**鈕。

❷ 選取包含表格標題的資料儲存格範圍 (A2：I3)。

❸ 勾選**有標題的表格**後, 按下**確定**鈕。

❹ 不想套用表格格式, 要將格式還原成原來的樣子時, 可以從**資料表工具/設計**頁次的**表格樣式**區中點選 ▾ 鈕, 然後從選單中選擇**清除**。

❺ 完成後, 因資料增加表格標題無法顯示在視窗中時, 視窗中的欄編號會變成以標題內容顯示。

Check!

想要變換表格格式時, 請按下**常用**頁次**樣式**區中的**格式化為表格**鈕, 然後從選單中選擇要用的格式。

Check!

想要在資料中將列固定的話, 可以利用下個單元將介紹的**凍結窗格**功能。

密技 06 ｜ 確保資料不會輸入到錯誤的列！

一次 OK 的重點提示 使用凍結窗格／設定格式化的條件

將大型表格轉換成可以快速編輯的表格！

橫列太長的表格，當表格往下或往右捲動時，欄與列的表格標題會被隱藏起來，一不小心就會將資料輸入到錯誤的位置上。密技05 的表格功能只能固定欄標題，表單功能在工作上無法新增。想要利用簡單快速的方法，製作不會將資料輸到錯誤列的表格。

	D	E	F	G	H	I
9	78/2/16	25	台北市興隆路三段22號9樓	02-0000-0000	0900-000-007	bbb2@yahoo.com.tw
10	64/8/6	39	台北市安樂路3巷24號6樓	02-0000-0000	0900-000-008	ccc33@pchome.com.tw
11	79/9/10	24	高雄市五福路60號	07-000-0000	0900-000-009	ddd012@hotmail.com
12	80/11/11	23	台中市龍井區藝術南街105號	04-0000-0000	0900-000-010	
13	70/4/25	33	台中市北屯區旅順路二段73號	04-0000-0000		
14	57/7/14	46	台北市中山北路二段8號3樓	0900-000-012		
15						

將工作表往下往右捲動後，欄列標題被隱藏，資料就容易輸入錯誤

●方法 1：利用「凍結窗格」固定標題

	A	B	F	G	H	I
1	會員名單					
2	No.	姓名	地址	電話	手機號碼	E-Mail
10	8	朱莉娟	台北市安樂路3巷24號6樓	02-0000-0000	0900-000-008	ccc33@pchome.com.tw
11	9	李松志	高雄市五福路60號	07-000-0000	0900-000-009	ddd012@hotmail.com
12	10	施佩佩	台中市龍井區藝術南街105號	04-0000-0000	0900-000-010	
13	11	劉亞欣	台中市北屯區旅順路二段73號	04-0000-0000	0900-000-011	
14	12	陳創志	台北市中山北路二段8號3樓	02-0000-0000	0900-000-012	
15						

固定欄列標題

●方法 2：輸入列自動以醒目色彩提示

	A	B	C	D	E	F	G	H	I
1	會員名單								
2	No.	姓名	性別	生日	年齡	地址	電話	手機號碼	E-Mail
3	1	陳曉雯	女	61/6/8	42	新北市文化路36號	02-0000-0000	0900-000-001	abc@yahoo.com.tw
4	2	林志森	男	72/12/3	31	高雄市中正路15巷1號	07-000-0000	0900-000-002	def@gmail.com
5	3	張文芳	女	66/4/5	37	台南市民族路二段13號	06-000-0000	0900-000-003	xyz@pchome.com.tw
6	4	李思思	女	77/1/12	26	台北市忠孝東路三段16號5樓	02-0000-0000	0900-000-004	xyz000@gmail.com
7	5	陳世文	男	53/9/22	50	高雄市七賢路9巷18號	03-000-0000	0900-000-005	123abc@hotmail.com
8	6	施建華	男	71/3/9	32	台南市開山路20號	06-000-0000	0900-000-006	aaa111@gmail.com
9	7	楊冠志	男	78/2/16	25	台北市興隆路三段22號9樓	02-0000-0000	0900-000-007	bbb2@yahoo.com.tw
10	8	朱莉娟	女	64/8/6	39	台北市安樂路3巷24號6樓	02-0000-0000	0900-000-008	ccc33@pchome.com.tw
11	9	李松志	男	79/9/10	24	高雄市五福路60號	07-000-0000	0900-000-009	ddd012@hotmail.com
12	10	施佩佩	女	80/11/11	23	台中市龍井區藝術南街105號	04-0000-0000	0900-000-010	
13	11	劉亞欣	女	70/4/25	33	台中市北屯區旅順路二段73號	04-0000-0000	0900-000-011	
14	12	陳創志	男	57/7/14	46	台北市中山北路二段8號3樓	02-0000-0000	0900-000-012	
15									

將輸入的列自動以色彩顯示

●方法 1：利用「凍結窗格」固定標題

STEP 1　利用「凍結窗格」固定

❶ 選取要固定欄的右邊欄位 (此例為 C 欄)，然後從**檢視**頁次**視窗**區中按下**凍結窗格**鈕，接著從選單中選擇**凍結窗格**。

❷ 將工作表往右邊捲動後，**姓名**欄會被固定住，因此資料就不會被輸入到錯誤的列中。

❸ 想要將欄標題也一起固定住的話，依照步驟 ❶ 的操作，先選取儲存格 C3，再按下**凍結窗格**鈕中的**凍結窗格**。

●方法 2：輸入列自動以醒目色彩提示

STEP 1　在「設定格式化的條件」中使用 ROW 函數＋CELL 函數

❶ 選取表格的所有輸入儲存格範圍，然後從**常用**頁次的**樣式**區中按下**設定格式化的條件**鈕，接著從選單中選擇**新增規則**。

❷ 出現**新增格式化規則**交談窗後，選擇**使用公式來決定要格式化哪些儲存格**。

❸ 在輸入公式欄位中輸入「=ROW($A3)=CELL("row")」。

❹ 按下**格式**鈕，出現**儲存格格式**交談窗後，切換到**填滿**頁次，選擇黃色，再按下**確定**鈕。

❺ 選取輸入範圍中的任一儲存格並按下 F9 鍵後，選取儲存格的所在列都會被填滿設定的色彩。因此資料就不會輸入到錯誤的列中。

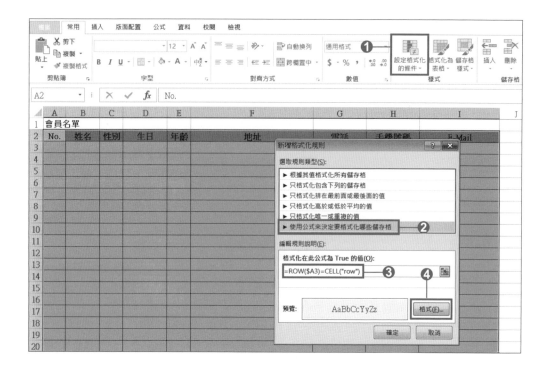

✓公式 Check！

ROW 函數是用來取得儲存格的列編號之函數 (詳細解說請參考 3-35 頁的介紹)。

• CELL 函數是用來取得儲存格資訊的函數。

函數的語法：=CELL(檢查類型, [對象範圍])

會回傳引數「檢查類型」所指定的儲存格資訊。指定儲存格資訊的類型時, 要用「""」框住。

檢查類型	回傳值
"address"	以字串回傳「對象範圍」左上角儲存格的位址。
"col"	回傳「對象範圍」左上角儲存格的欄編號。
"color"	儲存格中的負數被設定成以其他色彩格式顯示時, 回傳「1」, 除此之外的情況則回傳「0」。
"contents"	回傳「對象範圍」左上角儲存格的值。
"filename"	以字串回傳檔案名稱 (包含完整路徑名稱)。檔案未被儲存時, 會回傳空白字串「""」。

檢查類型	回傳值
"format"	回傳儲存格顯示格式所對應的字串常數。
"parentheses"	當儲存格格式被設定成正數或數值以括號框住時, 回傳「1」, 除此之外的情況則回傳「0」。
"prefix"	回傳儲存格中字串對齊方式的文字常數。 字串向左對齊時回傳「'」(單引號); 向右對齊時回傳「"」(雙引號); 置中對齊時回傳「^」(次方符號); 分散對齊時回傳「\」(反斜線), 當儲存格中有輸入其他資料時, 則會回傳「""」(空白字串)。
"protect"	當儲存格沒有被鎖定保護時, 回傳「0」, 被鎖定保護時則回傳「1」。
"row"	回傳「對象範圍」左上角儲存格的列編號。
"type"	回傳儲存格中包含資料格式所對應的字串常數。儲存格為空白時回傳「b」(Blank 的字首文字); 輸入字串常數時回傳「l」(Label 的字首文字); 輸入其他值時回傳「v」(Value 的字首文字)。
"width"	回傳四捨五入後的欄位寬度。

利用公式來設定格式化的條件時, 只限回傳值為「TRUE」的情況下才會套用設定的格式。

「=ROW($A3)=CELL("row")」公式中條件式為「當儲存格 A3 的列編號與選取儲存格的列編號相同時」。也就是說, 要讓選取儲存格的公式執行結果為「TRUE」, 才能讓選取的列填滿色彩。在 ROW 函數的引數「參照」中的欄編號前面加上「$」符號可以固定欄編號, 表格第 2 欄中輸入「=ROW($A3)=CELL("row")」後, 同列都適用相同公式, 因此同列皆能被填滿色彩。當選取儲存格後, 一定要按下 F9 鍵更新, 才能讓選取的儲存格列填滿色彩。想要填滿整欄的色彩時, 可以將公式修改成「=COLUMN(A1)=CELL("col")」。

密技 07｜只能選取需要輸入資料的儲存格, 以加快輸入的速度！

一次 OK 的重點提示 設定鎖定儲存格＋保護工作表

將大型表格轉換成可以快速編輯的表格！

想要製作只可選取需要輸入資料的請款單。但是當按下 Enter 鍵後, 移動選取範圍會移動到下一列, 不小心把儲存格中已輸入的公式覆蓋掉。想要利用簡單快速的方法, 製作只可以選取需要輸入資料的儲存格之表格。

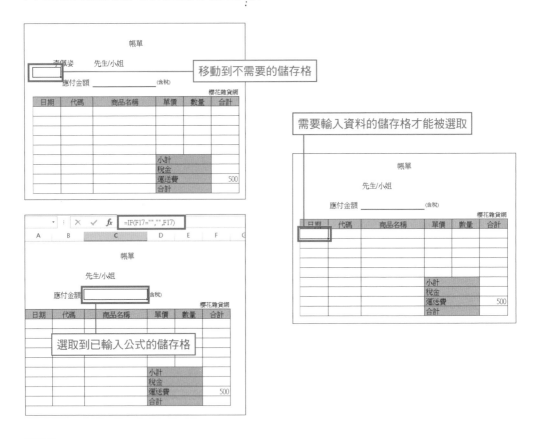

STEP 1　解除鎖定要輸入資料的儲存格

❶ 按住 Ctrl 鍵的同時, 選取要輸入資料的儲存格範圍。

❷ 從**常用**頁次的**儲存格**區中按下**格式**鈕, 然後從選單中選擇**鎖定儲存格**, 以取消鎖定。

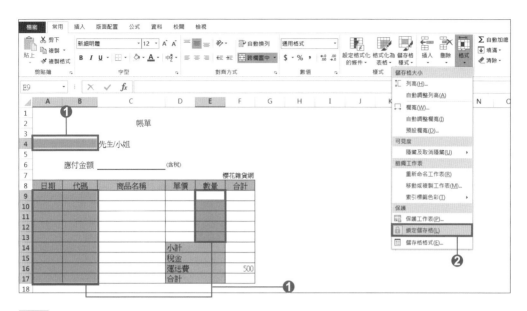

保護工作表

❶ 從**校閱**頁次的**變更**區中按下**保護工作表**鈕。

❷ 開啟**保護工作表**交談窗後, 取消勾選**選取鎖定的儲存格**, 然後按下**確定**鈕。

❸ 完成後, 在儲存格中輸入資料後按下 Tab 鍵, 就會跳至下一個可輸入資料的儲存格。

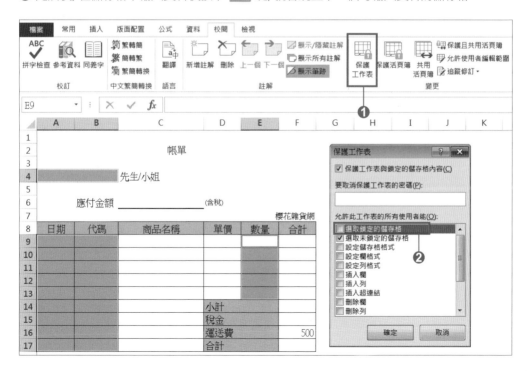

Check!

按下 Enter 鍵後, 移動選取範圍會往下方移動。想要往右邊儲存格移動的話, 要按下 Tab 鍵。另外, 若想要在按下 Enter 鍵後, 移動選取範圍要往右移動的話, 可以從選項中做變更。

① 從**檔案**頁次中選擇**選項**, 開啟**Excel 選項**交談窗後, 切換到**進階**頁次。

② 從**按 Enter 鍵後, 移動選取範圍**下方的**方向**選單中選擇**右**, 然後按下**確定**鈕。

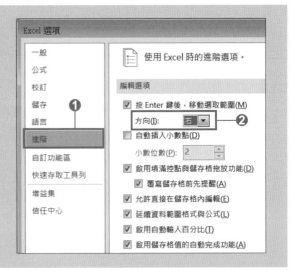

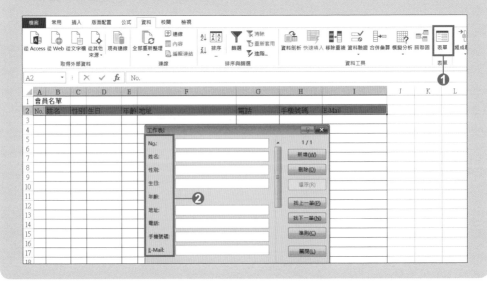

密技
加碼送

使用表單功能跳過公式儲存格

在有欄位名稱的表格中輸入資料時, 若不想以一欄一欄的方式輸入, 想要跳過有輸入公式的儲存格時, 可以使用**表單**功能 (詳細說明請參考**密技05**方法 1 的介紹)。

① 將**表單**鈕新增到**資料**頁次中 (請參考**密技05**方法 1 的介紹)。

② 選取欄標題的儲存格範圍後, 按下**表單**鈕。開啟**表單**交談窗後會發現, 輸入公式儲存格的欄位會呈現無法輸入的狀態。

密技 **08** | 自動依輸入的性別填上不同色彩

一次 OK 的重點提示 使用表格＋設定格式化的條件

將大型表格轉換成可以快速編輯的表格！

在依項目別來填滿不同色彩的表格中, 每當新增資料後, 資料會自動依項目別將表格填上色彩。想要利用簡單快速的方法, 製作會依性別自動填上不同色彩的表格。

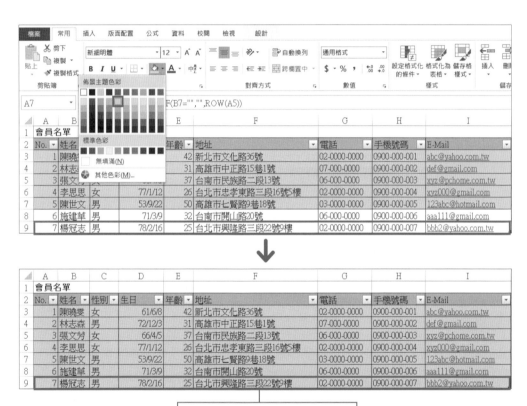

輸入後會自動依男、女來區分色彩

STEP 1 將資料轉換成表格

❶ 先在第 1 列輸入欄位標題名稱, 並在第 1、2 列上繪製框線。

Check!

想要套用內建的表格樣式的話, 就不用事先繪製框線。欄位名稱也可以在轉換成表格後再輸入。

❷ 在資料儲存格範圍內選取任一儲存格, 然後從**插入**頁次**表格**區中按下**表格**鈕。

❸ 出現**建立表格**交談窗後, 選取包含資料標題的儲存格範圍 (A2：I3)。

❹ 按下**確定**鈕。

❺ 不想要套用表格格式, 要將格式還原成原來的樣子時, 可以從**資料表工具/設計**頁次的**表格樣式**區中點選 ▼ 鈕, 然後從選單中選擇**清除**。

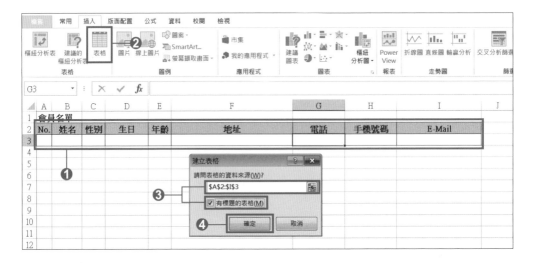

Check!

想要變換表格格式時, 從**常用**頁次的**樣式**區中點選**格式化為表格**鈕, 然後從選單中選擇要用的格式。

STEP 2 利用設定格式化的條件來區分色彩

❶ 選取輸入資料儲存格範圍的第 1 列, 然後從**常用**頁次的**樣式**區中按下**設定格式化的條件**鈕, 接著從選單中選擇**管理規則**。

❷ 開啟**設定格式化的條件規則管理員**交談窗後, 按下**新增規則**鈕。

❸ 開啟**新增格式化規則**交談窗後, 選擇**使用公式來決定要格式化哪些儲存格**。

❹ 在輸入公式欄位中輸入「=$C3="女"」。

❺ 按下**格式**鈕, 開啟**儲存格格式**交談窗後, 切換到**填滿**頁次, 然後選擇想要套用的格式效果, 再按下**確定**鈕。

❻ 回到**設定格式化的條件規則管理員**交談窗後, 按下**新增規則**鈕, 出現**新增格式化規則**交談窗後, 選擇**使用公式來決定要格式化哪些儲存格**。

❼ 在輸入公式欄位中輸入「=$C3="男"」, 設定想要套用的格式效果後, 按下**確定**鈕。設定好區分色彩的條件後, 按下**設定格式化的條件規則管理員**交談窗的**確定**鈕。

❽ 完成後, 輸入的資料就會以性別「男」、「女」來區分色彩。

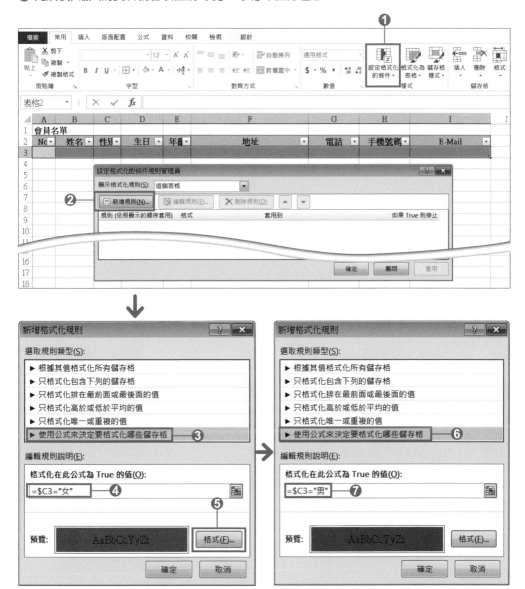

密技
加碼送

若要區分色彩的項目未在表格中時, 可以新增到表格中!

想要區分色彩的項目未在表格中出現時, 可以利用新增到表格中的方式來完成。這裡將介紹輸入地址後自動以區域別來區分色彩的操作方法。

❶ 先製作一個依縣市來區分區域的表格。

❷ 在年齡與地址間插入 2 欄, 並在 2 欄中分別輸入可以從地址資料中取出縣市名稱及區域名的公式。

在儲存格 F3 輸入公式「=LEFT(H3, (MID(H3, 4, 1)="縣")+3)」, 在儲存格 G3 輸入公式「=VLOOKUP(F3, $M$3:$M$8, 2, 0)」。

❸ 將資料轉換成表格後, 選取資料輸入範圍的第 1 列, 以設定格式化的條件。

在**新增格式化規則**交談窗中選擇**使用公式來決定要格式化哪些儲存格**, 然後在輸入公式欄位中輸入「=$G3="北區"」

❹ 按下**格式**鈕, 設定顯示的格式後, 再按下**確定**鈕。

❺ 按下**新增規則**鈕, 出現**新增格式化規則**交談窗後, 選擇**使用公式來決定要格式化哪些儲存格**。

❻ 在輸入公式欄位中輸入「=$G3="南區"」並設定顯示格式後, 按下**確定**鈕。完成區分色彩所有條件的設定後, 按下**確定**鈕, 以關閉**設定格式化的條件規則管理員**交談窗。

❼ 輸入地址後, 色彩就會依照區域別來區分。

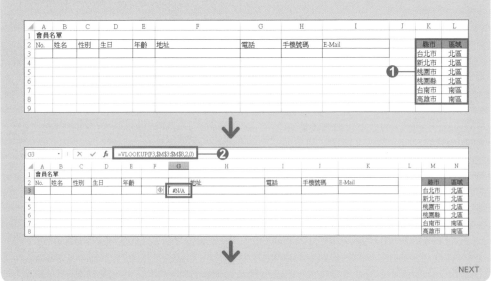

NEXT

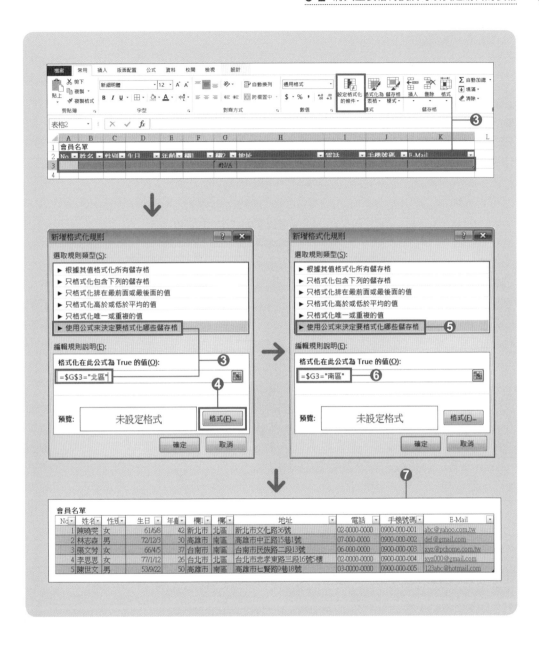

✓公式 Check！

- LEFT 函數是從字串的最左邊取出指定字數的函數，MID 函數則是從指定的位置取出指定字數的函數。

  函數的語法：=LEFT(字串, [字數])

  函數的語法：=MID(字串, 開始位置, 字數)

- VLOOKUP 函數會從範圍中以縱向方式檢索，並回傳符合搜尋值的指定欄位的值。

  函數的語法：=VLOOKUP(搜尋值, 範圍, 欄編號, [搜尋方法])

  在引數「搜尋方法」中，可以利用依下方的說明來指定搜尋「搜尋值」。

搜尋方法	搜尋範圍的方法
0、FALSE	搜尋與「搜尋值」完全一致的值
1、TRUE、省略	當未搜尋到「搜尋值」時，搜尋未滿檢索值的最大值。 ※在這個情況下，「範圍」最左邊欄位的資料內容一定要以遞增的方式排序。

取出縣市名稱的公式之詳細說明，請參考 1-31 頁的介紹。

「=VLOOKUP(F3, $M$3:$M$8, 2, 0)」公式中，會從儲存格 M3：M8 的縣市名稱相對應的區域名稱資料中搜尋儲存格 G3 的縣市名，並從同列中取出第 2 欄的區域名稱。

密技 **09** │ 輸入欲查詢的資料後, 立即選取找到的資料

一次 OK 的重點提示 使用 HYPERLINK 函數＋MATCH 函數

將大型表格轉換成可以快速編輯的表格!

雖然想要搜尋目標資料, 可以使用Excel 內建的「尋找」功能來搜尋, 但找到資料後還得將此交談窗關閉, 此範例想製作一個輸入欲查詢的資料後, 就能快速選取目標資料。

會員名單

No.	姓名	性別	生日	年齡	地址	電話	手機號碼	E-Mail
1	陳曉雯	女	61/6/8	42	新北市文化路36號	02-0000-0000	0900-000-001	abc@yahoo.com.tw
2	林志森	男	72/12/3	30	高雄市中正路15巷1號	07-000-0000	0900-000-002	def@gmail.com
3	張文芳	女	66/4/5	37	台南市民族路二段13號	06-000-0000	0900-000-003	xyz@pchome.com.tw
4	李思思	女	77/1/12	26	台北市忠孝東路16號5樓	02-0000-0000	0900-000-004	xyz000@gmail.com
5	陳世文	男	53/9/22	50	高雄市七賢路9巷18號	03-0000-0000	0900-000-005	123abc@hotmail.com
6	施建華	男	71/3/9	32	台南市開山路20號	06-000-0000	0900-000-006	aaa111@gmail.com
7	楊冠志	男	78/2/16	25	台北市興隆路三段22號9樓	02-0000-0000	0900-000-007	bbb2@yahoo.com.tw
8	朱莉娟	女	64/8/6	39	台北市安樂路3巷24號6樓	02-0000-0000	0900-000-008	ccc33@pchome.com.tw
9	李松志	男	79/9/10	24	高雄市五福路60號	07-000-0000	0900-000-009	ddd012@hotmail.com
10	施佩佩	女	80/11/11	23	台中市龍井區藝術南街105號	04-0000-0000	0900-000-010	
11	劉亞欣	女	70/4/25	33	台中市北屯區旅順路二段73號	04-0000-0000	0900-000-011	
12	陳創志	男	57/7/14	46	台北市中山北路二段8號3樓	02-0000-0000	0900-000-012	

會員名單

姓名			李思思		檢索			輸入檢索的內容後就會被選取

No.	姓名	性別	生日	年齡	地址	電話	手機號碼	E-Mail
1	陳曉雯	女	61/6/8	42	新北市文化路36號	02-0000-0000	0900-000-001	abc@yahoo.com.tw
2	林志森	男	72/12/3	30	高雄市中正路15巷1號	07-000-0000	0900-000-002	def@gmail.com
3	張文芳	女	66/4/5	37	台南市民族路二段13號	06-000-0000	0900-000-003	xyz@pchome.com.tw
4	李思思	女	77/1/12	26	台北市忠孝東路三段16號5樓	02-0000-0000	0900-000-004	xyz000@gmail.com
5	陳世文	男	53/9/22	50	高雄市七賢路9巷18號	03-0000-0000	0900-000-005	123abc@hotmail.com
6	施建華	男	71/3/9	32	台南市開山路20號	06-000-0000	0900-000-006	aaa111@gmail.com
7	楊冠志	男	78/2/16	25	台北市興隆路三段22號9樓	02-0000-0000	0900-000-007	bbb2@yahoo.com.tw
8	朱莉娟	女	64/8/6	39	台北市安樂路3巷24號6樓	02-0000-0000	0900-000-008	ccc33@pchome.com.tw

●選取檢索值的儲存格

STEP 1 利用 HYPERLINK 函數＋MATCH 函數搜尋檢索值的儲存格位址

❶ 在儲存格 C2 中輸入想要檢索的值。

❷ 選取儲存格 E2, 然後輸入公式「=HYPERLINK("#會員名單!B"&MATCH(C2, B5:B16, 0)+4, "檢索")」。

❸ 點選「檢索」後, 就會尋找並選取與儲存格 C2 相同內容的儲存格。

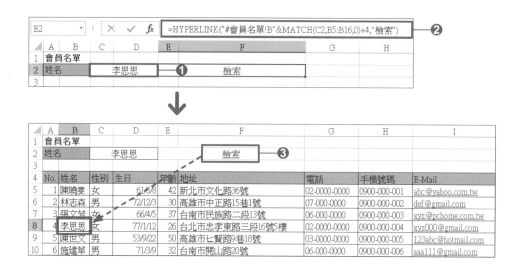

●選取檢索值的整列範圍

STEP 1 利用 HYPERLINK 函數＋MATCH 函數搜尋檢索值的儲存格範圍

❶ 選取儲存格 E2, 然後輸入公式「=HYPERLINK("#會員名單!A"&MATCH(C2, B5:B16, 0)+4&":"&"
會員名單!I"&MATCH(C2, B5:B16, 0)+4, "檢索")」。

❷ 點選「檢索」後, 就會在選取範圍中尋找並選取與儲存格 C2 相同內容的整列範圍。

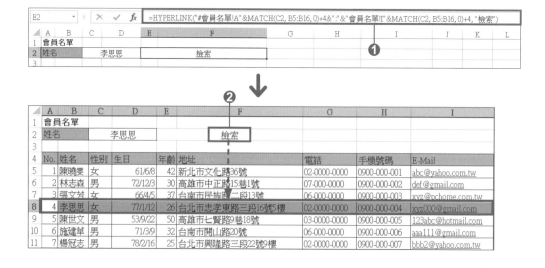

Check!

工作表名稱中出現「-」或空白的話, 在輸入公式時, 工作表名稱要用「'」(半形單引號)框住。

例如, 工作表名稱為「會員名單-2014」的情況下, 就要輸入「=HYPERLINK("#'會員名單-2014'!B"&MATCH(C2, B5:B16, 0)+4, "檢索")」。

| E2 | ▼ | : | × | ✓ | fx | =HYPERLINK("#會員名單-2014'!B"&MATCH(C2,B5:B16,0)+4,"檢索") |

	A	B	C	D	E	F	G	H	I
1	會員名單								
2	姓名			李思思		檢索			
3									
4	No.	姓名	性別	生日	年齡	地址	電話	手機號碼	E-Mail
5	1	陳曉雯	女	61/6/8	42	新北市文化路36號	02-0000-0000	0900-000-001	abc@yahoo.com.tw
6	2	林志森	男	72/12/3	30	高雄市中正路15巷1號	07-000-0000	0900-000-002	def@gmail.com
7	3	張文芳	女	66/4/5	37	台南市民族路二段13號	06-000-0000	0900-000-003	xyz@pchome.com.tw
8	4	李思思	女	77/1/12	26	台北市忠孝東路三段16號5樓	02-0000-0000	0900-000-004	xyz000@gmail.com
9	5	陳世文	男	53/9/22	50	高雄市七賢路9巷18號	03-000-0000	0900-000-005	123abc@hotmail.com
10	6	施建華	男	71/3/9	32	台南市開山路20號	06-000-0000	0900-000-006	aaa111@gmail.com
11	7	楊冠志	男	78/2/16	25	台北市興隆路三段22號9樓	02-0000-0000	0900-000-007	bbb2@yahoo.com.tw

會員名單-2014

✓公式 Check!

• HYPERLINK 函數會將文字建立超連結。

函數的語法：=HYPERLINK(連結位置, [別名])

• MATCH 函數可以回傳範圍內與搜尋值相對應的位址。

函數的語法：=MATCH(搜尋值, 搜尋範圍, [比對的種類])

在引數「比對的種類」中, 可以利用下方的說明來指定在範圍中檢索的方法。

比對的種類	範圍的方法
0、FALSE	搜尋與「搜尋值」完全一致的值。
1、TRUE、省略	當未搜尋到「搜尋值」時, 搜尋未滿檢索值的最大值。 ※在這個情況下, 檢索範圍資料內容一定要以升冪的方式排序。
-1	當未搜尋到檢索值時, 搜尋未滿檢索值的最小值。 ※在這個情況下, 檢索範圍資料內容一定要以降冪的方式排序。

「MATCH(C2, B5:B16, 0)+4」公式中, 會取得儲存格 C2 的姓名顯示在儲存格 B5：B16 的姓名欄位中從第 1 列開始的第幾列。將求得的列數+4 後即可得知儲存格 C2 的姓名顯示在工作表的第幾列。

將求得在工作表的列數指定成 HYPERLINK 函數的引數「連結位置」, 公式撰寫成「=HYPERLINK("#會員名單!B"&MATCH(C2, B5:B16, 0)+4, "檢索")」後, 因列數為 4 列, 儲存格會址被指定成「會員名單!B4」, 所以選取範圍會連結「會員名單」的儲存格 B4。

另外, 套用連結功能時, 引數「連結位置」的前面一定加上「#」符號。

「=HYPERLINK("#會員名單!A"&MATCH(C2, B5:B16, 0)+4&":"&"會員名單!I"&MATCH(C2, B5:B16, 0)+4, "檢索")」公式中, 儲存格範圍被指定成「會員名單!B4:會員名單!I4」, 所以選取範圍會連結「會員名單」的儲存格 B4：I4。

密技 10 輸入 E-mail 來尋找會員姓名

一次 OK 的重點提示　使用 INDEX 函數＋ MATCH 函數

將大型表格轉換成可以快速編輯的表格！

想用 E-mail 來尋找會員姓名, 利用**自動篩選**功能的話, 每當想要尋找的 E-mail 資料有變更時, 就要將篩選條件重新設定。在此想利用簡單快速的方法, 製作可以搜尋資料的表格。

會員名單

E-Mail	姓名
abc@yahoo.com.tw	陳曉雯

輸入 E-mail 後, 就會顯示對應的姓名

No.	姓名	性別	生日	年齡	地址	電話	手機號碼	E-Mail
1	陳曉雯	女	61/6/8	42	新北市文化路36號	02-0000-0000	0900-000-001	abc@yahoo.com.tw
2	林志森	男	72/12/3	31	高雄市中正路15巷1號	07-000-0000	0900-000-002	def@gmail.com
3	張文芳	女	66/4/5	37	台南市民族路二段13號	06-000-0000	0900-000-003	xyz@pchome.com.tw
4	李思思	女	77/1/12	26	台北市忠孝東路三段16號5樓	02-0000-0000	0900-000-004	xyz000@gmail.com
5	陳世文	男	53/9/22	50	高雄市七賢路9巷18號	03-000-0000	0900-000-005	123abc@hotmail.com
6	施建革	男	71/3/9	32	台南市開山路20號	06-000-0000	0900-000-006	aaa111@gmail.com
7	楊冠志	男	78/2/16	25	台北市興隆路三段22號9樓	02-0000-0000	0900-000-007	bbb2@yahoo.com.tw
8	朱莉娟	女	64/8/6	39	台北市安樂路3巷24號9樓	02-0000-0000	0900-000-008	ccc33@pchome.com.tw
9	李松志	男	79/9/10	24	高雄市五福路60號	07-000-0000	0900-000-009	ddd012@hotmail.com
10	施佩佩	女	80/11/11	23	台中市龍井區藝術南街105號	04-0000-0000	0900-000-010	
11	劉亞欣	女	70/4/25	33	台中市北屯區旅順路二段73號	04-0000-0000	0900-000-011	
12	陳創志	男	57/7/14	46	台北市中山北路二段8號3樓	02-0000-0000	0900-000-012	

STEP 1 製作檢索欄位後, 利用 INDEX 函數＋MATCH 函數來收集必要項目

❶ 製作檢索值及檢索值相對應的項目表格。

❷ 選取儲存格 D3, 然後輸入公式「=INDEX(B6:B17, MATCH(A3, I6:I17, 0))」。

❸ 輸入 E-Mail 後, 表格中就會出現相對應的姓名。

| D3 | ▼ : × ✓ fx | =INDEX(B6:B17, MATCH(A3, I6:I17, 0)) | ❷ |

	A	B	C	D	E	F	G	H	I
1		會員名單							
2		E-Mail		姓名					
3		abc@yahoo.com.tw		陳曉雯	❸				
4									
5	No.	姓名	性別	生日	年齡	地址	電話	手機號碼	E-Mail
6	1	陳曉雯	女	61/6/8	42	新北市文化路36號	02-0000-0000	0900-000-001	abc@yahoo.com.tw
7	2	林志森	男	72/12/3	30	高雄市中正路15巷1號	07-000-0000	0900-000-002	def@gmail.com
8	3	張文芳	女	66/4/5	37	台南市民族路二段13號	06-000-0000	0900-000-003	xyz@pchome.com.tw
9	4	李思思	女	77/1/12	26	台北市忠孝東路三段16號5樓	02-0000-0000	0900-000-004	xyz000@gmail.com
10	5	陳世文	男	53/9/22	50	高雄市七賢路9巷18號	03-0000-0000	0900-000-005	123abc@hotmail.com
11	6	施建華	男	71/3/9	32	台南市開山路20號	06-000-0000	0900-000-006	aaa111@gmail.com
12	7	楊冠志	男	78/2/16	25	台北市興隆路三段22號9樓	02-0000-0000	0900-000-007	bbb2@yahoo.com.tw
13	8	朱莉娟	女	64/8/6	39	台北市安樂路3巷24號5樓	02-0000-0000	0900-000-008	ccc33@pchome.com.tw
14	9	李松志	男	79/9/10	24	高雄市五福路60號	07-000-0000	0900-000-009	ddd012@hotmail.com
15	10	施佩佩	女	80/11/11	23	台中市龍井區藝術南街105號	04-0000-0000	0900-000-010	
16	11	劉亞欣	女	70/4/25	33	台中市北屯區旅順路二段73號	04-0000-0000	0900-000-011	
17	12	陳創志	男	57/7/14	46	台北市中山北路二段8號3樓	02-0000-0000	0900-000-012	

√ **公式 Check！**

• INDEX 函數可以取得欄編號與列編號之間交叉的儲存格參照。

　函數的語法：陣列形式=INDEX(陣列, 列編號, [欄編號])
　　　　　　　參照形式=INDEX(參照, 列編號, [欄編號], [區域編號])

• MATCH 函數可以回傳範圍內搜尋值相對應的位址。(詳細解説請參考 3-55 頁)

　「MATCH(A3, I6:I17, 0)」公式中, 會取得儲存格 A3 的 E-Mail 顯示在儲存格 I6：I17 的 E-Mail
　欄位中從第 1 列開始的第幾列。

　完成後, 只要輸入 E-Mail 就可以取得相對應的姓名資料。

輸入 E-mail 後, 列出會員的多項資料

想要在輸入 E-mail 後, 列出會員的多項資料, 可以將 INDEX 函數的引數「參照」修改成選取表格內的所有資料。

❶ 選取儲存格 D3, 然後輸入公式「=INDEX($A$6:$I$17, MATCH($A$3, $I$6:$I$17, 0), 2)」。

❷ 將公式往右複製。

❸ 分別修改 INDEX 函數的引數**列號**, 以變更所要取出的列號。

❹ 輸入 E-Mail 後, 表格中就會出現相對應的姓名、電話及手機號碼。

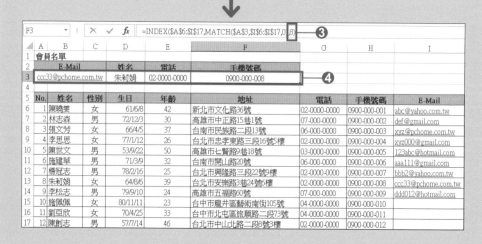

密技 **11** | 將搜尋到的整筆會員資料, 以醒目的顏色做標示

一次 OK 的重點提示 使用「設定格式化的條件」功能

將大型表格轉換成可以快速編輯的表格!

在表格中, 只想要將目標資料以不同色彩標示出來。但每次當想要查看的資料變更後, 色彩就必需重新再設定。想要利用簡單快速的方法, 製作可以自動在查看資料的儲存格上套用色彩的表格。

	A	B	C	D	E	F	G	H	I	J
1	No.	姓名	性別	生日	年齡	地址	電話	手機號碼	E-Mail	
2	1	陳曉雯	女	50/6/8	53	新北市文化路36號	02-0000-0000	0900-000-001	abc@yahoo.com.tw	
3	2	林志森	男	61/12/3	42	高雄市中正路15巷1號	07-000-0000	0900-000-002	def@gmail.com	
4	3	張文芳	女	55/4/5	48	台南市民族路二段13號	06-000-0000	0900-000-003	xyz@pchome.com.tw	
5	4	李思思	女	66/1/12	37	台北市忠孝東路三段16號5樓	02-0000-0000	0900-000-004	xyz000@gmail.com	
6	5	陳世文	男	42/9/22	61	高雄市七賢路9巷18號	03-0000-0000	0900-000-005	123abc@hotmail.com	
7	6	施建革	男	60/3/9	43	台南市開山路20號	06-000-0000	0900-000-006	aaa111@gmail.com	
8	7	楊冠志	男	67/2/16	36	台北市興隆路三段22號9樓	02-0000-0000	0900-000-007	bbb2@yahoo.com.tw	
9	8	朱莉娟	女	53/8/6	50	台北市安樂路3巷24號6樓	02-0000-0000	0900-000-008	ccc33@pchome.com.tw	
10	9	李松志	男	68/9/10	35	高雄市五福路60號	07-000-0000	0900-000-009	ddd012@hotmail.com	
11	10	施佩佩	女	69/11/11	34	台中市龍井區藝術南街105號	04-0000-0000	0900-000-010		
12	11	劉亞欣	女	59/4/25	44	台中市北屯區旅順路二段73號	04-0000-0000	0900-000-011		
13	12	陳創志	男	46/7/14	57	台北市中山北路二段8號3樓	02-0000-0000	0900-000-012		
14										

↓

> 只要輸入檢索姓名, 相對應的資料就會套用色彩

會員名單

姓名		朱莉娟						

No.	姓名	性別	生日	年齡	地址	電話	手機號碼	E-Mail
1	陳曉雯	女	50/6/8	53	新北市文化路36號	02-0000-0000	0900-000-001	abc@yahoo.com.tw
2	林志森	男	61/12/3	41	高雄市中正路15巷1號	07-000-0000	0900-000-002	def@gmail.com
3	張文芳	女	55/4/5	48	台南市民族路二段13號	06-000-0000	0900-000-003	xyz@pchome.com.tw
4	李思思	女	66/1/12	37	台北市忠孝東路三段16號5樓	02-0000-0000	0900-000-004	xyz000@gmail.com
5	陳世文	男	42/9/22	61	高雄市七賢路9巷18號	03-0000-0000	0900-000-005	123abc@hotmail.com
6	施建革	男	60/3/9	43	台南市開山路20號	06-000-0000	0900-000-006	aaa111@gmail.com
7	楊冠志	男	67/2/16	36	台北市興隆路三段22號9樓	02-0000-0000	0900-000-007	bbb2@yahoo.com.tw
8	朱莉娟	女	53/8/6	50	台北市安樂路3巷24號6樓	02-0000-0000	0900-000-008	ccc33@pchome.com.tw
9	李松志	男	68/9/10	35	高雄市五福路60號	07-000-0000	0900-000-009	ddd012@hotmail.com
10	施佩佩	女	69/11/11	34	台中市龍井區藝術南街105號	04-0000-0000	0900-000-010	
11	劉亞欣	女	59/4/25	44	台中市北屯區旅順路二段73號	04-0000-0000	0900-000-011	
12	陳創志	男	46/7/14	57	台北市中山北路二段8號3樓	02-0000-0000	0900-000-012	

STEP 1 在「設定格式化的條件」中設定, 與搜尋值相符的列上套用色彩

❶ 在儲存格 C2 中輸入想要檢索的值。

❷ 選取 A5:I16 儲存格範圍, 再從**常用**頁次的**樣式**區中按下**設定格式化的條件**鈕, 接著從選單中選擇**新增規則**。

❸ 開啟**新增格式化規則**交談窗後, 選擇**使用公式來決定要格式化哪些儲存格**。

❹ 在輸入公式欄位中輸入「=$C$2=$B5」。

❺ 按下**格式**鈕, 開啟**儲存格格式**交談窗後, 切換到**填滿**頁次, 然後選擇黃色, 再按下**確定**鈕。

❻ 輸入想要檢索的姓名後, 該姓名的整列就會被填滿色彩, 閱讀時也能馬上就找到資料輸入的位置。

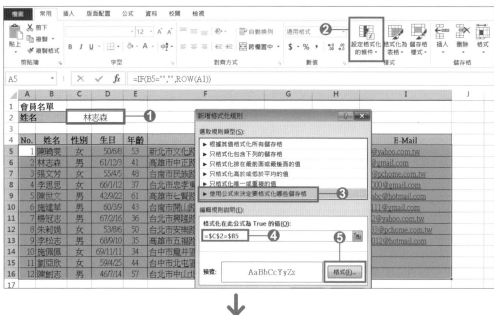

✓**公式 Check！**

「=$C$2=$B5」公式中條件式為「當儲存格 C2 的姓名與名單中的儲存格 B5 的姓名相同時」。條件不成立時會回傳「FALSE」。設定格式化的條件只適用在公式結果為「TRUE」的情況下, 因此第 6 列的整列會被填滿色彩。完成後, 當輸入想要檢索的姓名後, 該姓名所相對應的整列就會被填滿色彩。

3-3 轉換成列印用表格

一次 OK 的重點提示 使用「小計」功能

轉換成列印用表格！

想要將員工名單依照部門別來列印, 但如果重新製作依部門來區分的表格, 在操作上會很麻煩, 在此我們要用簡單快速的方法, 製作依部門列印的表格。

員工名單

No.	姓名	部門	緊急連絡電話	E-Mail
1	陳曉雯	會計	0900-000-001	abc@yahoo.com.tw
2	林志森	營業	0900-000-002	def@gmail.com
3	張文芳	總務	0900-000-003	xyz@pchome.com.tw
5	李思思	營業	0900-000-004	xyz000@gmail.com
5	陳世文	研發	0900-000-005	123abc@hotmail.com
6	施建革	總務	0900-000-006	aaa111@gmail.com
7	楊冠志	研發	0900-000-007	bbb2@yahoo.com.tw
8	朱莉娟	研發	0900-000-008	ccc33@pchome.com.tw
9	李松志	會計	0900-000-009	ddd012@hotmail.com
10	施佩佩	營業	0900-000-010	abc1@gmail.com

員工名單

No.	姓名	部門	緊急連絡電話	E-Mail
1	陳世文	研發	0900-000-005	123abc@hotmail.com
2	楊冠志	研發	0900-000-007	bbb2@yahoo.com.tw
3	朱莉娟	研發	0900-000-008	ccc33@pchome.com.tw

員工名單

No.	姓名	部門	緊急連絡電話	E-Mail
4	陳曉雯	會計	0900-000-001	abc@yahoo.com.tw
5	李松志	會計	0900-000-009	ddd012@hotmail.com

員工名單

No.	姓名	部門	緊急連絡電話	E-Mail
7	林志森	營業	0900-000-002	def@gmail.com
8	李思思	營業	0900-000-004	xyz000@gmail.com
10	施佩佩	營業	0900-000-010	abc1@gmail.com

員工名單

No.	姓名	部門	緊急連絡電話	E-Mail
11	張文芳	總務	0900-000-003	xyz@pchome.com.tw
12	施建革	總務	0900-000-006	aaa111@gmail.com

STEP 1 依「部門」排序

❶ 選取任一個想要分頁列印的部門欄位儲存格, 然後從**資料**頁次的**排序與篩選**區中點選**從 A 到 Z 排序**鈕。

STEP 2 利用「小計」功能將部門資料分頁

❶ 選取資料中的任一儲存格, 然後按下**資料**頁次的**大綱**區中的**小計**鈕。

❷ 開啟小計交談窗後, 從**分組小計欄位**列示窗中選擇**部門**。

❸ 從**使用函數**列示窗中選擇**項目個數**。

❹ 在**新增小計位置**欄中勾選**部門**。

❺ 勾選**每組資料分頁**項目後, 按下**確定**鈕。

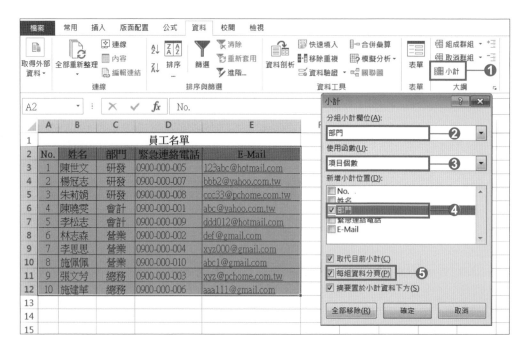

Check!

在**分組小計欄位**列示窗和**新增小計位置**區中選擇想要當成分頁的項目別。在**使用函數**列示窗中, 當資料內容為字串時, 因為只能計算資料筆數, 所以選擇**項目個數**。若資料內容為數值時, 則可以選擇其他計算方法。

STEP 3 從列印標題中設定標題及表格名稱

❶ 請按下**版面配置**頁次版面設定區中的**列印標題**鈕。

❷ 切換到**工作表**頁次, 然後在**標題列**欄位中選取包含表格標題及標題列的列範圍, 接著按下**確定**鈕。

隱藏小計列

❶ 從**常用**頁次的**編輯**區中按下**尋找與選取**鈕, 然後從選單中選擇**尋找**。

❷ 開啟**尋找及取代**交談窗後, 在**尋找目標**欄輸入「**計數**」。

❸ 按下**全部尋找**鈕。

❹ 按住 Shift 鍵選取所有尋找到的資料。

❺ 從**常用**頁次的**儲存格**區中按下**格式**鈕, 然後從選單中依序選取**隱藏及取消隱藏/隱藏列**。

❻ 執行列印後, 不同部門資料就會分頁列印。

Check！

有不想要被列印出來的字串時，可以在**尋找目標**欄位中設定。這裡不想要將「○○ 計數」列印出來，所以指定「計數」。

 密技 加碼送

將同部門裡的男生、女生分頁列印！

想要將部門中的男生、女生分別列印在不同頁面，我們可以先依性別排序，然後再執行兩次**小計**功能來達成。

❶ 選取資料中的任一個儲存格，然後從**資料**頁次**排序與篩選**區中按下**排序**鈕。

❷ 開啟**排序**交談窗後，勾選**我的資料有標題**項目。

❸ 將排序方式設定成**部門、值、A 到 Z**，按下**新增層級**鈕，將**次要排序方式**設定成**性別、值、A 到 Z**，然後按下**確定**鈕。

NEXT

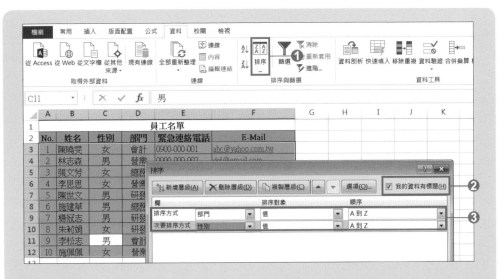

④ 選取資料中的任一儲存格,然後從**資料**頁次的**大綱**區中按下**小計**鈕。

⑤ 開啟**小計**交談窗後,將**分組小計欄位**設定成**部門**、**使用函數**設定成**項目個數**、在**新增小計位置**區中勾選**部門**,然後按下**確定**鈕。

⑥ 再次開啟**小計**交談窗後,將**分組小計欄位**設定成**性別**、**使用函數**設定成**項目個數**、在**新增小計位置**中勾選**性別**。

⑦ 取消勾選**取代目前小計**項目後,勾選**每組資料分頁**項目,再按下**確定**鈕。

⑧ 執行 **STEP3〜4** 的操作設定後,進行列印時,會依照部門／性別將資料分頁列印。

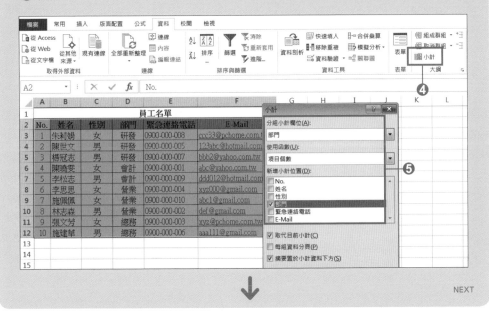

NEXT

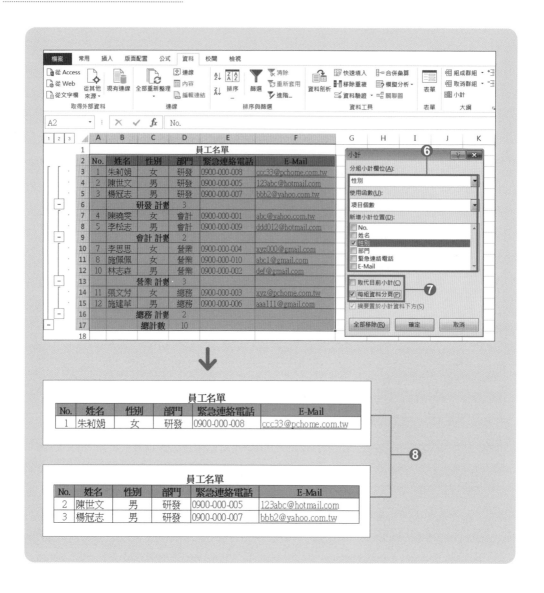

密技 02 | 依生日月份將資料分頁列印！

一次 OK 的重點提示 在資料中新增想要列印的項目

轉換成列印用表格！

想要將會員名單中「生日」的月份當成項目別後，將資料分頁列印。但資料中只有生日資料，在此想用簡單快速的方法，製作依照生日月份將資料分頁列印的表格。

會員名單

No.	姓名	性別	生日	年齡	地址	電話	手機號碼
1	李思思	女	77/1/12	26	台北市忠孝東路三段16號5樓	02-0000-0000	0900-000-004
2	楊冠志	男	78/2/16	25	台北市興隆路三段22號9樓	02-0000-0000	0900-000-007
3	施建華	男	71/3/9	32	台南市開山路20號	06-000-0000	0900-000-006
5	張文芳	女	66/4/5	37	台南市民族路二段13號	06-000-0000	0900-000-003
7	劉亞欣	女	70/4/25	33	台中市北屯區旅順路二段73號	04-0000-0000	0900-000-011
9	陳曉雯	女	61/6/8	42	新北市文化路36號	02-0000-0000	0900-000-001
10	陳創志	男	57/7/14	46	台北市中山北路二段8號3樓	02-0000-0000	0900-000-012
12	朱莉娟	女	64/8/6	39	台北市安樂路3巷24號6樓	02-0000-0000	0900-000-008
14	陳世文	男	53/9/22	50	高雄市七賢路9巷18號	03-0000-0000	0900-000-005
16	李松志	男	79/9/10	24	高雄市五福路60號	07-000-0000	0900-000-009
18	施佩佩	女	80/11/11	23	台中市龍井區藝術南街105號	04-0000-0000	0900-000-010
19	林志森	男	72/12/3	30	高雄市中正路15巷1號	07-000-0000	0900-000-002

會員名單

No.	姓名	性別	生日	年齡	地址	電話	手機號碼	E-Mail
1	李思思	女	77/1/12	26	台北市忠孝東路三段16號5樓	02-0000-0000	0900-000-004	xyz000@gmail.com

會員名單

No.	姓名	性別	生日	年齡	地址	電話	手機號碼	E-Mail
5	張文芳	女	66/4/5	37	台南市民族路二段13號	06-000-0000	0900-000-003	xyz@pchome.com.tw
7	劉亞欣	女	70/4/25	33	台中市北屯區旅順路二段73號	04-0000-0000	0900-000-011	yy45@hotmail.com

會員名單

No.	姓名	性別	生日	年齡	地址	電話	手機號碼	E-Mail
14	陳世文	男	53/9/22	50	高雄市七賢路9巷18號	03-0000-0000	0900-000-005	123abc@hotmail.com
16	李松志	男	79/9/10	24	高雄市五福路60號	07-000-0000	0900-000-009	ddd012@hotmail.com

STEP 1　利用 MONTH 函數取出生日的月份

❶ 在資料的最後欄位中輸入欄位標題「生日月份」。

❷ 選取儲存格 J3, 然後輸入公式「=MONTH(D3)」。

❸ 將公式往下複製。

❹ 從**生日**欄位資料取出月份。

✓公式 Check！

• MONTH 函數可以取得日期中的月份資料。

函數的語法：=MONTH(序列值)

「=MONTH(D3)」公式中, 可從儲存格 D3 取出日期中的月份資料。

STEP 2　依項目別排序

❶ 選取任一個生日月份欄位儲存格, 然後從**資料**頁次的**排序與篩選**區中按下**從最小到最大排序**鈕。

STEP 3 利用「小計」功能插入依項目別將資料分頁列印

❶ 選取資料中的任一儲存格, 然後從**資料**頁次的**大綱**區中按下小計鈕。

❷ 開啟**小計**交談窗後, 從**分組小計欄位**選單中選擇**生日月份**。

❸ 從**使用函數**選單中選擇**項目個數**。

❹ 在**新增小計位置**中勾選**生日月份**。

❺ 勾選**每組資料分頁**後, 按下**確定**鈕。

❻ 插入依月份來分頁列印。

❼ 執行 3-62 頁的 **STEP 3~4** 的操作設定後, 進行列印時, 就會依照生日月份將資料分頁列印。

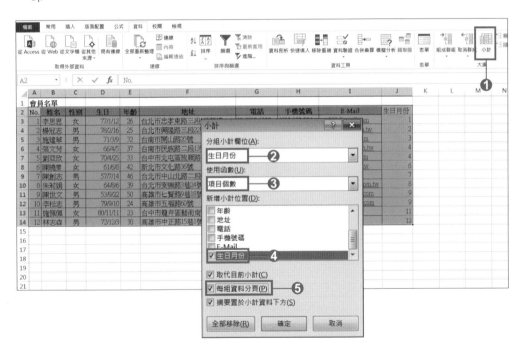

密技 03 | 列印時自動設定成指定的版面或 隱藏部分欄位！

一次 OK 的重點提示 使用自訂檢視模式

轉換成列印用表格！

製作好的會員名單中, 每次都只會列印固定的項目。因為這樣, 每次列印時都要重新將欄位隱藏或是重新設定版面。想要製作可以快速列印固定內容的表格。

	A	B	C	D	E	F	G	H	I
1	會員名單								
2	No.	姓名	性別	生日	年齡	地址	電話	手機號碼	E-Mail
3	1	陳曉雯	女	61/6/8	42	新北市文化路36號	02-0000-0000	0900-000-001	abc@yahoo.com.tw
4	2	林志森	男	72/12/3	30	高雄市中正路15巷1號	07-000-0000	0900-000-002	def@gmail.com
5	3	張文芳	女	66/4/5	37	台南市民族路二段13號	06-000-0000	0900-000-003	xyz@pchome.com.tw
6	4	李思思	女	77/1/12	26	台北市忠孝東路三段16號5樓	02-0000-0000	0900-000-004	xyz000@gmail.com
7	5	陳世文	男	53/9/22	50	高雄市七賢路9巷18號	03-0000-0000	0900-000-005	123abc@hotmail.com
8	6	施建華	男	71/3/9	32	台南市開山路20號	06-000-0000	0900-000-006	aaa111@gmail.com
9	7	楊冠志	男	78/2/16	25	台北市興隆路三段22號9樓	02-0000-0000	0900-000-007	bbb2@yahoo.com.tw
10	8	朱莉娟	女	64/8/6	39	台北市安樂路3巷24號6樓	02-0000-0000	0900-000-008	ccc33@pchome.com.tw
11	9	李松志	男	79/9/10	24	高雄市五福路60號	07-000-0000	0900-000-009	ddd012@hotmail.com
12	10	施佩佩	女	80/11/11	23	台中市龍井區藝術南街105號	04-0000-0000	0900-000-010	su99@gmail.com
13	11	劉亞欣	女	70/4/25	33	台中市北屯區旅順路二段73號	04-0000-0000	0900-000-011	yy45@hotmail.com
14	12	陳創志	男	57/7/14	46	台北市中山北路二段8號3樓	02-0000-0000	0900-000-012	zz@gmail.com

會員名單					
No.	姓名	性別	電話	手機號碼	E-Mail
1	陳曉雯	女	02-0000-0000	0900-000-001	abc@yahoo.com.tw
2	林志森	男	07-000-0000	0900-000-002	def@gmail.com
3	張文芳	女	06-000-0000	0900-000-003	xyz@pchome.com.tw
4	李思思	女	02-0000-0000	0900-000-004	xyz000@gmail.com
5	陳世文	男	03-0000-0000	0900-000-005	123abc@hotmail.com
6	施建華	男	06-000-0000	0900-000-006	aaa111@gmail.com
7	楊冠志	男	02-0000-0000	0900-000-007	bbb2@yahoo.com.tw
8	朱莉娟	女	02-0000-0000	0900-000-008	ccc33@pchome.com.tw
9	李松志	男	07-000-0000	0900-000-009	ddd012@hotmail.com
10	施佩佩	女	04-0000-0000	0900-000-010	su99@gmail.com
11	劉亞欣	女	04-0000-0000	0900-000-011	yy45@hotmail.com
12	陳創志	男	02-0000-0000	0900-000-012	zz@gmail.com

STEP 1　設定紙張方向或大小以及隱藏欄位

❶ 按住 **Ctrl** 鍵不放, 選取想要隱藏的欄位後, 在欄標題上按一下滑鼠右鈕, 然後從選單中選擇**隱藏**。

❷ 切換到**版面配置**頁次中設定頁面的用紙方向或大小。

STEP 2　新增到自訂檢視模式

❶ 從**檢視**頁次**活頁簿檢視**區
中按下**自訂檢視模式**鈕。
出現**自訂檢視模式**交談窗
後, 按下**新增**鈕。

❷ 開啟**新增檢視畫面**交談窗
後, 在**名稱**欄位輸入**會員
名單列印用**, 然後按下**確
定**鈕。

❸ 列印時, 從**檢視**頁次的**活
頁簿檢視**區中按下**自訂檢
視模式**鈕。出現**自訂檢視
模式**交談窗後, 按下**顯示**
鈕。

❹ 完成後, 資料就會以新增
的檢視方式顯示, 因此不
需要另外設定就能執行列
印。

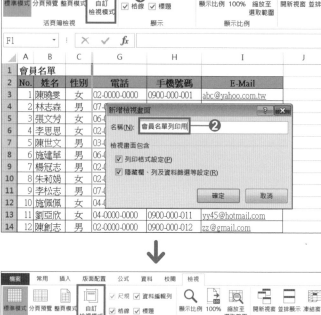

Check!

若把自動篩選的資料新增
到**自訂檢視**模式時, 也能快
速轉換資料顯示方式並列
印。

以按鈕的方式將「自訂檢視」模式的檢視名稱新增到功能頁次！

將**自訂檢視模式**鈕新增到功能頁次的話, 可以直接從功能頁次中將表格資料快速切換成事先設定好的顯示方式。

① 在功能頁次上按一下滑鼠右鈕, 然後從選單中選擇**自訂功能區**命令。

② 開啟 Excel **選項**交談窗後, 從**自訂功能區**列示窗中選擇**主要索引標籤**, 然後選擇新增的功能頁次要顯示在哪裡 (在此想放在**檢視**頁次下), 接著按下**新增群組**鈕。

③ 按下**重新命名**鈕, 出現**重新命名**交談窗後, 在**顯示名稱**欄中輸入群組名稱 (如：列印用), 然後按下**確定**鈕。

④ 從**由此選擇命令**列示窗中選擇**所有命令**, 然後在下方的列示窗中選擇**自訂檢視模式**。

⑤ 按下**新增**鈕, 將表單加到新增的群組後, 再按下**確定**鈕。

⑥ 完成後, 只要從**檢視**頁次中選擇想要檢視的模式名稱就能依設定的條件快速切換。

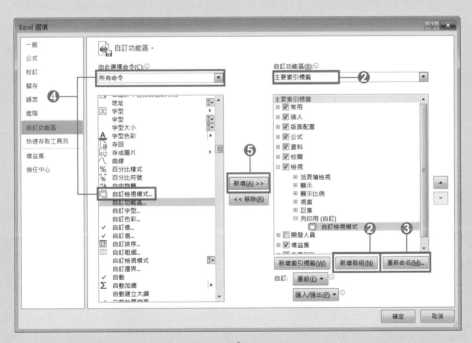

NEXT

Check!

Excel 2007 的操作方法為：在功能頁次上按一下滑鼠右鈕，然後從選單中選擇**自訂快速存取工具列**，將按鈕新增到**快速存取工具列**中。

密技 04 列印多個工作表時,分別在每個工作表設定獨立頁碼!

一次 OK 的重點提示 將起始頁碼變更成「1」

在以年度做區分的工作表中輸入各分店每月的營業額,當所有工作表同時列印時,工作表各頁面的頁碼會以連續編號的方式顯示。想要將每個工作表的頁碼設定成獨立頁碼。

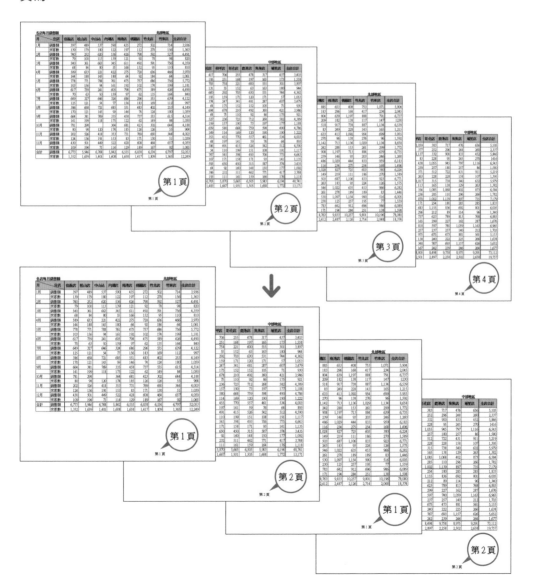

STEP 1 將列印工作表的起始頁碼變更成「1」

❶ 選取要列印的工作表。

❷ 從**版面配置**頁次的**版面設定**區中按下 ▣ 鈕。

❸ 在**頁首/頁尾**頁次中插入頁碼。

❹ 在**頁面**頁次中的**起始頁碼**欄位輸入「1」，然後按下**確定**鈕。

❺ 列印後，每個工作表都會插入獨立的連續頁碼。

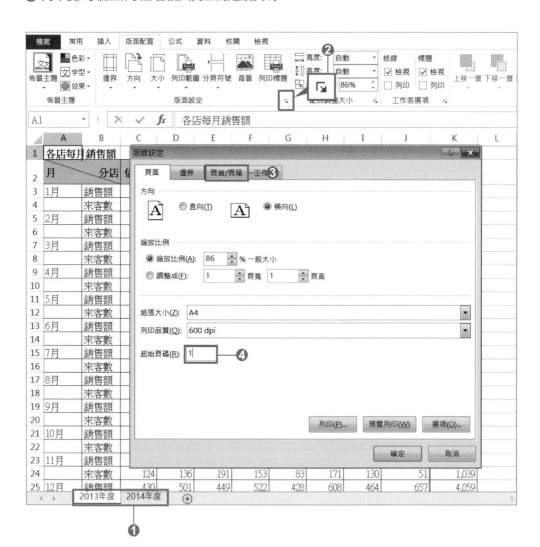

4

CHAPTER 4

將表格資料整合
或分散編輯

4-1 將多個表格/工作表整合在一起

密技 01 | 將 2 個表格資料整合到同一個表格中！

一次 OK 的重點提示 以略過空格的方式貼上

整合多個表格/工作表！

為了快速了解相同月份的銷售量及來客數資料, 因此想將 2 個表格資料以相互交叉的方式合併成 1 個表格。在此想用簡單快速的方法, 將 2 個表格合併。

各店每月銷售量

月店	信義店	松山店	中山站
1月	264	312	148
2月	189	243	160
3月	130	339	211
4月	476	255	405
5月	287	492	328
6月	325	262	208

各店每月來客數

月店	信義店	松山店	中山站
1月	139	179	180
2月	79	100	113
3月	68	84	80
4月	144	188	145
5月	103	156	94
6月	70	63	90

→

各店每月總計資料

月	店	信義店	松山店	中山站
1月	銷售量	264	312	148
1月	來客數	139	179	180
2月	銷售量	189	243	160
2月	來客數	79	100	113
3月	銷售量	130	339	211
3月	來客數	68	84	80
4月	銷售量	476	255	405
4月	來客數	144	188	145
5月	銷售量	287	492	328
5月	來客數	103	156	94
6月	銷售量	325	262	208
6月	來客數	70	63	90

STEP 1 在 2 個表格中以隔列的方式插入空白列

❶ 以複製/貼上的方式, 讓 2 個表格資料顯示在同一列上。

❷ 輸入 2 次「1」～「6」的連續編號。

❸ 選取任一個連續編號的儲存格, 然後從**資料**頁次**排序與篩選**區中按下**從最小到最大排序**鈕。

	A	B	C	D	E	F	G	H	I	J
12	各店每月總計資料									
13										
14	1月	264	312	148	1	1月	139	179	180	
15	2月	189	243	160	2	2月	79	100	113	
16	3月	130	339	211	3	3月	68	84	80	
17	4月	476	255	405	4	4月	144	188	145	
18	5月	287	492	328	5	5月	103	156	94	
19	6月	325	262	208	6	6月	70	63	90	
20					1					
21					2					
22					3					
23					4					
24					5					
25					6					
26										

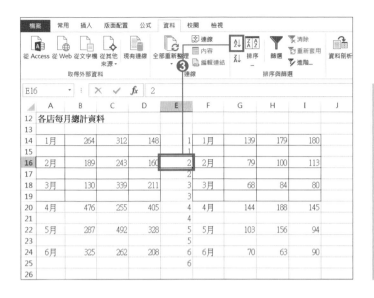

Check!

將 2 組連續編號「1」～「6」以升冪的方式排序後, 編號會以「1」、「1」、「2」、「2」的方式排列, 利用這個方法可以在 6 列的表格中, 以隔列的方式插入空白列。當有 10 列的表格資料時, 可以輸入 2 組「1」～「10」的連續編號來完成。

STEP 2 以忽略第 2 個表格空白列的方式將資料貼到第 1 個表格

❶ 選取第 2 個表格的資料範圍, 然後從**常用**頁次**剪貼簿**區中按下**複製**鈕。

❷ 選取第 1 個表格的第 1 欄第 2 列儲存格, 然後按下**常用**頁次**剪貼簿**區中貼上鈕下方的▼鈕, 接著從選單中選擇**選擇性貼上**。

❸ 開啟**選擇性貼上**交談窗後, 勾選**略過空格**, 然後按下**確定**鈕。

❹ 完成後, 銷售量及來客數 2 個表格資料就會被合併在同一個表格中。

密技 加碼送 將 2 個表格的欄列相互交換後合併成 1 個表格！

要將 2 個表格的欄列相互交換後並合併成 1 個表格時, 請先執行 **STEP1** 的操作後, 再將表格的欄列互換。

❶ 以複製/貼上的方式, 讓 2 個表格資料顯示在相同的欄位上。

❷ 在最後一列輸入 2 次「1」～「3」的連續編號。

❸ 選取 B14：G27 儲存格範圍, 然後按下**資料**頁次**排序與篩選**區中的**排序**鈕。

❹ 開啟**排序**交談窗後, 按下**選項**鈕。

❺ 開啟**排序選項**視窗後, 在**方向**區中選擇**循列排序**, 然後按下**確定**鈕。

❻ 複製第 2 個表格的資料後, 選取第 1 個表格第 3 欄第 1 列儲存, 然後從**常用**頁次的**剪貼簿**區中按下**貼上**鈕下方的▼鈕, 接著從選單中選擇**選擇性貼上**。

❼ 開啟**選擇性貼上**交談窗後, 勾選**略過空格**, 再按下**確定**鈕。

❽ 完成後, 銷售量及來客數 2 個表格資料就會以欄列互換的方式, 合併成在同 1 個表格中。

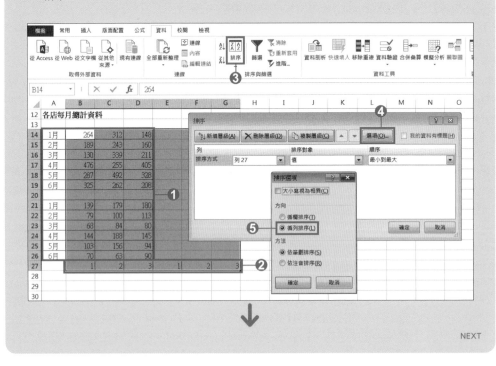

NEXT

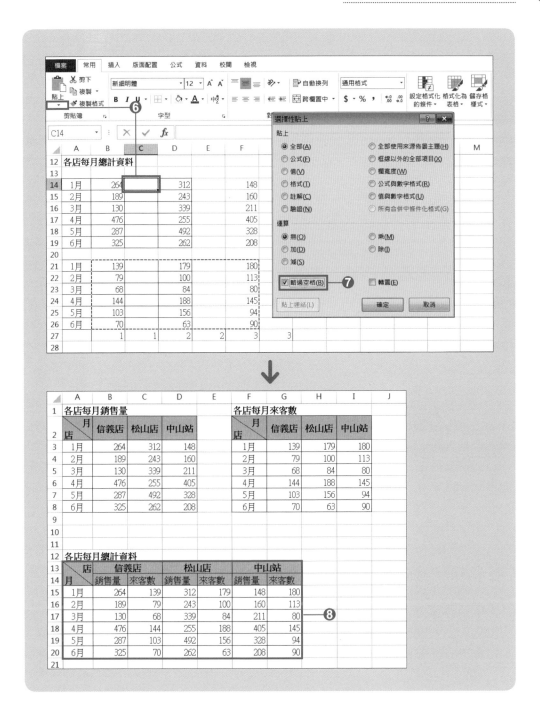

密技 02 ｜ 將多個表格資料整合到相同表格中！

一次 OK 的重點提示 使用「剪貼簿」工作窗格

整合多個表格/工作表！

想要將依照月份區分的客戶來店記錄工作表資料合併到同一個表格。切換到每個表格複製後再貼上的方法, 在操作上會很麻煩。想要利用簡單快速的方法, 將資料整合到相同表格中。

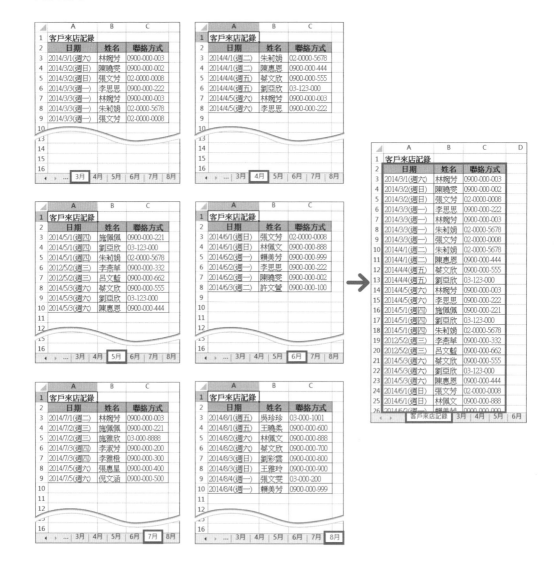

STEP
1 **開啟「剪貼簿」工作窗格，複製所有表格內容**

❶ 從**常用**頁次**剪貼簿**區中按下 🔲 鈕，開啟**剪貼簿**工作窗格。

❷ 選取各工作表中想要複製的範圍後，按下**常用**頁次**剪貼簿**區中的**複製**鈕，將資料全部收集到剪貼簿中。

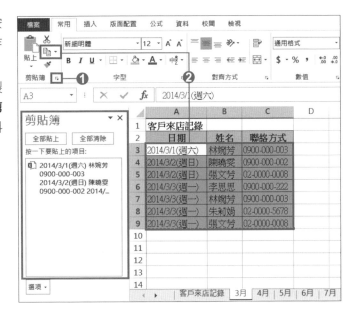

STEP
2 **在「剪貼簿」工作窗格中執行「全部貼上」**

❶ 點選**客戶來店記錄**工作表的儲存格 A3，然後按下**剪貼簿**工作窗格中的**全部貼上**鈕。

❷ 完成後，「3 月」～「8 月」工作表中的客戶來店記錄就會全部貼到**客戶來店記錄**工作表中。

Check！

即使關閉**剪貼簿**工作窗格後，保存在剪貼簿中的資料並不會被刪除。想要刪除資料時，可以按下**剪貼簿**工作窗格中的**全部清除**鈕。

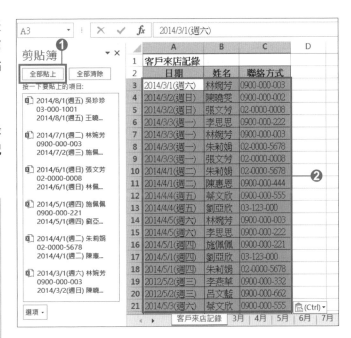

密技 加碼送 從剪貼簿中貼上的日期變成文字字串該怎麼處理？

利用**剪貼簿**貼上資料時, 無法保証所有資料都會原封不動的被貼上, 例如帶有星期的日期資料會被視為文字, 我們來看如何解決這個問題。

●帶有星期的日期資料被視為文字時的處理方法

❶ 選取從剪貼簿貼上的日期資料, 然後按下**資料**頁次**資料工具**區中的**資料剖析**鈕。開啟**資料部析精靈-步驟 3 之 1** 交談窗後, 選擇**分隔符號**。

❷ 在**資料剖析精靈-步驟 3 之 2** 交談窗中, 勾選**其他**, 並在欄位中輸入「(」, 然後按下**下一步**鈕。

❸ 在**資料剖析精靈-步驟 3 之 3** 交談窗中, 點選下方的星期欄後, 再選擇**不匯入此欄**, 最後按下**完成**鈕。

❹ 完成後, 資料會將星期資料刪除, 然後將資料轉換成日期格式。

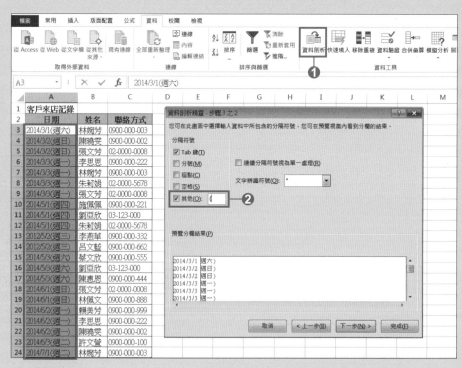

NEXT

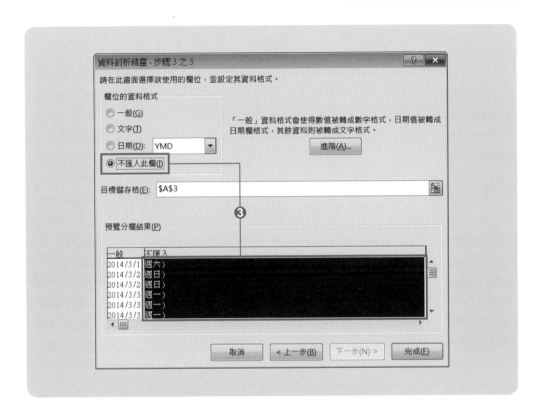

密技
加碼送

移除多個表格中的重複資料後整合到相同表格中

當剪貼簿貼上的資料有重複, 想事先將重複的資料刪除後再貼到表格中時, 可以利用
移除重複鈕刪除重複的資料。

❶ 選取利用剪貼簿貼上的儲存格範圍, 然後從**資料**頁次**資料工具**區中按下**移除重複**
鈕。

❷ 開啟**移除重複**交談窗後, 設定只勾選想要刪除重複資料的欄位名稱, 然後按下**確定**
鈕。

❸ 完成後,「3月」～「8月」工作表中重複的客戶姓名就會被刪除。

NEXT

Check！

想要將姓名及聯絡方式 2 個項目中重複的資料刪除時，要在**移除重複**交談窗中勾選**姓名**及**聯絡方式**欄位。

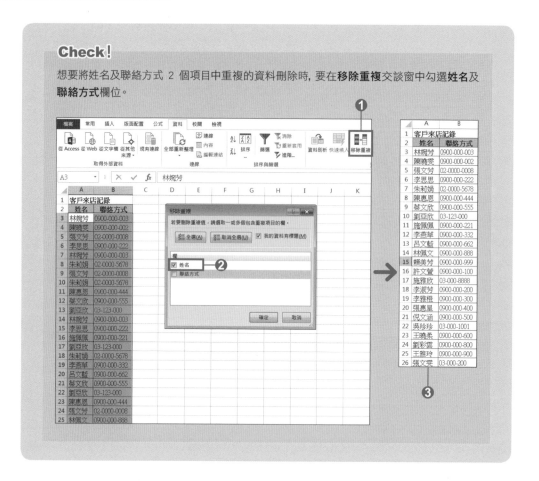

密技
加碼送

將多個活頁簿中的表格整合到同一個活頁簿中

想要將多個活頁簿中的表格整合到同一個活頁簿中的話，要利用**切換視窗**鈕來切換活頁簿，然後將複製的資料暫存到**剪貼簿**工作窗格。

❶ 先開啟**4-1_密技02_密技加碼送 3** 資料夾下的所有活頁簿，然後按下**常用**頁次**剪貼簿**區中的 ⌐ 鈕，開啟**剪貼簿**工作窗格。

❷ 選取第一個活頁簿中的表格儲存格範圍，然後按下**常用**頁次**剪貼簿**區中的**複製**鈕。

NEXT

③ 從**檢視**頁次的**視窗**區中按下**切換視窗**鈕後, 會出現所有開啟的活頁簿名稱選單, 切換到各個工作表並選取表格儲存格範圍後, 按下**複製**鈕。

④ 所有複製的資料都會收集到**剪貼簿**工作窗格, 最後只要按下**切換視窗**鈕, 將視窗切換到要整合的活頁簿 (客戶來店記錄), 然後開啟**剪貼簿**工作窗格, 並選取表格所要貼上位置的儲存格, 接著按下**剪貼簿**工作窗格**全部貼上**鈕。

⑤ 完成後, 所有活頁簿的表格資料就會被貼到同一個活頁簿中。

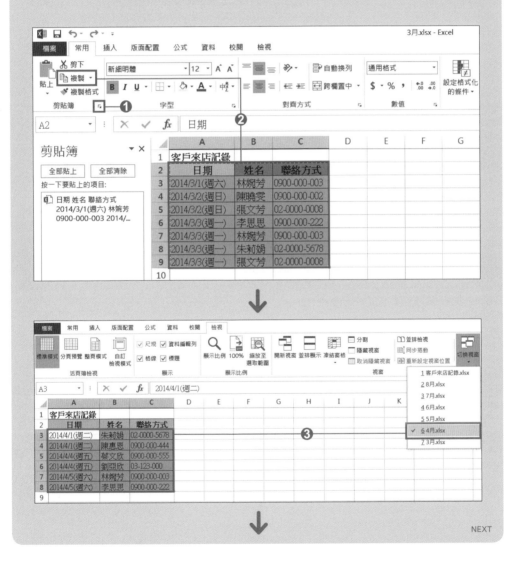

NEXT

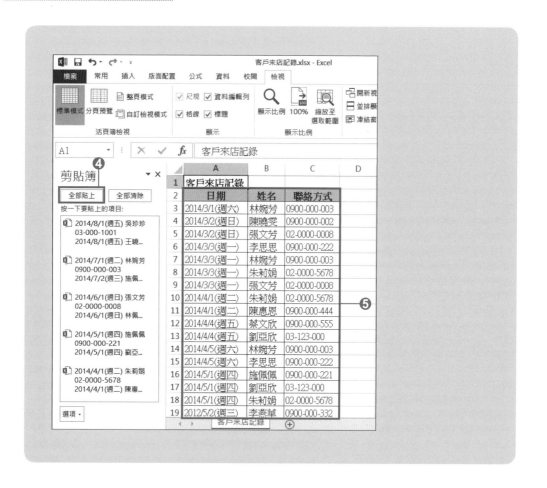

密技 **03** ┃ 將多個工作表的部分欄位整合到
同一個表格中！(數值資料)

一次 OK 的重點提示 使用「合併彙算」功能

整合多個表格/工作表！

此範例的工作表依區域做區分, 每個工作表記錄各區每家分店的每月銷售額。在此想利用簡單快速的方法製作一個只顯示各區旺季期間 (4月、5月、8月、12月) 銷售量的表格。

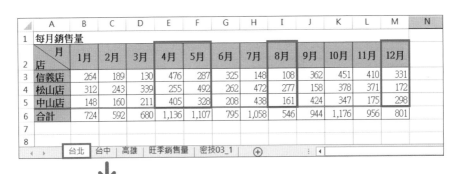

台北

每月銷售量

店＼月	1月	2月	3月	4月	5月	6月	7月	8月	9月	10月	11月	12月
信義店	264	189	130	476	287	325	148	108	362	451	410	331
松山店	312	243	339	255	492	262	472	277	158	378	371	172
中山店	148	160	211	405	328	208	438	161	424	347	175	298
合計	724	592	680	1,136	1,107	795	1,058	546	944	1,176	956	801

台北｜台中｜高雄｜旺季銷售量｜密技03_1

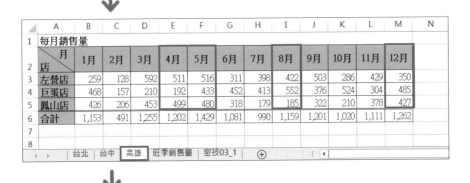

台中

每月銷售量

店＼月	1月	2月	3月	4月	5月	6月	7月	8月	9月	10月	11月	12月
豐原店	219	323	221	346	150	276	286	313	177	119	138	392
大雅店	128	180	129	105	360	302	131	382	279	319	233	136
合計	347	503	350	451	510	578	417	695	456	438	371	528

台北｜台中｜高雄｜旺季銷售量｜密技03_1

高雄

每月銷售量

店＼月	1月	2月	3月	4月	5月	6月	7月	8月	9月	10月	11月	12月
左營店	259	128	592	511	516	311	398	422	503	286	429	350
巨蛋店	468	157	210	192	433	452	413	552	376	524	304	485
鳳山店	426	206	453	499	480	318	179	185	322	210	378	427
合計	1,153	491	1,255	1,202	1,429	1,081	990	1,159	1,201	1,020	1,111	1,262

台北｜台中｜高雄｜旺季銷售量｜密技03_1

旺季銷售量

店＼月	4月	5月	8月	12月
豐原店	346	150	313	392
大雅店	105	360	382	136
信義店	476	287	108	331
松山店	255	492	277	172
中山店	405	328	161	298
左營店	511	516	422	350
巨蛋店	192	433	552	485
鳳山店	499	480	185	427

台北｜台中｜高雄｜旺季銷售量

STEP 1　選取表格標題的欄位後，執行「合併彙算」功能

❶ 請切換到**旺季銷售量**工作表，輸入表格的欄位標題後，選取該儲存格範圍。

❷ 按下**資料**頁次**資料工具**區中的**合併彙算**鈕。

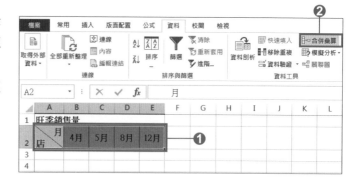

STEP 2　利用「合併彙算」功能將所有工作表的銷售量加總計算

❶ 開啟**合併彙算**交談窗後，從**函數**列示窗中選擇**加總**。

❷ 在**參照位址**欄位上按一下滑鼠左鈕，然後點選**台北**工作表，再選取包含欄標題的儲存格範圍。

❸ 按下**合併彙算**交談窗中的**新增**鈕。

❹ 分別選取其他工作表中包含欄位標題的儲存格範圍後，按下**新增**鈕。

❺ 勾選**標籤名稱來自**區的**頂端列**及**最左欄**後，按下**確定**鈕。

❻ 完成後，所有工作表的 4 月、5 月、8 月、12 月的銷售量就會被整合在同一個表格中。

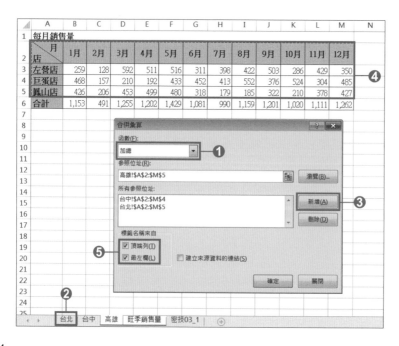

Check!

合併彙算功能可以將各個表格的相同欄標題或列標題中所包含的值集合起來，如同範例，在各個表格中所有不同欄位名稱的情況下，使用**合併彙算**功能後，可以在同一個表格中以縱向的方式將資料整合。

Check!

在**標籤名稱來自**中勾選**頂端列**時，資料會以**參照位址**中所指定的儲存格範圍之欄標題為基準來進行彙算，若勾選**最左欄**，資料則會以**參照位址**中所指定的儲存格範圍之列標題為基準來進行彙算。若 2 個選項都未被勾選時，則會以位置來進行彙算。

Check!

當參照來源的值變更後，希望透過**合併彙算**整合的資料也一併自動更新的話，則要勾選**建立來源資料的連結**。

密技
加碼送

將部分欄位值以指定順序的方式整合成同一個表格

將欄標題或列標題以指定順序的方式整合到同一個表格前，要先將欄標題或列標題以整合的順序輸入。

❶ 在表格中依照想要的順序輸入店名。

❷ 選取輸入好的欄標題及列標題範圍，然後按下**資料**頁次**資料工具**區中的**合併彙算**鈕。

❸ 開啟**合併彙算**交談窗後，自行新增各工作表的參照位址，再勾選**標籤名稱來自**區的**頂端列**及**最左欄**，然後按下**確定**鈕。

❹ 完成後，所有工作表的 4 月、5 月、8 月及 12 月的銷售量就會依指定的順序被整合在同一個表格中。

NEXT

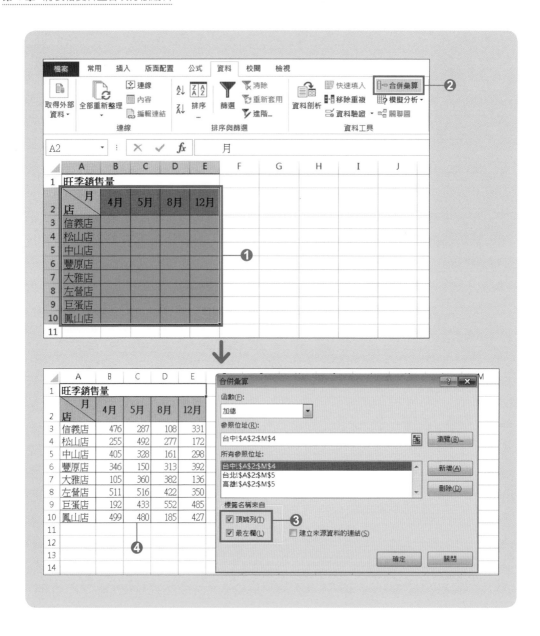

密技 **04** | 將多個工作表的部分欄位整合到同一個表格中！(文字資料)

一次 OK 的重點提示 數值＋使用「合併彙算」功能

整合多個表格/工作表！

想要將各別分開的男性會員及女性會員名單整合在一個表格中。但若只有文字資料，無法利用「合併彙算」功能來整合。想要利用簡單快速的方法將資料整合。

	A	B	C	D	E	F	G
1	會員名單						
2	姓名	生日	地址	電話	手機號碼	E-Mail	
3	林志森	1972/12/3	高雄市中正路15巷1號	07-000-0000	0900-000-002	def@gmail.com	
4	陳世文	1953/9/22	高雄市七賢路9巷18號	03-0000-0000	0900-000-005	123abc@hotmail.com	
5	施建華	1971/3/9	台南市開山路20號	06-000-0000	0900-000-006	aaa111@gmail.com	
6	楊冠志	1978/2/16	台北市興隆路三段22號9樓	02-0000-0000	0900-000-007	bbb2@yahoo.com.tw	
7	李松輝	1979/9/10	高雄市五福路60號	07-000-0000	0900-000-009	ddd012@hotmail.com	
8	陳僡創	1957/7/14	台北市中山北路二段8號3樓	02-0000-0000	0900-000-012	zz@gmail.com	
9							
10							

會員名單(男生) 會員名單(女生) 會員資料

↓

	A	B	C	D	E	F	G
1	會員名單						
2	姓名	生日	地址	電話	手機號碼	E-Mail	
3	陳曉雯	1961/6/8	新北市文化路36號	02-0000-0000	0900-000-001	abc@yahoo.com.tw	
4	張文芳	1966/4/5	台南市民族路二段13號	06-000-0000	0900-000-003	xyz@pchome.com.tw	
5	李思思	1977/1/12	台北市忠孝東路三段16號5樓	02-0000-0000	0900-000-004	xyz000@gmail.com	
6	朱莉娟	1964/8/6	台北市安樂路3巷24號6樓	02-0000-0000	0900-000-008	ccc33@pchome.com.tw	
7	施佩佩	1980/11/11	台中市龍井區藝術南街105號	04-0000-0000	0900-000-010	su99@gmail.com	
8	劉亞欣	1970/4/25	台中市北屯區旅順路二段73號	04-0000-0000	0900-000-011	yy45@hotmail.com	
9							
10							

會員名單(男生) 會員名單(女生) 會員資料

↓

	A	B	C	D
1	會員名單			
2	姓名	手機號碼	E-Mail	
3	陳曉雯	0900-000-001	abc@yahoo.com.tw	
4	張文芳	0900-000-003	xyz@pchome.com.tw	
5	李思思	0900-000-004	xyz000@gmail.com	
6	朱莉娟	0900-000-008	ccc33@pchome.com.tw	
7	施佩佩	0900-000-010	su99@gmail.com	
8	劉亞欣	0900-000-011	yy45@hotmail.com	
9	林志森	0900-000-002	def@gmail.com	
10	陳世文	0900-000-005	123abc@hotmail.com	
11	施建華	0900-000-006	aaa111@gmail.com	
12	楊冠志	0900-000-007	bbb2@yahoo.com.tw	
13	李松輝	0900-000-009	ddd012@hotmail.com	
14	陳僡創	0900-000-012	zz@gmail.com	
15				
16				

會員名單(男生) 會員名單(女生) 會員資料

STEP 1 將想要匯整到同一個表格的欄位值與分隔符號連結成同一字串

❶ 分別選取**會員名單(男生)**及**會員名單(女生)**工作表中的儲存格 G3, 然後輸入公式
「=A3&"/"&E3&"/"&F3」。

Check!

結合的分隔符號是為了在 **STEP4** 的**資料剖析精靈**中要用來分隔欄位的文字, 當欄位的字串內容中
出現分隔符號時, 該文字也會被視為分隔符號, 因此在欄位中的值不可以出現分隔符號。

STEP 2 建立數值欄

❶ 分別選取**會員名單(男生)**及**會員名單(女生)**工作表中的儲存格 H3, 然後輸入「1」。

❷ 選取儲存格範圍 G3：H3, 然後將公式往下複製。

Check!

在表格中新增數值欄位後, 才可以使用**合併彙算**功能。

STEP 3 在「合併彙算」功能中, 將所有工作表的數值加總

❶ 選取**會員資料**工作表的儲存格 A3, 然後按下**資料**頁次**資料工具**區中的**合併彙算**鈕。

❷ 開啟**合併彙算**交談窗後, 從**函數**列示窗中選擇**加總**。

❸ 在**參照位址**欄位上按一下滑鼠左鍵, 然後在**會員名單(男生)**工作表中選取 G3:H8 儲存格範圍, 再按下**新增**鈕。

❹ 在**會員名單(女生)**工作表中, 同樣選取 G3:H8 儲存格範圍。

❺ 勾選**標籤名稱來自**區的**最左欄**後, 按下**確定**鈕。

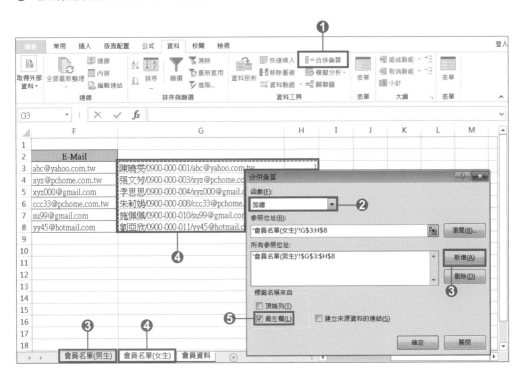

STEP 4　利用「資料剖析」功能將結合的文字分割

❶ 選取**會員資料**工作表的儲存格 A3：A14, 按下**資料**頁次**資料工具**區中的**資料剖析**鈕。

❷ 出現**資料部析精靈-步驟 3 之 1** 交談窗後, 選擇**分隔符號**, 並按**下一步**鈕。

❸ 在**資料剖析精靈-步驟 3 之 2** 交談窗中, 勾選**其他**, 並在欄位中輸入「/」, 然後按下**下一步**鈕。

❹ 在**資料剖析精靈-步驟 3 之 3** 交談窗中, 直接按下**完成**鈕。

❺ 完成後, 原來顯示在 2 個工作表的會員名單就會被整合成單一表格。

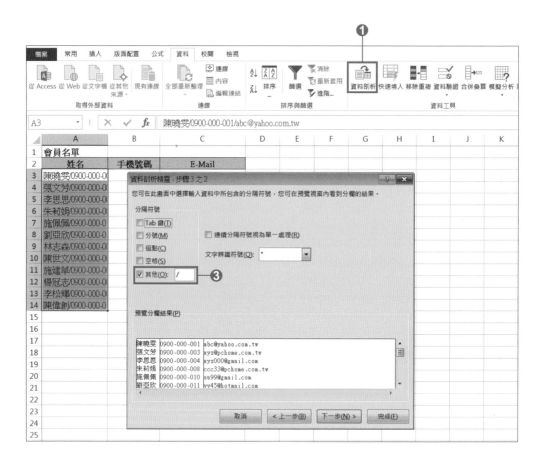

密技 05 | 將追加的資料自動新增到整合的表格中！

一次 OK 的重點提示 取出工作表名稱後，將該儲存格範圍以間接參照方式取出

整合多個表格/工作表！

想要從以工作表區分縣市名稱的會員名單中，製作一個全國的會員名單。使用「剪貼簿」及「合併彙算」功能都無法自動更新後來新增的名單。想利用簡單快速的方法，製作可以自動追加新增名單資料的表格。

	A	B	C	D
1	會員名單			
2	姓名 ▼	生日 ▼	地址 ▼	▼
3	陳曉雯	26458	新北市文化路36號	台北
4	林志森	30653	台北市中正路15巷1號	台北
23	陳世文	23642	新竹市七賢路48號	新竹
33	施建華	30019	苗栗縣五谷街120號	苗栗
43	楊冠志	32555	台中市龍井區藝術南街105號	台中
44	朱莉娟	27612	台中市北屯區旅順路二段73號	台中
53	李松志	33126	彰化市光復路60號	彰化
63	施佩佩	33553	南投市玉井街105號	南投
95				
96				

目錄 | 全國 | 台北 | 桃園 | 新竹 | 苗栗 | 台中 | 彰化 | 南投

	A	B	C	D	E	F
1	會員名單					
2	姓名 ▼	生日 ▼	地址 ▼	▼		
3	陳曉雯	26458	新北市文化路36號	台北		
4	林志森	30653	台北市中正路15巷1號	台北		
5	張志華	26659	台北市民族路二段13號	台北		
33	施建華	30019	苗栗縣五谷街120號	苗栗		
43	楊冠志	32555	台中市龍井區藝術南街105號	台中		
44	朱莉娟	27612	台中市北屯區旅順路二段73號	台中		
53	李松志	33126	彰化市光復路60號	彰化		
63	施佩佩	33553	南投市玉井街105號	南投		
73	張美雅	28248	花蓮市民權路26號	花蓮		
74	許瓊芸	32629	花蓮市建國路二段15號	花蓮		
75	許郁美	24395	花蓮市中興路 125號	花蓮		
83	許美美	27981	宜蘭縣三星路六段 5 號	宜蘭		
84	陳志賢	22532	宜蘭下湖路88號	宜蘭		
95						

目錄 | 全國 | 台北 | 桃園 | 新竹 | 苗栗 | 台中 | 彰化 | 南投 | 花蓮 | 宜蘭

STEP 1 在名稱的「參照到」中使用 GET.WORKBOOK 函數, 取出活頁簿中所有工作表名稱

❶ 從**公式**頁次的**已定義之名稱**區中點選**定義名稱**鈕。

❷ 出現**新名稱**交談窗後, 在**名稱**欄輸入「工作表名稱」, 然後在**範圍**選單中選擇**活頁簿**。

❸ 在**參照到**欄位輸入「=GET.WORKBOOK(1)&T(NOW())」, 然後按下**確定**鈕。

❹ 在**目錄**工作表中選取要顯示工作表名稱的儲存格 B6, 然後輸入公式「=REPLACE(INDEX(工作表名稱, ROW(A3)), 1, FIND("]", 工作表名稱), "")」。

❺ 將公式一直往下複製到想要追加的工作表數量為止。

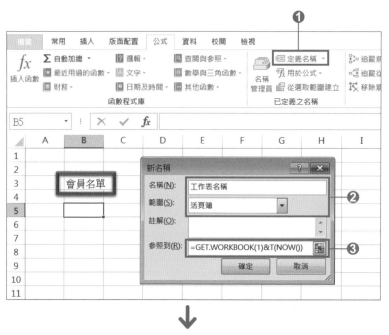

⑥ 為了不要顯示出錯誤值, 先選取公式複製的儲存格範圍, 然後從**常用**頁次**樣式**區中按下**設定格式化的條件**鈕, 接著從選單中選擇**新增規則**。

⑦ 開啟**新增格式化規則**交談窗後, 選擇**只格式化包含下列的儲存格**。

⑧ 在下方規則選單中選擇**錯誤值**。

⑨ 按下**格式**鈕, 開啟**儲存格格式**交談窗後, 切換到**字型**頁次, 將字型色彩設定成「白色」, 接著按下**確定**鈕。

⑩ 完成後, 就會從第 3 個工作表開始顯示活頁簿中的工作表名稱。

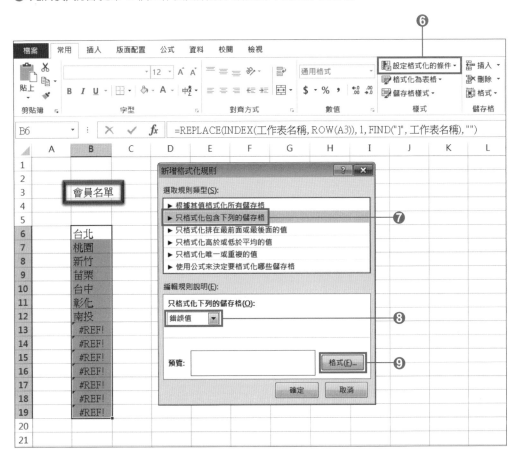

✓公式 Check！

• GET.WORKBOOK 函數是 Excel 4.0 巨集函數 (到 Excel 4.0 為止被使用的舊函數)。

函數的語法：=GET.WORKBOOK(檢查類型, [活頁簿名稱])

使用 Excel 4.0 巨集函數時, 無法直接輸入在工作表中, 要在 Excel 4.0 巨集工作表中輸入巨集後執行或是以定義名稱的方式使用。

• INDEX 函數會回傳指定欄、列編號中交集的儲存格參照。

函數的語法：陣列形式=INDEX(陣列, 列編號, [欄編號])
參照形式=INDEX(參照, 列編號, [欄編號], [區域編號])

• REPLACE 函數可以將指定字數的字串內容取代成另一指定的字串。

函數的語法：=REPLACE(字串, 起始位置, 字數, 取代字串)

• FIND 函數可以求得指定尋找的字串顯示在字串中的第幾個字數。

函數的語法：=FIND(搜尋的字串, 尋找對象, [起始位置])

• ROW 函數會回傳儲存格的列編號。

函數的語法：=ROW(參照)

「=GET.WORKBOOK(1)」公式可以回傳活頁簿中包含的工作表名稱。「&T(NOW())」在資料有變動時會自動重新計算。

在取得資料表名稱時, 一定也會連檔案的檔名及副檔名都一併取得。例如, 當活頁簿的名稱為「04-01-05」, 工作表的名稱為「台北」的情況下, 取出的工作表名稱為「[04-01-05.xlsm]台北」。

若只想要取得工作表名稱時, 就要刪除工作表名稱中到「]」為止的活頁簿名稱。在「=REPLACE(INDEX(工作表名稱, ROW(A3)), 1, FIND("]", 工作表名稱), "")」公式中, 工作表名稱清單中的第 3 個工作表名稱為「[04-01-05.xlsm]台北」, 所以以「]」之前的活頁簿名稱就需要被置換成空白。也就只是要取出工作表名稱「台北」。將公式複製後, 依照指定的列編號就能取出第 4 個、第 5 個……的工作表名稱。

完成後, 就能取出從第 3 個工作表開始的工作表名稱清單。

當活頁簿中有使用 Excel 4.0 巨集函數的情況下, 一定要將檔案格式儲存成「Excel 啟用巨集的活頁簿(*.xlsm)」。

另外, 在工作表中套用超連結的操作方法, 請參考 4-3 節中**密技19** 的說明。

STEP 2 利用 INDEX 函數＋ROW 函數, 撰寫重複顯示的工作表名稱次數為在各工作表的表格可以輸入的資料筆數之公式

① 選取**全國**工作表中的 D3 儲存格, 輸入公式「=INDEX(目錄!$B$6:$B$18, ROW(A10)/10)」。

② 為了增加工作表公式, 請將公式往下多複製一點。

D3	▼	:	✕ ✓ fx	=INDEX(目錄!$B$6:$B$18, ROW(A10)/10)	①			
◢	A	B	C	D	E	F	G	H
1	會員名單							
2	姓名	生日	地址					
3				台北				
4								
5								
6								
7								
8								
9				②				
10								
11								
12								
13								
14								
15								

✓公式 Check !

「=INDEX(目錄!$B$6:$B$18, ROW(A10)/10)」公式中, INDEX 函數的引數「列編號」被指定成「1」, 所以會取得儲存格 B6：B18 工作表清單中的第一個工作表名稱。公式往下複製後, 列編號會一直著變動, 因此到第 10 列為止「列編號」為「1」, 第 11 列～20 列為「2」, 第 21 列～30 列為「3」, 儲存格 B6：B18 的工作表名稱就會以 10 列為一個單位被取出。

這裡將各工作表的資料筆數預設成 10 筆, 但資料筆數要依照實際的情況做調整。例如資料筆數為 20 筆的表格時, 要將公式修改成「=INDEX(目錄!$B$6:$B$18, ROW(A20)/20)」。

STEP 3　利用 INDEX ＋INDIRECT ＋IF ＋COUNTIF ＋COLUMN 函數取出從 D 欄工作表名稱的指定儲存格範圍之名單

❶ 選取**全國**工作表的儲存格 A3，然後輸入公式

「=INDEX(INDIRECT($D3&"!$A$4:$C$13"),IF($D3=$D2,COUNTIF($D$3:$D3,$D3),1),COLUMN(A1))」。

❷ 為了追加工作表公
式，請將公式往下多
複製一點。

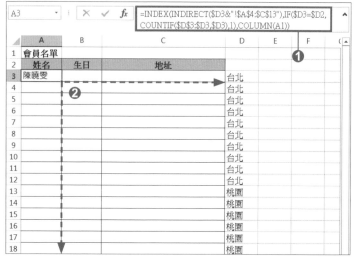

✓ 公式 Check！

• IF 函數會先判斷條件式是否成立才決定回傳內容。

函數的語法：=IF(條件式, [條件成立], [條件不成立])

引數「條件式」滿足指定的條件式時，會回傳「條件成立」的值，不滿足的情況下，會回傳
「條件不成立」的值。

• INDIRECT 函數可以將參照儲存格中的值當成指定的參照位址。

函數的語法：=INDIRECT(參照字串, [參照形式])

• COUNTIF 函數會計算滿足條件的儲存格個數。

函數的語法：=COUNTIF(條件範圍, 搜尋條件)

• COLUMN 函數則會回傳儲存格的欄編號。

函數的語法：=COLUMN(參照)

「IF($D3=$D2, COUNTIF($D$3:$D3),$D3),1)」公式的條件為「儲存格 D3 的工作表名稱與上
個工作表名稱相同的情況下」。滿足條件時，將相同工作表名稱的個數相加；未滿足條件時，
會回傳「1」。也就是相同工作表名稱的第 1 列為「1」，第 2 列一直到變成下一個工作表名
稱的列為止，會以「2」「3」的方式來計數。

將這個值當成 INDEX 函數的引數「列編號」使用,將公式「=INDEX(INDIRECT($D3&"!$A$4:$C$13"), IF($D3=$D2, COUNTIF($D$3:$D3,$D3), 1), COLUMN(A1))」往下複製後,引數「欄編號」會隨著公式而變動,因此編號就會依照 D 欄工作表名稱的儲存格範圍 A4:C13 的第 1 列開始取出。

追加工作表後,從 **STEP1** 的公式中將新增的工作表名稱新增到清單中,同時讓 **STEP2** 的公式也能在 D 欄位中取得新增的工作表名稱,從 **STEP3** 的公式中取出追加工作表中表格裡的名單資料。

STEP 4　利用篩選功能選出空白儲存格及錯誤值以外的資料

❶ 選取**全國**工作表表格內的任一儲存格,然後從**資料**頁次**排序與篩選**區中按下**篩選**鈕。

❷ 點選任一個篩選按鈕,然後從出現的選單中取消勾選「0」、「空格」或「#REF!」,接著按下**確定**鈕。

❸ 不想顯示 D 欄時,可以將它隱藏起來。

❹ 新增工作表後,將篩選條件設定成「0」及「#REF!」除外後重新篩選,就能將新增的工作表名單資料顯示在表格中。

密技 06 將多個表格依欄位方向整合到同一個表格中！(數值資料)

一次 OK 的重點提示 使用「合併彙算」功能

整合多個表格/工作表！

想要將利用工作表來區分各月銷售量的表格資料，整合到全國的各月銷售表中。到每個工作表中以「複製/貼上」的方法在操作上顯得很麻煩。想要利用更簡單快速的方法來整合。

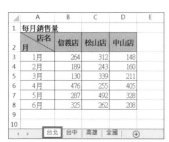

STEP 1 在「合併彙算」功能中，將所有工作表的數值加總

❶ 選取**全國**工作表的儲存格 A2，然後從**資料**頁次的**資料工具**區中按下**合併彙算**鈕。

❷ 開啟**合併彙算**交談窗後，從**函數**選單中選擇**加總**。

❸ 在**參照位址**欄位上按一下滑鼠左鈕，然後在**台北**工作表中選取包含欄位標題的表格儲存格範圍，接著按下**新增**鈕。

❹ 利用相同的方式，選取其他工作表包含欄位名稱的表格儲存格範圍後，按下**新增**鈕，將資料新增到合併彙算中。

❺ 勾選**標籤名稱來自**區的**頂端列**及**最左欄**後，按下**確定**鈕。

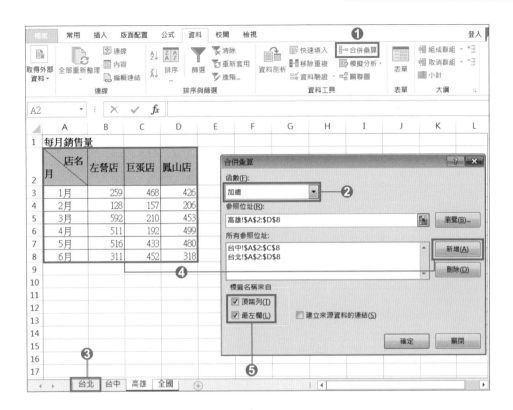

Check!

合併彙算功能可以將各個表格的相同欄標題或列標題中所包含的值集合起來, 如同範例, 在各個表格中所有不同欄位名稱的情況下, 使用**合併彙算**功能後, 可以將在相同的表格中以縱向的方式將資料整合。

Check!

在**標籤名稱來自**中勾選**頂端列**時, 資料會以**參照位址**中所指定的儲存格範圍之欄標題為基準來進行彙算, 若勾選**最左欄**時, 資料則會以**參照位址**中所指定的儲存格範圍之列標題為基準來進行彙算。若2個選項都未被勾選時, 則會以位置來進行彙算。

Check!

當參照來源的值變更後, 希望透過**合併彙算**整合的資料也一併自動更新的話, 則要勾選**建立來源資料的連結**。

密技
加碼送

所有工作表的表格欄位名稱相同時？

在所有工作表的表格欄位名稱相同的情況下, 使用**合併彙算**功能的話, 相同欄位的數值會被相加。這時, 只要在工作表的欄位名稱上方標上不同的順序號碼即可。

另外, 還可以以工作表名稱為基準, 以橫向的方式將資料整合到同一個表格。詳細的操作方法請參考 4-33 頁**密技08** 的說明。

❶ 分別在「2013 年」、「2014 年」、「2015 年」工作表的欄位名稱上方插入一列, 並輸入數字 1～3、4～6、7～9。

❷ 選取**2013年～2015年**工作表的儲存格 A2, 然後執行**合併彙算**。將各個工作表的表格資料且包含輸入的數字資料範圍, 新增到**所有參照位址**欄。

❸ 完成後,「2013 年」～「2015 年」工作表中各店的銷售量就會以橫向的方式顯示。將第一列的數字刪除後, 再將表格美化。

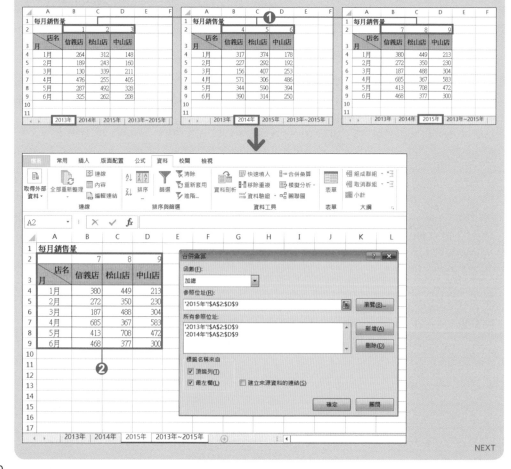

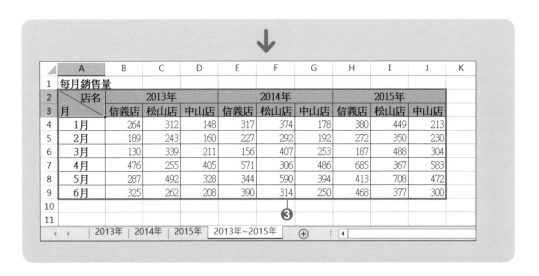

	A	B	C	D	E	F	G	H	I	J	K
1	每月銷售量										
2	店名	2013年			2014年			2015年			
3	月	信義店	松山店	中山店	信義店	松山店	中山店	信義店	松山店	中山店	
4	1月	264	312	148	317	374	178	380	449	213	
5	2月	189	243	160	227	292	192	272	350	230	
6	3月	130	339	211	156	407	253	187	488	304	
7	4月	476	255	405	571	306	486	685	367	583	
8	5月	287	492	328	344	590	394	413	708	472	
9	6月	325	262	208	390	314	250	468	377	300	
10											
11											

❸

| 2013年 | 2014年 | 2015年 | 2013年~2015年 |

密技 07 | 將多個表格依欄位方向整合到同一個表格中！(文字資料)

一次 OK 的重點提示 使用 INDEX ＋ INDIRECT ＋ MATCH 函數

整合多個表格/工作表！

想要將利用工作表來區分校區的講師授課表，整合到全校講師的授課表中。利用**密技 06** 的方法無法完成。想要利用更簡單快速的方法來整合。

	A	B	C	D	E	F	G	H	I
1	全校講師授課表								
2	課程	館前校	西門校	永和校	站前校	大雅校	中正校	左營校	
3	MOS	陳創志	劉亞欣	李松志	李思思	張文方	李文宏	許筑萱	
4	MOS Expert	施佩佩	朱莉娟	施建華	林志森	歐倩茹	蔡靜文	陳恩志	
5	MCT				林志森	陳曉雯			
6	Excel VBA Basic	夏祖美	朱莉娟	楊冠志					
7	Excel VBA Standard	陳創志	陳世文	楊冠志					
8									

| 台北校 | 台中校 | 高雄校 | 全校 |

STEP 1　輸入各個工作表名稱、列標題、欄標題

❶ 將各個工作表中的欄標題依照順序輸入, 以當成整合表格的欄位標題。

❷ 將所有工作表的列標題以不重複的方式輸入, 以當成整合表格的列標題。

❸ 在整合表格的下方依照所有工作表欄位數輸入工作表名稱, 然後在欄位名稱的下一列輸入編號。

	A	B	C	D	E	F	G	H	I
1	全校講師授課表								
2	課程	館前校	西門校	永和校	站前校	大雅校	中正校	左營校	
3	MOS								
4	MOS Expert								
5	MCT								
6	Excel VBA Basic								
7	Excel VBA Standard								
8									
9		台北校	台北校	台北校	台中校	台中校	高雄校	高雄校	
10		1	2	3	1	2	1	2	
11									

Check!

想要快速的將多個工作表中列標題, 以不重複的方式貼到整合表格時, 可以參考 4-9 頁**密技02** 中**密技加碼送**的介紹。

STEP 2　利用 INDEX ＋INDIRECT＋MATCH 函數取得講師名字

❶ 選取儲存格 B3, 然後輸入公式「=INDEX(INDIRECT(B$9&"!B3:D6"), MATCH($A3, INDIRECT(B$9&"!A3:A6"), 0), B$10)」。

❷ 將公式往右並往下複製。

❸ 完成後, 依校區區分的講師授課表, 就會被整合到全校講師授課表中了。

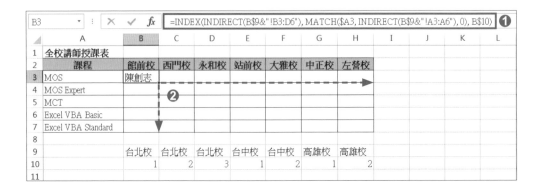

B3		× ✓ fx	=INDEX(INDIRECT(B$9&"!B3:D6"), MATCH($A3, INDIRECT(B$9&"!A3:A6"), 0), B$10) ❶								
	A	B	C	D	E	F	G	H	I	J	K	L
1	全校講師授課表										
2	課程	館前校	西門校	永和校	站前校	大雅校	中正校	左營校			
3	MOS	陳創志									
4	MOS Expert										
5	MCT										
6	Excel VBA Basic										
7	Excel VBA Standard										
8											
9		台北校	台北校	台北校	台中校	台中校	高雄校	高雄校			
10		1	2	3	1	2	1	2			
11											

✓公式 Check！

- INDEX 函數會回傳指定欄、列編號中交集的儲存格參照, INDIRECT 函數可以將參照儲存格中的值當成指定的參照位址 (詳細解說請參考 4-24 頁)。

- MATCH 函數會回傳搜尋值在範圍內的相對位置。

  函數的語法：=MATCH(搜尋值, 搜尋範圍,[比對的種類])

  引數「比對的種類」如何指定搜尋範圍的方法,請參考底下表格。

比對的種類	搜尋範圍的方法
0、FALSE	搜尋與「搜尋值」完全一致的值
1、TRUE、省略	搜尋不到「搜尋值」時, 便搜尋「搜尋值」以下的最大值 ※在此狀況下,「搜尋範圍」的資料必須以遞增排列
-1	搜尋不到「搜尋值」時, 便搜尋「搜尋值」以上的最小值 ※在此狀況下,「搜尋範圍」的資料必須以遞減排列

在「MATCH($A3, INDIRECT(B$9&"!A3:A6")」的公式中, 整合表格中儲存格 A3 的課程名稱是從「台北校」工作表儲存格 A3：A6 的課程欄位的第 1 列開始到第幾列中所取得的。

資料取出的列數指定成 INDEX 函數的引數「列編號」, 將公式撰寫成「=INDEX(INDIRECT(B$9&"!B3:D6"), MATCH($A3, INDIRECT(B$9&"!A3:A6"), 0), B$10)」後, 整合表格中儲存格 A3 的課程名稱就會從「台北校」工作表儲存格 B3：D6 的第一列中取出講師名。將公式複製後, 會指定各個不同的課程名稱、整合表格下方所輸入的工作表名稱、輸入編號的欄位儲存格, 因此可以將依校區來區分講師授課表的資料整合成全校講師授課表。

密技 08　將多個工作表的表格依照工作表名稱整合到同一個表格中！

一次 OK 的重點提示 使用 INDEX + INDIRECT + ROW + COLUMN 函數

整合多個表格/工作表！

想要將利用工作表來區分每年的月份銷售額資料, 整合到以工作表名稱為欄位標題的表格中。利用複製/貼上的方法在操作上太麻煩了。想要利用更簡單快速的方法來整合。

每月銷售量									
店名	2013年			2014年			2015年		
月	信義店	松山店	中山店	信義店	松山店	中山店	信義店	松山店	中山店
1月	264	312	148	317	374	178	380	449	213
2月	189	243	160	227	292	192	272	350	230
3月	130	339	211	156	407	253	187	488	304
4月	476	255	405	571	306	486	685	367	583
5月	287	492	328	344	590	394	413	708	472
6月	325	262	208	390	314	250	468	377	300
	2013年	2013年	2013年	2014年	2014年	2014年	2015年	2015年	2015年

| 2013年 | 2014年 | 2015年 | 2013年~2015年 | ⊕ |

STEP 1　將工作表名稱依照各欄位個數輸入

❶ 在整合表格下方分別依照各工作表欄位個數輸入工作表名稱。

每月銷售量									
店名	2013年			2014年			2015年		
月	信義店	松山店	中山店	信義店	松山店	中山店	信義店	松山店	中山店
1月									
2月									
3月									
4月									
5月									
6月									
	2013年	2013年	2013年	2014年	2014年	2014年	2015年	2015年	2015年

❶

STEP 2 利用使用 INDEX ＋INDIRECT ＋ROW ＋COLUMN 函數取出銷售量

❶ 選取儲存格 B4 並輸入公式「=INDEX(INDIRECT(B$10&"!B3:B8"), ROW($A1), COLUMN($A1))」；選取儲存格 C4 並輸入公式「=INDEX(INDIRECT(C$10&"!C3:C8"), ROW($A1), COLUMN($A1))」；選取儲存格 D4 並輸入公式「=INDEX(INDIRECT(D$10&"!D3:D8"), ROW($A1), COLUMN($A1))」。

❷ 選取儲存格範圍 B4：D4, 將公式往下複製後, 再往右複製。

❸ 完成後, 依年份區分的工作表之月份銷售量資料, 就會被整合到欄標題為工作表名稱的年份之儲存格中。

| B4 | | ✕ ✓ fx | =INDEX(INDIRECT(B$10&"!B3:B8"), ROW($A1), COLUMN($A1)) ❶ |

▲	A	B	C	D	E	F	G	H	I	J	K
1	每月銷售量										
2	店名	2013年			2014年			2015年			
3	月	信義店	松山店	中山店	信義店	松山店	中山店	信義店	松山店	中山店	
4	1月	264	312	148							
5	2月		❷								
6	3月										
7	4月										
8	5月										
9	6月										
10		2013年	2013年	2013年	2014年	2014年	2014年	2015年	2015年	2015年	
11											

✓公式 Check！

- INDEX 函數會回傳指定欄、列編號中交集的儲存格參照；INDIRECT 函數可以將參照儲存格中的值當成指定的參照位址 (詳細解說請參考 4-21 頁**密技05** 的介紹)。

- ROW 函數會回傳儲存格的列編號；COLUMN 函數則會回傳儲存格的欄編號。

  函數的語法：=ROW(參照)
  函數的語法：=COLUMN(參照)

  「=INDEX(INDIRECT(B$10&"!B3:B8"), ROW($A1), COLUMN($A1))」公式中, 欄/列編號皆為「1」, 所以可以從儲存格 B10 的「2013 年」工作表儲存格範圍 B3：B8 中取出第一欄第一列的銷售量。

  「=INDEX(INDIRECT(C$10&"!C3:C8"), ROW($A1), COLUMN($A1))」公式中, 可以從儲存格 C10 的「2013 年」工作表儲存格範圍 C3：C8 中取出第一欄第一列的銷售量。

  「=INDEX(INDIRECT(D$10&"!D3:D8"), ROW($A1), COLUMN($A1))」公式中, 可以從儲存格 D10 的「2013 年」工作表儲存格範圍 D3：D8 中取出第一欄第一列的銷售量。

  公式複製後, 會指定各個不同的工作表名稱的儲存格、欄/列編號, 因此可以將依年份區分的工作表之月份銷售量資料整合到欄位名稱為工作表名稱的年份之欄位中。

密技 加碼送 將工作表名稱當成列標題後將資料整合!

要將工作表名稱當成整合表格的列標題時,公式中 INDEX 函數的引數「列編號」要利用 COLUMN 函數指定,引數「欄編號」則利用 ROW 函數指定。

❶ 在整合表格右邊相鄰的空白欄中,依照各工作表欄位個數輸入工作表名稱。

❷ 切換到 **2013年～2015 年**工作表,選取儲存格 C3 並輸入公式「=INDEX(INDIRECT ($I3&"!B3:B8"), COLUMN(A$1), ROW(A$1))」。

選取儲存格 C4 並輸入公式「=INDEX(INDIRECT($I4&"!C3:C8"), COLUMN(A$1), ROW(A$1))」。

選取儲存格 C5 並輸入公式「=INDEX(INDIRECT($I5&"!D3:D8"), COLUMN(A$1), ROW(A$1))」。

❸ 選取儲存格範圍 C3:C5,將公式往下複製後,再往右複製。

❹ 完成後,依年份區分的工作表之月份銷售量資料就會被整合到列標題為工作表名稱的年份之儲存格中。

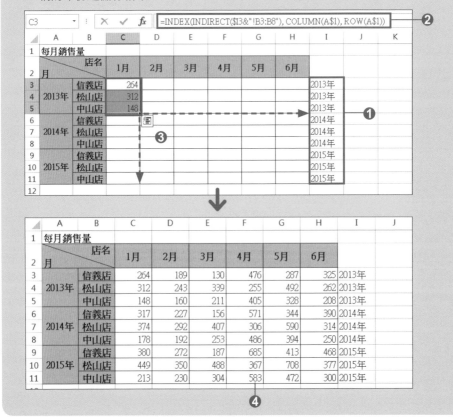

密技 **09** 將其他表格中搜尋到的資料，填入表格的新欄位！

一次 OK 的重點提示 使用 VLOOKUP 函數

整合多個表格/工作表！

想要將客戶名單中的地址欄位插入活動 DM 發送清單中。從客戶名單中利用姓名一筆一筆的尋找出相對應的地址資料的方法，會花費很時間時且容易出錯。想要利用更簡單快速的方法來整合。

DM發送清單

姓名	電話
楊冠志	04-1234-5678
歐倩茹	06-123-4567
陳創志	0900-000-012
蘇永成	0900-000-014
陳曉雯	0900-000-001
彭小英	0900-000-016
張永信	0900-000-018
李文宏	0900-000-013
劉亞欣	0900-000-011
李思思	0900-000-004
施佩佩	0900-000-010
張文芳	02-0000-9876
施建華	0900-000-006
陳綺珍	02-1111-2222
歐陽芬	0900-000-017

客戶名單

姓名	電話	地址
陳曉雯	0900-000-001	新北市文化路36號
林志森	0900-000-002	台北市中正路15巷1號
張文芳	02-0000-9876	台北市民族路二段13號
李思思	0900-000-004	桃園市忠孝東路三段16號5樓1
陳世文	0900-000-005	新竹市七賢路9巷18號
施建華	0900-000-006	苗栗縣五谷街120號
楊冠志	04-1234-5678	台中市龍井區藝術南街105號
朱莉娟	0900-000-008	台中市北屯區旅順路二段73號
李松志	0900-000-009	彰化市光復路60號
施佩佩	0900-000-010	南投市玉井街105號
劉亞欣	0900-000-011	雲林縣斗六市雲林路二段73號
陳創志	0900-000-012	嘉義市東區學府路二段8號3樓
歐倩茹	06-123-4567	台南市中正路100號
李文宏	0900-000-013	高雄市三多路20號3樓
蘇永成	0900-000-014	台北市信義區信義路二段500號
陳綺珍	02-1111-2222	新北市土城區中央路六段200號
彭小英	0900-000-016	苗栗縣竹南鎮光復三路18號
歐陽芬	0900-000-017	台中市梧棲區中華路四段160號
張永信	0900-000-018	高雄市楠梓區昌聖路22號

DM發送清單

姓名	電話	地址
楊冠志	04-1234-5678	台中市龍井區藝術南街105號
歐倩茹	06-123-4567	台南市中正路100號
陳創志	0900-000-012	嘉義市東區學府路二段8號3樓
蘇永成	0900-000-014	台北市信義區信義路二段500號
陳曉雯	0900-000-001	新北市文化路36號
彭小英	0900-000-016	苗栗縣竹南鎮光復三路18號
張永信	0900-000-018	高雄市楠梓區昌聖路22號
李文宏	0900-000-013	高雄市三多路20號3樓
劉亞欣	0900-000-011	雲林縣斗六市雲林路二段73號
李思思	0900-000-004	桃園市忠孝東路三段16號5樓1
施佩佩	0900-000-010	南投市玉井街105號
張文芳	02-0000-9876	台北市民族路二段13號
施建華	0900-000-006	苗栗縣五谷街120號
陳綺珍	02-1111-2222	新北市土城區中央路六段200號
歐陽芬	0900-000-017	台中市梧棲區中華路四段160號

利用 VLOOKUP 函數從名單中搜尋並取出地址

❶ 選取 **DM 發送清單** 工作表的儲存格 C3，然後輸入公式「=VLOOKUP(A3,客戶名單！$A$3:$C$21, 3, 0)」。

❷ 將公式往下複製。完成後，活動 DM 發送清單中的地址欄位就會顯示從客戶名單中所搜尋到的資料。

| C3 | : | ✕ ✓ | *fx* | =VLOOKUP(A3,客戶名單!$A$3:$C$21,3,0) |

◢	A	B	C	D	E
1	DM發送清單				
2	姓名	電話	地址		
3	楊冠志	04-1234-5678	台中市龍井區藝術南街105號		
4	歐倩茹	06-123-4567			
5	陳創志	0900-000-012			
6	蘇永成	0900-000-014			
7	陳曉雯	0900-000-001			
8	彭小其	0900-000-016			
9	張永信	0900-000-018			
10	李文宏	0900-000-013			
11	劉亞欣	0900-000-011			
12	李思思	0900-000-004			
13	施佩佩	0900-000-010			
14	張文芳	02-0000-9876			
15	施建華	0900-000-006			
16	陳綺珍	02-1111-2222			
17	歐陽芬	0900-000-017			
18					

✓公式 Check！

• VLOOKUP 函數會在搜索範圍縱向做搜尋，從指定的欄抽出與搜尋值相符的值。

函數的語法：=VLOOKUP(搜尋值, 範圍, 欄編號, [搜尋方法])

引數「搜尋方法」是指用來尋找「搜尋值」的方法，指定方法如下。

搜尋方法	搜尋範圍的方法
0、FALSE	搜尋與「搜尋值」完全相符的值
1、TRUE、省略	搜尋不到「搜尋值」時，搜尋僅次於搜尋值的最大值 ※此狀況下，「範圍」最左欄必須以遞增方式排序

「=VLOOKUP(A3, 客戶名單！$A$3:$C$21, 3, 0)」公式中，可以從 **客戶名單** 工作表的儲存格範圍 A3：C21 中第 3 個欄中取出與儲存格 A3 相同的姓名列中的地址欄位。複製公式後，會分別尋找出不同姓名所相對應的地址資料。完成後，就能將 DM 清單置換成客戶名單。

密技 **10** | 將多個活頁簿中的工作表整合到
單一活頁簿中！

一次 OK 的重點提示 使用拉移工作表或「移動或複製」交談窗

整合多個表格/工作表！

想要將分別利用不同活頁簿來記錄「**本店**」及「**分店**」的來店資料，整合到「**全店**」來店記錄活頁簿中。分別開啟每個活頁簿檔案後，再用複製/貼上的方法，在操作上會花費不少時間。想要用更簡單快速的方法來整合。

● 方法 1. 拉曳工作表

STEP 1 將視窗重新排列後, 拉曳工作表

❶ 開啟「範例檔案\Ch04\4-1\4-1_密技10」資料夾下的所有活頁簿, 然後從**檢視**頁次的**視窗**區中按下**並排顯示**鈕。

❷ 開啟**重排視窗**交談窗後, 選擇**垂直並排**, 然後按下**確定**鈕。

❸ 選取想要移動的工作表, 在工作表名稱上按住滑鼠左鈕不放, 將工作表拖移到目的地。若是要以複製方式移動的話, 在移動的同時要按住 Ctrl 鍵。

❹ 完成後, **本店.xlsx** 和**分店.xlsx** 的來店資料就會被插入到**全店.xlsx** 中。

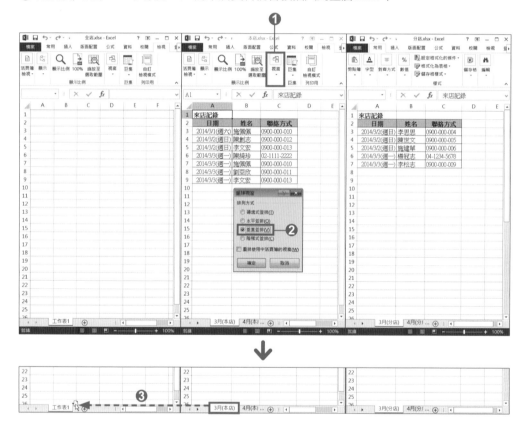

Check!

若無法在畫面中將工作視窗並排的話, 可以利用接下來所要介紹的方法。

●方法 2. 利用「切換視窗」鈕＋「移動或複製」交談窗

STEP 1 利用「移動或複製」交談窗來移動

❶ 開啟所有活頁簿後, 在想要移動的工作表名稱上按一下滑鼠右鈕, 在快顯功能表中選擇**移動或複製**。

❷ 開啟**移動或複製**交談窗後, 若要複製工作表, 則勾選**建立複本**。

❸ 在**活頁簿**列示窗中選擇想要移動到哪個活頁簿 (此例移到**全店**活頁簿)。

❹ 在**選取工作表之前**欄位中設定工作表所要插入的位置, 然後按下**確定**鈕。

❺ 要移動下一個活頁簿中的工作表時, 從**檢視**頁次的**視窗**區中按下**切換視窗**鈕, 然後拉出的選單中選擇想要切換的活頁簿, 接著重複執行步驟 ❶～❺。

❻ 完成後, **本店.xlsx** 和**分店.xlsx** 的來店資料就會被插入**全店.xlsx** 中。

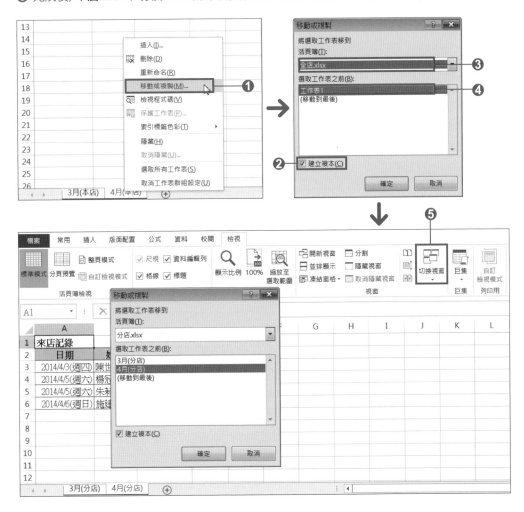

4-2 將單一表格/工作表拆開到多個表格/工作表

密技 01　將表格資料依奇／偶數欄位分別顯示在不同工作表中！

一次 OK 的重點提示 使用 INDEX + ROW + COLUMN 函數

分散單一表格/工作表！

想要將原本二個年度依月份區分的銷售額, 分別依年份拆開到不同工作表中。利用複製/貼上的方法, 在操作上會花費不少時間。想要利用更簡單快速的方法來整合。

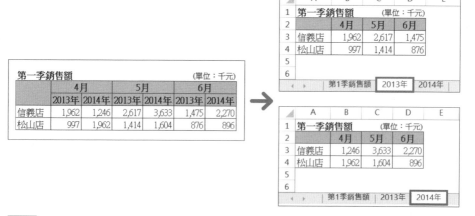

STEP 1　將 COLUMN 函數指定的奇數欄當成 INDEX 函數的「欄編號」

❶ 選取「2013 年」工作表的儲存格 B3, 然後輸入公式「=INDEX(第1季銷售額!$B$4:$G$5, ROW(A1), COLUMN(A1)*2-1)」。

❷ 將公式往下並往右複製。

❸ 完成後, 就能從各個月份的第 1 欄中取得 2013 年的銷售額。

將 COLUMN 函數指定的偶數欄當成 INDEX 函數的「欄編號」

❶ 選取「2014 年」工作表的儲存格 B3，然後輸入公式「=INDEX(第1季銷售額!$B$4:$G$5, ROW(A1), COLUMN(A1)*2)」。

❷ 將公式往下並往右複製。

❸ 完成後，就能從各個月份的第 2 欄中取得 2014 年的銷售額。

B3	▾	:	✕ ✓	*fx*	=INDEX(第1季銷售額!$B$4:$G$5,ROW(A1),COLUMN(A1)*2)		❶

▲	A	B	C	D	E	F	G	H	I	J	K
1	第一季銷售額		(單位：千元)								
2		4月	5月	6月							
3	信義店	1,246									
4	松山店	❷									
5											
6											

第1季銷售額 | 2013年 | 2014年 | ⊕

✔公式 Check！

• INDEX 函數會回傳指定欄、列編號中交集的儲存格參照。

　　函數的語法：陣列形式=INDEX(陣列, 列編號, [欄編號])
　　　　　　　　　參照形式=INDEX(參照, 列編號, [欄編號], [區域編號])

• ROW 函數會回傳儲存格的列編號、COLUMN 函數則會回傳儲存格的欄編號。

　　函數的語法：=ROW(參照)
　　函數的語法：=COLUMN(參照)

「ROW(A1)」公式執行結果為「1」、「COLUMN(A1)*2-1」公式執行結果為「1」。將此欄列編號指定成 INDEX 函數的「列編號」與「欄編號」。將公式撰寫成「=INDEX(第1 季銷售額!$B$4:$G$5, ROW(A1), COLUMN(A1)*2-1」後，即可取得第 1 欄第 1 列的銷售額。將公式往第 2 欄複製後，公式會變成「=INDEX(第 1 季銷售額!$B$4:$G$5, ROW(B1), COLUMN(B1)*2-1」，INDEX 函數的「列編號」會為「1」、「欄編號」會為「3」，因此可以取得原來表格第 3 欄第 1 列的銷售額。

將公式複製後，會依各個儲存格來指定欄編號及列編號以取出同月份中第 1 欄位的 2013 年之銷售額資料，因此可以將表格置換成 2013 年的銷售額表格。

在「=INDEX(第 1 季銷售額!$B$4:$G$5, ROW(A1), COLUMN(A1)*2」公式中 INDEX 函數的「列編號」會為「1」、「欄編號」會為「2」，因此可以得到原來表格第 2 欄第 1 列的銷售額。將公式往第 2 欄複製後，公式會變成「=INDEX(第 1 季銷售額!$B$4:$G$5, ROW(B1), COLUMN(B1)*2」，INDEX 函數的「列編號」會為「1」、「欄編號」會為「4」，因此可以取得原來表格第 4 欄第 1 列的銷售額。

將公式複製後，會依各個儲存格來指定欄編號及列編號以取出同月份中第 2 欄位的 2014 年之銷售額資料，因此可以將表格置換成 2014 年的銷售額表格。

密技 02　將會員名單中的「男」、「女」資料，分別拆開到不同工作表中！(樞紐分析表篇)

一次 OK 的重點提示　使用「樞紐分析表」

分散單－表格/工作表拆開！

想要將會員名單中的「男」、「女」資料分別顯示在不同工作表中。若是自行新增男、女工作表，再利用「複製/貼上」的方法，只要有新增的資料時，就得手動更新資料。 想要用更簡單快速的方法，讓資料可以自動更新。

	A	B	C	D	E	F	G	H
1	會員名單							
2	姓名	性別	生日	地址	電話	手機號碼	E-Mail	
3	陳曉雯	女	1972/6/8	新北市文化路36號	02-000-0000	0900-000-001	abc@yahoo.com.tw	
4	林志森	男	1983/12/3	高雄市中正路15巷1號	07-000-0000	0900-000-002	def@gmail.com	
5	張文芳	女	1977/4/5	台南市民族路二段13號	06-000-0000	0900-000-003	xyz@pchome.com.tw	
6	李思思	女	1988/1/12	台北市忠孝東路三段16號5樓	02-0000-0000	0900-000-004	xyz000@gmail.com	
7	陳世文	男	1964/9/22	高雄市七賢路9巷18號	03-0000-0000	0900-000-005	123abc@hotmail.com	
8	施建華	男	1982/3/9	台南市開山路20號	06-000-0000	0900-000-006	aaa111@gmail.com	
9	楊冠志	男	1989/2/16	台北市興隆路三段22巷9樓	02-0000-0000	0900-000-007	bbb2@yahoo.com.tw	
10	朱莉娟	女	1975/8/6	台北市安樂路3巷24號6樓	02-0000-0000	0900-000-008	ccc33@pchome.com.tw	
11	李松志	男	1990/9/10	高雄市五福路60號	07-000-0000	0900-000-009	ddd012@hotmail.com	
12	施佩佩	女	1991/11/11	台中市龍井區藝術南街105號	04-0000-0000	0900-000-010	su99@gmail.com	
13	劉亞欣	女	1981/4/25	台中市北屯區旅順路二段73號	04-0000-0000	0900-000-011	yy45@hotmail.com	
14	陳創志	男	1968/7/14	台北市中山北路二段8號3樓	02-0000-0000	0900-000-012	zz@gmail.com	
15								

會員名單

↓

	A	B	C	D	E	F
1	性別	女				
2						
3	姓名	生日	地址	電話	手機號碼	E-Mail
4	朱莉娟	1975/8/6	台北市安樂路3巷24號6樓	02-0000-0000	0900-000-008	ccc33@pchome.com.tw
5	李思思	1988/1/12	台北市忠孝東路三段16號5樓	02-0000-0000	0900-000-004	xyz000@gmail.com
6	施佩佩	1991/11/11	台中市龍井區藝術南街105號	04-0000-0000	0900-000-010	su99@gmail.com
7	張文芳	1977/4/5	台南市民族路二段13號	06-000-0000	0900-000-003	xyz@pchome.com.tw
8	陳曉雯	1972/6/8	新北市文化路36號	02-0000-0000	0900-000-001	abc@yahoo.com.tw
9	劉亞欣	1981/4/25	台中市北屯區旅順路二段73號	04-0000-0000	0900-000-011	yy45@hotmail.com
10						
11						
12						

女　男　會員名單

	A	B	C	D	E	F
1	性別	男				
2						
3	姓名	生日	地址	電話	手機號碼	E-Mail
4	李松志	1990/9/10	高雄市五福路60號	07-000-0000	0900-000-009	ddd012@hotmail.com
5	林志森	1983/12/3	高雄市中正路15巷1號	07-000-0000	0900-000-002	def@gmail.com
6	施建華	1982/3/9	台南市開山路20號	06-000-0000	0900-000-006	aaa111@gmail.com
7	陳世文	1964/9/22	高雄市七賢路9巷18號	03-0000-0000	0900-000-005	123abc@hotmail.com
8	陳創志	1968/7/14	台北市中山北路二段8號3樓	02-0000-0000	0900-000-012	zz@gmail.com
9	楊冠志	1989/2/16	台北市興隆路三段22巷9樓	02-0000-0000	0900-000-007	bbb2@yahoo.com.tw
10						
11						
12						

女　男　會員名單

STEP 1 將資料轉換成表格

① 選取資料範圍中的任一儲存格, 按下**插入**頁次**表格**區中的**表格**鈕。

② 開啟**建立表格**交談窗後, 選取包含資料標題的儲存格範圍。

③ 勾選**有標題的表格**項目後, 按下**確定**鈕。

④ 不想要套用表格格式, 要將格式還原成原來的樣子時, 可以從**設計**頁次的**表格樣式**區中按下 ▾ 鈕, 然後從選單中選擇**清除**。

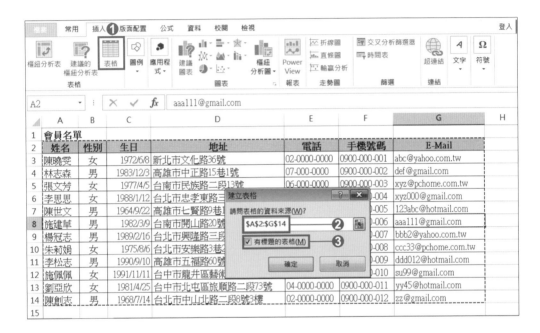

Check!

當確定資料不會做任何的新增或修改時, 可以不用將資料轉換成表格, 直接進行 **STEP2** 的操作。

STEP 2 在「篩選」區域設定分割項目以製作樞紐分析表

① 選取表格內的任一儲存格, 然後從**插入**頁次的**表格**區中按下**樞紐分析表**鈕。

② 開啟**建立樞紐分析表**交談窗後, 選擇**選取表格或範圍**, 然後選取包含標題列的表格儲存格範圍。這裡要將分析表顯示在右邊, 所以要將放置樞紐分析表的位置設定成**已經存在的工作表**, 然後在**位置**欄位按一下滑鼠左鍵後, 選取儲存格 I1, 最後按下**確定**鈕。

③ 開啟**樞紐分析表欄位**工作窗格後, 將「性別」欄位拖移到**篩選**區域 (Excel 2010/2007 為**報表篩選**區域), 然後將其他欄位拖移到**列**區域 (Excel 2010/2007 為**列標籤**區域)。

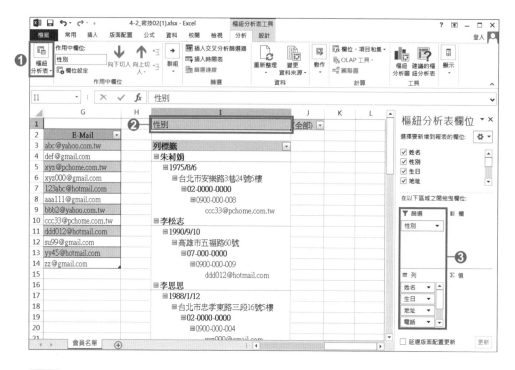

STEP 3　調整版面配置

❶ 選取樞紐分析表中任一儲存格, 然後從**樞紐分析表工具/設計**頁次的**版面配置**區中按下**報表版面配置**鈕, 接著從選單中選擇**以列表方式顯示**。

❷ 從**樞紐分析表工具/設計**頁次的**版面配置**區中按下**小計**鈕, 然後從選單中選擇**不要顯示小計**, 接著再按下**總計**鈕並從選單中選擇**關閉列與欄**。

❸ 在**樞紐分析表樣式**區中選擇想要套用的樣式。

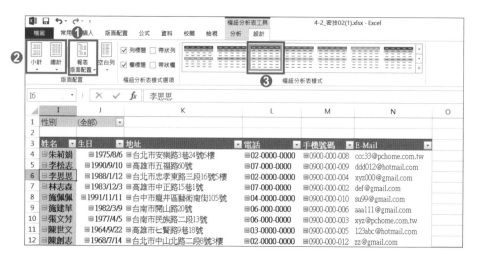

STEP
4 **調整版面配置格**

❶ 選取樞紐分析表中任一儲存格, 然後在**樞紐分析表工具/分析**頁次 (Excel 2010/2007 為**選項**頁次) 中依序按下**樞紐分析表**區, **選項**右邊的▼鈕, 再從子選單中選擇**顯示報表篩選頁面**。

❷ 開啟**顯示報表篩選頁面**交談窗後, 選擇**性別**, 然後按下**確定**鈕。

❸ 完成後, 會員名單就會依照男、女將資料區分顯示在不同的工作表中。在會員名單表格中新增或變更資料後, 選取樞紐分析表中任一儲存格, 然後從**樞紐分析表工具/分析**頁次 (Excel 2010/2007 為**選項**頁次) 的**資料**區中點選**重新整理**鈕, 資料就會自動更新。

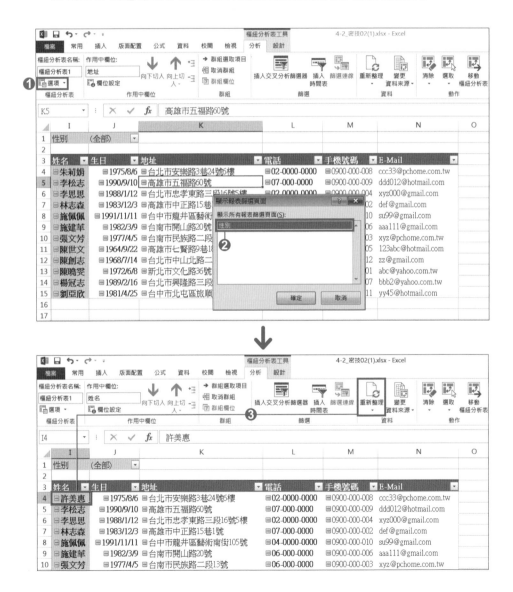

密技加碼送　**將會員資料依「縣市」名稱分別拆開到不同工作表**

將儲存格內的部分文字當成分割成不同工作表的條件, 例如將地址欄位中的縣市名稱當成區分工作表的條件時, 先將要當成區分條件的文字先取出後顯示在別的欄位中, 然後將該欄位的標題拖移到**篩選**區域 (Excel 2010/2007 為**報表篩選**區), 製作樞紐分析表。

❶ 在儲存格 D2 建立「縣市」欄位名稱後, 在儲存格 D3 輸入公式「=LEFT(C3, 3)」。

❷ 將公式往下複製。

❸ 依照剛才 **STEP1～STEP3** 的操作順序製作樞紐分析表。在**樞紐分析表欄位**工作窗格中, 將「縣市」欄位拖移到**篩選**區域 (Excel 2010/2007 為**報表篩選**區域), 然後將其他欄位拖移到**列**區域 (Excel 2010/2007 為**列標籤**區域)。

❹ 在 **STEP4** 的**顯示報表篩選頁面**交談窗中, 選擇**縣市**, 然後按下**確定**鈕。

❺ 完成後, 會員名單就會依照縣市資料區分顯示在不同的工作表中。

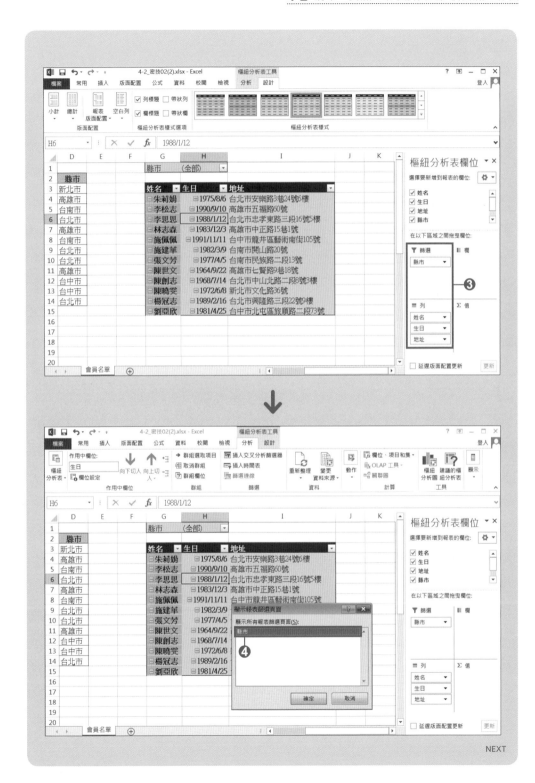

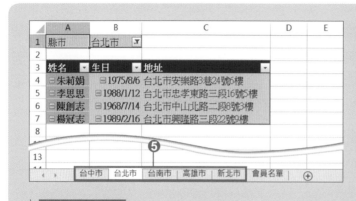

✓ 公式 Check！

- LEFT 函數會從文字字串的最左邊, 傳回指定長度的字數。

  函數的語法：=LEFT(字串, [字數])

  「=LEFT(C3, 3)」公式可以從地址資料中取出縣市名稱 (詳細解說請參考 1-31 頁**密技06**)。

密技 03　將會員名單中的「男」、「女」資料, 分別拆開到不同工作表中！(函數篇)

一次 OK 的重點提示 使用 IF ＋ COUNT ＋ ROW ＋ INDEX ＋ SMALL 函數

分散單一表格/工作表拆開！

想要從已經編輯完成的表格中分別抽出男、女會員資料, 但利用**密技02**樞紐分析表的方法, 會自動產生工作表以顯示想要區分的資料。想要利用快速的方法, 在編輯好的表格中快速置換。

	A	B	C	D	E	F	G	H
1	會員名單							
2	姓名	生日	性別	地址	電話	手機號碼	E-Mail	
3	陳曉雯	1972/6/8	女	新北市文化路36號	02-0000-0000	0900-000-001	abc@yahoo.com.tw	
4	李文宏	1983/12/3	男	高雄市三多路20號3樓	07-000-0000	0900-000-002	def@gmail.com	
5	張文芳	1977/4/5	女	台北市民族路二段13號	02-0000-0000	0900-000-003	xyz@pchome.com.tw	
6	李思思	1988/1/12	女	桃園市忠孝東路三段16號5樓1	03-000-0000	0900-000-004	xyz000@gmail.com	
7	陳創志	1964/9/22	男	嘉義市東區學府路二段8號3樓	05-000-0000	0900-000-005	123abc@hotmail.com	
8	施建華	1982/3/9	男	苗栗縣五谷街120號	037-000-150	0900-000-006	aaa111@gmail.com	
9	楊冠志	1989/2/16	男	台中市龍井區藝術南街105號	04-0000-0000	0900-000-007	bbb2@yahoo.com.tw	
10	彭小英	1975/8/6	女	苗栗縣竹南鎮光復三路18號	037-000123	0900-000-008	ccc33@pchome.com.tw	
11	張永信	1990/9/10	男	高雄市楠梓區昌聖路22號	07-000-0000	0900-000-009	ddd012@hotmail.com	
12	施佩佩	1991/11/11	女	南投市玉井街105號	049-223-8000	0900-000-010	su99@gmail.com	
13	劉亞欣	1981/4/25	女	雲林縣斗六市雲林路二段73號	05-532-2000	0900-000-011	yy45@hotmail.com	
14	蘇永成	1968/7/14	男	台北市信義區信義路二段500號	02-0000-0000	0900-000-012	zz@gmail.com	
15								
16								

會員名單

↓

	A	B	C	D	E	F
1	會員名單				性別	男
2	姓名	生日	地址	電話	手機號碼	E-Mail
3	李文宏	1983/12/3	高雄市三多路20號3樓	07-000-0000	0900-000-002	def@gmail.com
4	陳創志	1964/9/22	嘉義市東區學府路二段8號3樓	05-000-0000	0900-000-005	123abc@hotmail.com
5	施建華	1982/3/9	苗栗縣五谷街120號	037-000-150	0900-000-006	aaa111@gmail.com
6	楊冠志	1989/2/16	台中市龍井區藝術南街105號	04-0000-0000	0900-000-007	bbb2@yahoo.com.tw
7	張永信	1990/9/10	高雄市楠梓區昌聖路22號	07-000-0000	0900-000-009	ddd012@hotmail.com
8	蘇永成	1968/7/14	台北市信義區信義路二段500號	02-0000-0000	0900-000-012	zz@gmail.com
9						
10						
11						

‹ › | 會員名單 | **會員名單 (男性)** | 會員名單 (女性) | ⊕

↓

	A	B	C	D	E	F
1	會員名單				性別	女
2	姓名	生日	地址	電話	手機號碼	E-Mail
3	陳曉雯	1972/6/8	新北市文化路36號	02-0000-0000	0900-000-001	abc@yahoo.com.tw
4	張文芳	1977/4/5	台北市民族路二段13號	02-0000-0000	0900-000-003	xyz@pchome.com.tw
5	李思思	1988/1/12	桃園市忠孝東路三段16號5樓1	03-000-0000	0900-000-004	xyz000@gmail.com
6	彭小英	1975/8/6	苗栗縣竹南鎮光復三路18號	037-000123	0900-000-008	ccc33@pchome.com.tw
7	施佩佩	1991/11/11	南投市玉井街105號	049-223-8000	0900-000-010	su99@gmail.com
8	劉亞欣	1981/4/25	雲林縣斗六市雲林路二段73號	05-532-2000	0900-000-011	yy45@hotmail.com
9						
10						
11						

‹ › | 會員名單 | 會員名單 (男性) | **會員名單 (女性)** | ⊕

STEP 1 **將指定的性別當成 IF 函數的條件式, 當名單中有該性別時就顯示該資料的筆數**

❶ 新增「會員名單 (男性)」工作表, 然後在儲存格 F1 輸入區分項目的性別。

❷ 選取儲存格 G3 並輸入公式「=IF(會員名單!C3=$F$1, ROW(A1), "")」。

❸ 將公式往下複製。

G3	▾ : ✕ ✓ fx	=IF(會員名單!C3=$F$1, ROW(A1), "") ❷

	A	B	C	D	E	F	G	H
1	會員名單				性別	男	❶	
2	姓名	生日	地址	電話	手機號碼	E-Mail		
3								
4								
5								
6							❸	
7								
8								
9								
10								

✓ **公式 Check！**

- IF 函數會先判斷條件式是否成立才決定回傳內容。引數「條件式」滿足指定的條件式時, 會回傳「條件成立」的值, 不滿足的情況下, 會回傳「條件不成立」的值。

  函數的語法：=IF(條件式, [條件成立], [條件不成立])

- ROW 函數會回傳儲存格的列編號。

  「=IF(會員名單!C3=$F$1, ROW(A1), "")」公式中條件式為「判斷儲存格 F1 的性別是否與「會員名單」工作表的儲存格 C3 相同」, 當條件成立時, 就顯示該資料為名單中的第幾筆資料, 不成立時, 就回傳空白。將公式往下複製後, 就可從**會員名單**工作表中分別取出性別資料, 以求得符合儲存格 F1 的性別在名單中為第幾筆資料。

STEP 2 利用 IF、COUNT、ROW、INDEX、SMALL 函數來取得符合條件的資料

❶ 選取儲存格 A3, 然後輸入公式「=IF(COUNT($G$3:$G$14)<ROW(A1),"",INDEX(會員名單!$A$3:$G$14,SMALL($G$3:$G$14,ROW(A1)),1))」

❷ 將公式往下及往右複製, 然後將 INDEX 函數的引數「欄編號」修改成會員名單的各個欄編號。

❸ 完成後, 就只會顯示男性的會員名單。

STEP 3 複製工作表後變更性別

❶ 複製**會員名單 (男性)**工作表, 將性別的儲存格 F1 變更成「女」後, 就可取得會員名單中的女性資料, 工作表內容也會被女性會員資料置換。

❷ 公式中多選取的名單儲存格範圍是為了之後若有追加資料時, 可以自動顯示在性別工作表中。

	A	B	C	D	E	F	G	H
1	會員名單				性別	女		
2	姓名	生日	地址	電話	手機號碼	E-Mail		
3	陳曉雯	1972/6/8	新北市文化路36號	02-0000-0000	0900-000-001	abc@yahoo.com.tw	1	
4	張文芳	1977/4/5	台北市民族路二段13號	02-0000-0000	0900-000-003	xyz@pchome.com.tw		
5	李思思	1988/1/12	桃園市忠孝東路三段16號5樓1	03-000-0000	0900-000-004	xyz000@gmail.com	3	
6	彭小其	1975/8/6	苗栗縣竹南鎮光復三路18號	037-000123	0900-000-008	ccc33@pchome.com.tw	4	
7	施佩佩	1991/11/11	南投市玉井街105號	049-223-8000	0900-000-010	su99@gmail.com		
8	劉亞欣	1981/4/25	雲林縣斗六市雲林路二段73號	05-532-2000	0900-000-011	yy45@hotmail.com		
9								
10							8	
11								
12							10	
13							11	
14								

會員名單 | 會員名單 (男性) | 會員名單 (女性) | +

√ 公式 Check !

- INDEX 函數會回傳指定欄、列編號中交集的儲存格參照。(詳細解說請參考 4-43 頁的介紹)。SMALL 函數會回傳升冪排序資料指定順位的值。

  函數的語法：=SMALL(陣列, 順序)

- COUNT 函數會計算含有數字的儲存格個數。

  函數的語法：=COUNT(值 1, [值 2……, 值 255])

  「=IF(COUNT($G$3:$G$14)<ROW(A1), "", INDEX(會員名單!$A$3:$G$14,SMALL($G$3:$G$14, ROW(A1)), 1))」公式中的條件為「儲存格 G3：G14 中所顯示的數字列數總合小於目前執行列的列編號」，當條件成立時, 回傳空白, 不成立時, 會從儲存格 G3：G14 所顯示的數字中從較小的數字開始取出**會員名單**工作表中儲存格 A3：G14 的名單資料。也就是依照儲存格 G3：G14 中所顯示的列號到名單中去取得相同列號的資料。複製公式後, SMALL 函數引數「順序」會指定不同的列編號, 因此可以取得儲存格 F1 所輸入的性別名單。

密技 加碼送　將會員資料依「縣市」名稱分別拆開到不同工作表

將儲存格內的部分文字當作分割成不同工作表的條件, 例如要將地址欄位中的縣市名當成區分工作表的條件, 在撰寫程式時, 可以在 **STEP1** 的 IF 函數中利用 COUNTIF 函數及 ROW 函數完成。

NEXT

❶ 新增第一個縣市名稱的工作表, 然後在儲存格 D2 中輸入要輸入區分項目的縣市
名稱。

❷ 選取儲存格 E4 並輸入公式「=IF(COUNTIF(會員名單!C3,$D$2&"*"), ROW(A1),"")」。

❸ 將公式往下及往右複製。

❹ 選取要顯示資料的儲存格 (B4), 然後輸入公式「=IF(COUNT($E$4:$E$16)
<ROW(A1), "", INDEX(會員名單!$A$3:$C$14, SMALL($E$4:$E$16, ROW(A1)),
COLUMN(A1)))」。

❺ 將公式往下及往右複製。

❻ 複製工作表, 然後將儲存格 D2 的縣市名稱變更後, 就可取得會員名單中的該縣市
的會員名單, 工作表內容的縣市資料就會被置換。

NEXT

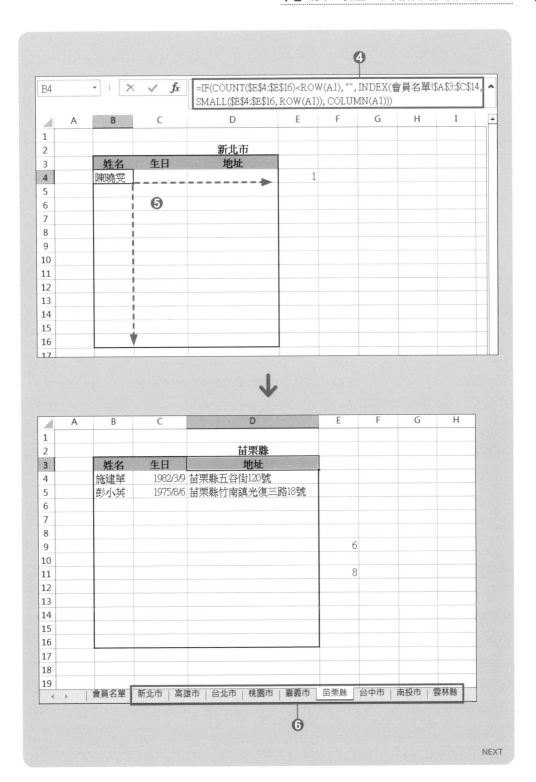

✅**公式 Check！**

- COUNTIF 函數會計算滿足條件的儲存格個數。

 函數的語法：=COUNTIF(條件範圍, 搜尋條件)

 「=IF(COUNTIF(會員名單!C3=$D$2&"*"), ROW(A1),"")」公式中的條件式為「儲存格 D2 的縣市名稱要在**會員名單**工作表的儲存格 C3 中至少出現 1 次」，當條件成立時, 就會顯示資料為名單中的第幾筆資料, 不成立時, 會回傳空白。將公式往下複製後, 可以取出每個地址儲存格資料, 以求得符合儲存格 D2 的縣市名稱在名單中為第幾筆資料。

 將取得的筆數資料, 撰寫與 **STEP2** 一樣可以取得該筆資料的公式後, 就能只取出儲存格 D2 的縣市名稱之資料。

密技 **04** 將表格資料依出生月份分別顯示在不同工作表中！(樞紐分析表篇)

一次 OK 的重點提示　使用「樞紐分析表」

分散單一表格/工作表拆開！

想要將會員名單依會員的出生月份顯示在不同的工作表中。從生日資料中確認出生月份後再將資料複製/貼上的話, 每當要新增資料時, 就得將資料重新更新。在此希望用更簡單快速的方法, 讓資料可以自動更新。

	A	B	C	D	E	F	G	H
1	會員名單							
2	姓名	性別	生日	地址	電話	手機號碼	E-Mail	
3	陳曉雯	女	1972/6/8	新北市文化路36號	02-0000-0000	0900-000-001	abc@yahoo.com.tw	
4	林志森	男	1983/12/3	高雄市中正路15巷1號	07-000-0000	0900-000-002	def@gmail.com	
5	張文芳	女	1977/4/5	台南市民族路二段13號	06-000-0000	0900-000-003	xyz@pchome.com.tw	
6	李思思	女	1988/1/12	台北市忠孝東路三段16號5樓	02-0000-0000	0900-000-004	xyz000@gmail.com	
7	陳世文	男	1964/9/22	高雄市七賢路9巷18號	03-000-0000	0900-000-005	123abc@hotmail.com	
8	施建華	男	1982/3/9	台南市開山路20號	06-000-0000	0900-000-006	aaa111@gmail.com	
9	楊冠志	男	1989/2/16	台北市興隆路三段22號9樓	02-0000-0000	0900-000-007	bbb2@yahoo.com.tw	
10	朱莉娟	女	1975/8/6	台北市安樂路3巷24號6樓	02-0000-0000	0900-000-008	ccc33@pchome.com.tw	
11	李松志	男	1990/9/10	高雄市五福路60號	02-0000-0000	0900-000-009	ddd012@hotmail.com	
12	施佩佩	女	1991/11/11	台中市龍井區藝術南街105號	04-0000-0000	0900-000-010	su99@gmail.com	
13	劉亞欣	女	1981/4/25	台中市北屯區旅順路二段73號	04-0000-0000	0900-000-011	yy45@hotmail.com	
14	陳創志	男	1968/7/14	台北市中山北路二段8號3樓	02-0000-0000	0900-000-012	zz@gmail.com	
15								

會員名單　⊕

STEP 1 **將會員名單轉換成表格**

❶ 選取名單資料中的任一儲存格, 然後從**插入**頁次的**表格**區中按下**表格**鈕。

❷ 開啟**建立表格**交談窗後, 選取包含資料標題的儲存格範圍。

❸ 勾選**有標題的表格**後, 按下**確定**鈕。

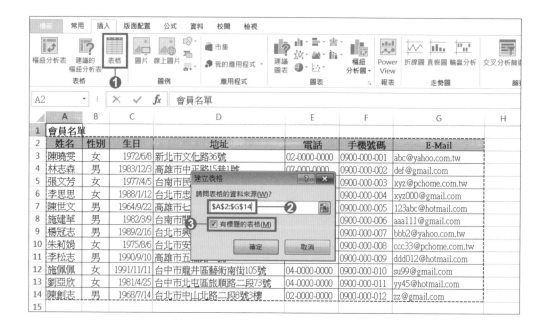

Check!

不想要套用表格格式, 要將格式還原成原來的樣子時, 可以從**設計**頁次的**表格樣式**區中按下 <kbd>▼</kbd> 鈕, 然後從選單中選擇**清除**。

Check!

當確定資料不會做任何的追加或變更時, 可以不用將資料轉換成表格, 直接進行 **STEP2** 的操作。

STEP 2 **在「列」區域設定所要顯示的項目以製作樞紐分析表**

❶ 選取表格內的任一儲存格, 然後從**插入**頁次的**表格**區中按下**樞紐分析表**鈕。

❷ 開啟**建立樞紐分析表**交談窗後, 選擇**選取表格或範圍**, 然後選取包含標題列的表格儲存格範圍。這裡將要分析表顯示在右邊, 所以要將放置樞紐分析表的位置設定成**已經存在的工作表**, 然後在**位置**欄位下按一下滑鼠左鈕後, 選取儲存格 I2, 最後按下**確定**鈕。

❸ 出現**樞紐分析表欄位**工作窗格後, 將所有要顯示的欄位拖曳到**列**區域 (Excel 2010/2007 為**列標籤**區域)。

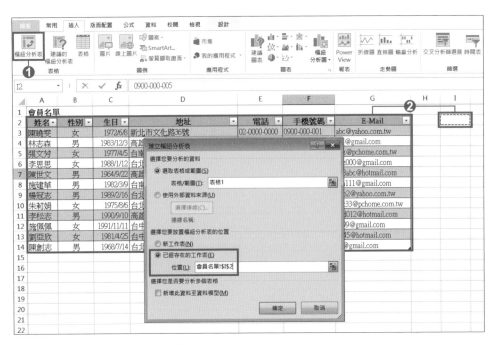

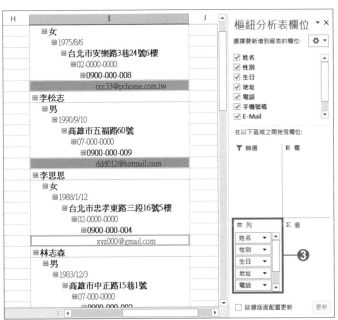

STEP 3 **將生日群組化後拖曳到列區域**

❶ 選取樞紐分析表中任一個生日的儲存格, 然後從**樞紐分析表工具/分析**頁次的**群組**區中按下
群組選取項目鈕。

❷ 開啟**群組**交談窗後, 選擇**月**。

❸ 按下**確定**鈕。

❹ 在**樞紐分析表欄位**工作窗格中, 將「生日」欄位拖曳到**篩選**區域 (Excel 2010/2007 為**報表篩選**區域)。

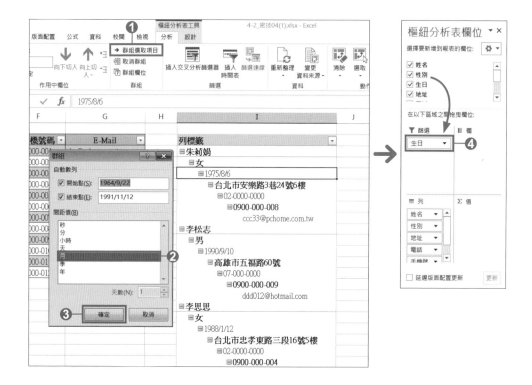

STEP 4 **調整版面配置**

❶ 選取樞紐分析表中任一儲存格, 然後從**樞紐分析表工具/設計**頁次的**版面配置**區中點選**報表版面配置**鈕, 接著從選單中選擇**以列表方式顯示**。

❷ 從**樞紐分析表工具/設計**頁次的**版面配置**區中按下**小計**鈕, 然後從選單中選擇**不要顯示小計**, 接著按下**總計**鈕並從選單中選擇**關閉列與欄**。

❸ 當需要變更區分項目的名稱時, 就在這裡變更。在此範例中要修改成「出生月份」。

❹ 在**樞紐分析表樣式**區中選擇想要套用的樣式。

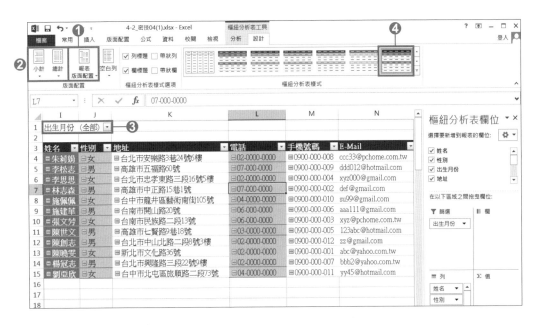

在「顯示報表篩選頁面」中設定以月份來區分

① 選取樞紐分析表中任一儲存格, 然後在**樞紐分析表工具/分析**頁次 (Excel 2010/2007 為**選項**頁次) 中依序點選**樞紐分析表**區, **選項**右邊的▼鈕, 再從子選單中選擇**顯示報表篩選頁面**。

② 出現**顯示報表篩選頁面**交談窗後, 選擇**出生月份**, 然後按下**確定**鈕。

③ 會員名單會依照出生月份將資料區分顯示在不同的工作表中。

④ 在會員名單表格中變更或追加資料後, 選取樞紐分析表中任一儲存格, 然後從**分析**頁次 (Excel 2010/2007 為**選項**頁次) 的**資料**區中按下**重新整理**鈕, 資料就會自動更新。

⑤ 同時也會反映在月份工作表中。

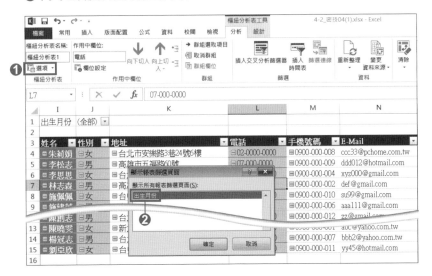

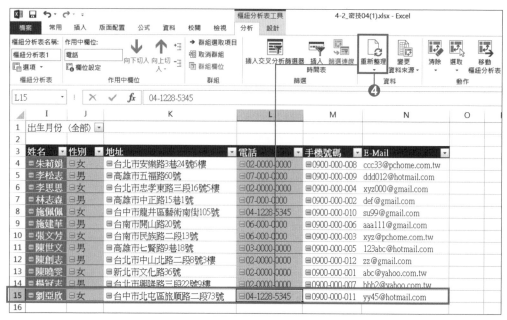

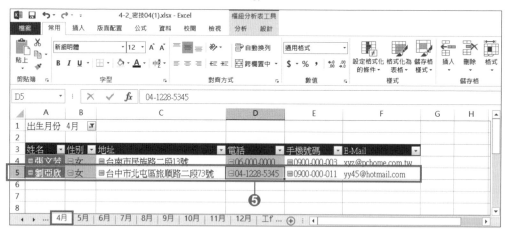

要將區分項目也顯示在各個工作表中！

在樞紐分析表中, 同樣項目不可以在多個區域中顯示, 因此利用之前介紹的操作順序操作的話, 「生日」欄位就無法顯示在各個工作表中。若想讓區分項目也可以顯示在各個工作表時, 在編輯前先新增想要區分項目欄位, 然後再將新增的欄位拖移到樞紐分析表中「篩選」區域中。

❶ 在資料中新增「出生月份」欄位, 然後輸入公式「=TEXT(C3,"m 月")」。

❷ 將公式往下複製。

❸ 執行 **STEP1~STEP2**。在**樞紐分析表欄位**工作窗格中將「出生月份」欄位拉曳到**篩選**區域 (Excel 2010/2007 為**報表篩選**區域), 然後將其他欄位拖移到**列**區域 (Excel 2010/2007 為**列標籤**區域)。

❹ 執行 **STEP4**, 調整版面配置。選取樞紐分析表中任一儲存格, 然後在**樞紐分析表工具/分析**頁次 (Excel 2010/2007 為**選項**頁次) 中依序按下**樞紐分析表**區, **選項**右邊的▼鈕, 再從子選單中選擇**顯示報表篩選頁面**。

❺ 開啟**顯示報表篩選頁面**交談窗後, 選擇**出生月份**, 按下**確定**鈕。

❻ 完成後, 會員名單就會依照出生月份將資料區分顯示在不同的工作表中。

❶

H3	▼	:	✕ ✓	*fx*	=TEXT(C3,"m 月")			
▲	A	B	C	D	E	F	G	H	I
1	會員名單								
2	姓名	性別	生日	地址	電話	手機號碼	E-Mail	出生月份	
3	陳曉雯	女	1972/6/8	新北市文化路36號	02-0000-0000	0900-000-001	abc@yahoo.com.tw	6月	
4	林志森	男	1983/12/3	高雄市中正路15巷1號	07-000-0000	0900-000-002	def@gmail.com		
5	張文芳	女	1977/4/5	台南市民族路二段13號	06-000-0000	0900-000-003	xyz@pchome.com.tw		
6	李思思	女	1988/1/12	台北市忠孝東路三段16號5樓	02-0000-0000	0900-000-004	xyz000@gmail.com		
7	陳世文	男	1964/9/22	高雄市七賢路9巷18號	03-0000-0000	0900-000-005	123abc@hotmail.com		
8	施建華	男	1982/3/9	台南市開山路20號	06-000-0000	0900-000-006	aaa111@gmail.com		
9	楊冠志	男	1989/2/16	台北市興隆路三段22號9樓	02-0000-0000	0900-000-007	bbb2@yahoo.com.tw		
10	朱莉娟	女	1975/8/6	台北市安樂路3巷24號5樓	02-0000-0000	0900-000-008	ccc33@pchome.com.tw		
11	李松志	男	1990/9/10	高雄市五福路60號	02-0000-0000	0900-000-009	ddd012@hotmail.com		
12	施佩佩	女	1991/11/11	台中市龍井區藝術南街105號	04-0000-0000	0900-000-010	su99@gmail.com		
13	劉亞欣	女	1981/4/25	台中市北屯區旅順路二段73號	04-0000-0000	0900-000-011	yyy45@hotmail.com		
14	陳創志	男	1968/7/14	台北市中山北路二段8號3樓	02-0000-0000	0900-000-012	zz@gmail.com		
15									

❷

NEXT

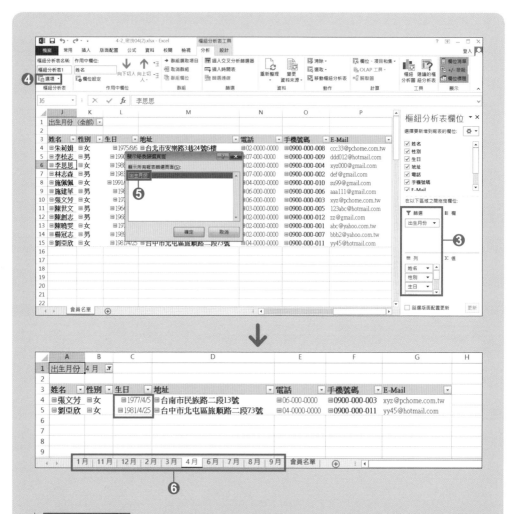

✔**公式 Check！**

- TEXT 函數可以將數值、日期/時間的資料格式轉換成文字。

  函數的語法：=TEXT(值, 顯示格式)

  引數「顯示格式」可以從**儲存格格式**交談窗中的**數值**頁次中設定, 但是不可以使用**通用格式**、***** (星號) 及色彩等格式。

  「=TEXT(C3,"m 月")」公式中, 儲存格 C3 的生日資料會以「m 月」格式顯示, 也就是生日資料會以「〇月」的方式顯示。

  另外, 要以月的格式顯示時, 也可以利用 MONTH 函數, 然後將公式撰寫成「=MONTH(C3)」。

密技 05 | 將表格資料依出生月份分別顯示在不同工作表中！(函數篇)

一次 OK 的重點提示 使用 IF + TEXT + COUNT + ROW + INDEX + SMALL 函數

分散單一表格/工作表！

想要從已經編輯完成的依生日月份來區分工作表的表格中直接置換，但利用**密技 04** 的方法，會直接產生不同月份的工作表以顯示不同月份出生的會員名單。想要在編輯好的表格中快速置換。

	A	B	C	D	E	F	G	H
1	會員名單							
2	姓名	性別	生日	地址	電話	手機號碼	E-Mail	
3	陳曉雯	女	1972/6/8	新北市文化路36號	02-0000-0000	0900-000-001	abc@yahoo.com.tw	
4	林志森	男	1983/12/3	高雄市中正路15巷1號	07-000-0000	0900-000-002	def@gmail.com	
5	張文芳	女	1977/4/5	台南市民族路二段13號	06-000-0000	0900-000-003	xyz@pchome.com.tw	
6	李思思	女	1988/1/12	台北市忠孝東路三段16號5樓	02-0000-0000	0900-000-004	xyz000@gmail.com	
7	陳世文	男	1964/9/22	高雄市七賢路9巷18號	03-000-0000	0900-000-005	123abc@hotmail.com	
8	施建華	男	1982/3/9	台南市開山路8號	06-000-0000	0900-000-006	aaa111@gmail.com	
9	楊冠志	男	1989/2/16	台北市興隆路三段22號9樓	02-0000-0000	0900-000-007	bbb2@yahoo.com.tw	
10	朱莉娟	女	1975/8/6	台北市安樂路3巷24號5樓	02-0000-0000	0900-000-008	ccc33@pchome.com.tw	
11	李松志	男	1990/9/10	高雄市五福路60號	07-000-0000	0900-000-009	ddd012@hotmail.com	
12	施佩佩	女	1991/11/11	台中市龍井區藝術南街105號	04-0000-0000	0900-000-010	su99@gmail.com	
13	劉亞欣	女	1981/4/25	台中市北屯區旅順路二段73號	04-0000-0000	0900-000-011	yy45@hotmail.com	
14	陳創志	男	1968/7/14	台北市中山北路二段8號3樓	02-0000-0000	0900-000-012	zz@gmail.com	
15								

會員名單

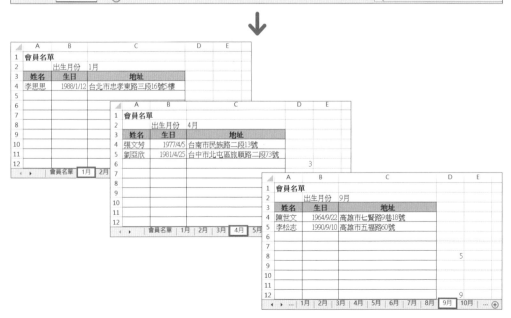

利用 IF ＋ TEXT 函數取得生日中的月份

❶ 選取儲存格 H3 並輸入公式「=IF(C3="", "", TEXT(C3, "m 月"))」。

❷ 將公式往下複製。

	A	B	C	D	E	F	G	H	I
				H3	✕ ✓ fx	=IF(C3="","", TEXT(C3,"m 月"))	❶		
1	會員名單								
2	姓名	性別	生日	地址	電話	手機號碼	E-Mail		
3	陳曉雯	女	1972/6/8	新北市文化路36號	02-0000-0000	0900-000-001	abc@yahoo.com.tw	6 月	
4	林志森	男	1983/12/3	高雄市中正路15巷1號	07-000-0000	0900-000-002	def@gmail.com		
5	張文芳	女	1977/4/5	台南市民族路二段13號	06-000-0000	0900-000-003	xyz@pchome.com.tw		
6	李思思	女	1988/1/12	台北市忠孝東路三段16號5樓	02-0000-0000	0900-000-004	xyz000@gmail.com		
7	陳世文	男	1964/9/22	高雄市七賢路9巷18號	03-0000-0000	0900-000-005	123abc@hotmail.com		
8	施建華	男	1982/3/9	台南市開山路20號	06-000-0000	0900-000-006	aaa111@gmail.com		
9	楊冠志	男	1989/2/16	台北市興隆路三段22號9樓	02-0000-0000	0900-000-007	bbb2@yahoo.com.tw		❷
10	朱虹娟	女	1975/8/6	台北市安bet(路3巷24號6樓	02-0000-0000	0900-000-008	ccc33@pchome.com.tw		
11	李松志	男	1990/9/10	高雄市五福路60號	07-000-0000	0900-000-009	ddd012@hotmail.com		
12	施佩佩	女	1991/11/11	台中市龍井區藝術南街105號	04-0000-0000	0900-000-010	su99@gmail.com		
13	劉亞欣	女	1981/4/25	台中市北屯區旅順路二段73號	04-0000-0000	0900-000-011	yy45@hotmail.com		
14	陳創志	男	1968/7/14	台北市中山北路二段8號3樓	02-0000-0000	0900-000-012	zz@gmail.com		
15									

✔ **公式 Check！**

- IF 函數會先判斷條件式是否成立才決定回傳內容的函數 (詳細解説請參考 4-52 頁)。

- TEXT 函數可以將數值、日期/時間的資料格式轉換成文字 (詳細解説請參考 4-64 頁)。

  「=IF(C3="", "", TEXT(C3, "m 月"))」公式中條件式為「判斷儲存格 C3 是否為空白」，當條件成立時, 就會回傳空白, 不成立時, 儲存格 C3 的生日資料會以「m 月」格式顯示, 也就是生日資料會以「○月」的方式顯示。

  TEXT 函數中的「顯示格式」可以依照想要區分的內容做變更。例如, 工作表想要依照年份來區分的話, 其公式為「=IF(C3="", "", TEXT(C3, "yyyy 年"))」。另外, 要以月的格式顯示時, 可以利用 MONTH 函數並將程式撰寫成「=IF(C3="", "", MONTH(C3))」, 以年為顯示格式時, 則可以利用 YEAR 函數並將程式撰寫成「=IF(C3="", "", YEAR(C3))」

STEP **2** 將指定的月份當成 IF 函數的條件式, 當名單中有該月份時就顯示該資料的筆數

❶ 新增「1 月」工作表, 然後在儲存格 C2 輸入區分項目的月份。

❷ 選取儲存格 D4 並輸入公式「=IF(會員名單!H3=$C$2, ROW(A1), "")」。

❸ 將公式往下複製。

✓**公式 Check！**

• ROW 函數會回傳儲存格的列編號。

　「=IF(會員名單!H3=$C$2, ROW(A1), "")」公式中條件式為「判斷儲存格 H3 的月份是否與**會員名單**工作表的儲存格 C2 相同」, 當條件成立時, 就顯示該資料為名單中的第幾筆資料, 不成立時, 就回傳空白。將公式往下複製後, 就可從**會員名單**工作表中分別取出生日的月份資料, 以求得符合儲存格 C2 的月份在名單中為第幾筆資料。

STEP 3　利用 IF、COUNT、ROW、INDEX、SMALL 函數來取得符合條件的資料

❶ 選取要顯示求得資料筆數的儲存格 (A4)，然後輸入公式「=IF(COUNT($D$4:$D$20)<ROW(A1) ,"",INDEX(會員名單!$A$3:$G$25,SMALL($D$4:$D$20,ROW(A1)),1))」。

❷ 將公式往下及往右複製，然後將 INDEX 函數的引數「欄編號」修改成名單的各個欄編號。

✓ 公式 Check！

INDEX 函數會回傳指定欄、列編號中交集的儲存格參照。(詳細解說請參考 4-53 頁)。 SMALL 函數會回傳升冪排序資料指定順位的值。COUNT 函數會計算含有數字的儲存格個數 (詳細解說請參考 4-53 頁)。

「=IF(COUNT($D$4:$D$20)<ROW(A1), "", INDEX(會員名單!$A$3:$G$25, SMALL($D$4:$D$20, ROW(A1)), 1))」公式中的條件為「儲存格 D4：D20 中所顯示的數字列數總合小於目前執行 列的列號」，當條件成立時，回傳空白，不成立時，會從儲存格 D4：D20 所顯示的數字中從較 小的數字開始取出「會員名單」工作表中儲存格 A3：G25 的名單資料。也就是依照儲存格 D4：D20 中所顯示的列號到名單中去取得相同列編號的資料。複製公式後，SMALL 函數引數 「順序」會指定不同的列編號，因此可以取得儲存格 C2 所輸入的性別名單。

STEP 4 複製工作表後變更月份

❶ 複製剛才建立的 **1月**工作表, 接著變更儲存格 C2 及工作表名稱的月份後, 就可取出該出生月份的會員資料, 工作表內容也會被置換成該出生月份的資料。

❷ 公式中多選取的名單儲存格範圍是為了之後若有新增資料時, 可以自動顯示在月份工作表中。

	A	B	C	D	E
1	會員名單				
2		出生月份	3月		
3	姓名	生日	地址		
4	施建華	1982/3/9	台南市開山路20號		
5					
6					
7				❶	
8					
9				6	
10					
11					
12					

會員名單 | 1月 | 2月 | 3月 | 4月 | 5月 | 6月 | 7月 | 8月 | 9月 ...

4-3 解決多個表格/工作表編輯困擾的密技

密技 01 相同資料要輸入到不同工作表時,要到每個工作表執行複製/貼上!?

一次 OK 的重點提示 使用「填滿」鈕

想要解決多個表格/工作表置換時的困擾!

想要在「2 月」～「12 月」工作表中輸入「1 月」工作表已經編輯完成的資料及表格,但一定要把複製的資料切換到每個工作表後,再將資料貼上嗎!?想要利用簡單快速的方法來完成。

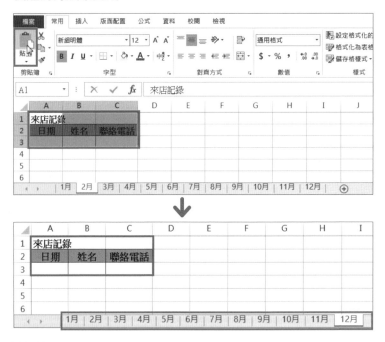

STEP 1 利用「填滿」鈕跨表填滿

❶ 選取想要複製的儲存格範圍,然後按住 Shift 鍵不放點選最後一個工作表名稱標籤,以選取所有工作表。

Check!

當想要貼上的工作表分開顯示時,要按住 Ctrl 鍵不放,然後再分別點選想要選取的工作表名稱標籤。

❷ 從**常用**頁次的**編輯**區中按下**填滿**鈕, 然後從拉出的選單中選擇**填滿工作表**。

❸ 出現**跨表填滿**交談窗後, 選擇**全部**後, 再按下**確定**鈕。

Check!

若不是要複製所有資料內容, 而只要複製公式或值時, 要選擇**內容**, 只要複製格式時, 要選擇**格式**。

❹ 完成後, 「1 月」工作表的資料內容就會被貼到「2 月～12 月」工作表中。

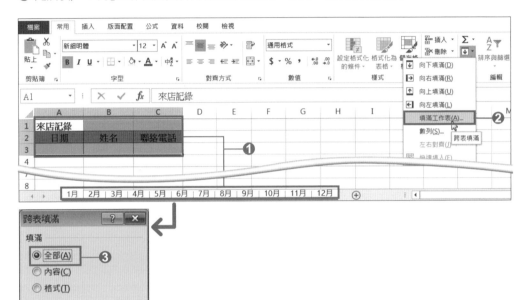

密技
加碼送
將資料一次輸入到多個新建立的工作表中

想要在事先已經建立多個工作表中輸入相同資料或表格時, 只要先將工作表群組化再進行編輯動作即可。

❶ 選取第一個要輸入資料的工作表, 按住 Shift 鍵不放點選最後一個工作表標籤名稱。

❷ 輸入資料。所有被選取的工作表都會輸入相同的資料。

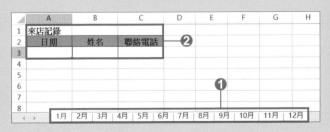

密技 02　要為大量的工作表命名時, 只能在各個工作表標籤中一個個輸入！？

一次 OK 的重點提示 使用「樞紐分析表」

想要解決多個表格/工作表置換時的困擾！

想要將工作表名稱命名為 1 月~12 月時, 只能到各個工作表的標籤中修改嗎？其實有簡單又快速的方法呢！

STEP 1 製作一個有欄位標題的工作表名稱清單。

STEP 2 使用樞紐分析表中的「顯示報表篩選頁面」功能

❶ 選取任一工作表名稱清單中的儲存格, 然後從**插入**頁次的**表格**區中點選**樞紐分析表**鈕。

❷ 出現**建立樞紐分析表**交談窗後, 選擇**選取表格或範圍**, 然後選取儲存格範圍 A1：A13。這裡將要分析表顯示在右邊, 所以要將放置樞紐分析表的位置設定成**已經存在的工作表**, 然後在**位置**欄位下按一下滑鼠左鈕後, 選取儲存格 C1, 最後按下**確定**鈕。

❸ 出現**樞紐分析表欄位**工作窗格後, 將「工作表名稱」欄位拖移到**篩選**區域。

❹ 選取樞紐分析表中任一儲存格, 然後在**樞紐分析表工具/分析**頁次 (Excel 2010/2007 為**選項**頁次) 中依序點選**樞紐分析表**區中, **選項**右邊的▼鈕, 再從子選單中選擇**顯示報表篩選頁面**。

❺ 出現**顯示報表篩選頁面**交談窗後, 選擇**工作表名稱**, 然後按下**確定**鈕。

❻ 完成後, 就會自動產生「1 月」～「12 月」工作表了。另外, 在各個工作表中會出現樞紐分析表的標題, 只要將它們刪除即可。

	A	B
1	工作表名稱	
2	1月	
3	2月	
4	3月	
5	4月	
6	5月	
7	6月	
8	7月	
9	8月	
10	9月	
11	10月	
12	11月	
13	12月	
14		

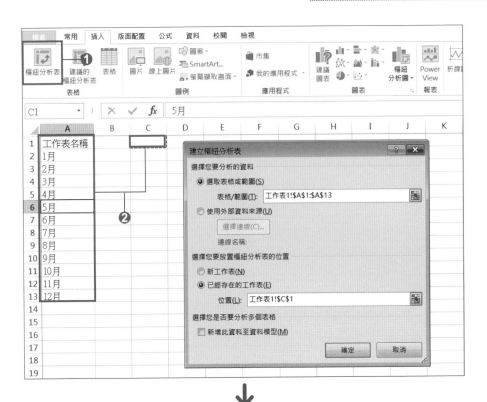

密技 03　將工作表以「週」做區分，並將工作表名稱改成各週日期

一次 OK 的重點提示　使用 WEEKNUM ＋ INDEX ＋ MATCH ＋ TEXT

想要解決多個表格/工作表置換時的困擾！

想要將工作表名稱以各週的日期來命名，但當月份變動時，日期就要重新變更。想用簡單快速的方法來完成。

STEP 1　從 1 個月的日期資料中求得各週日期

❶ 輸入 1 個月的日期。

❷ 選取要求得週數的儲存格 C2，然後輸入公式「=WEEKNUM(A2, 2)」。

❸ 將公式往下複製。

√ 公式 Check！

• WEEKNUM 函數可以求得指定日期為該年度的第幾週。

函數的語法：**=WEEKNUM(序列值, [週的基準])**

引數「週的基準」是以數值來指定從星期幾開始計算。其說明如下表。

週的基準	週的開始
1 或省略	星期日
2	星期一
11	星期一
12	星期二
13	星期三
14	星期四
15	星期五
16	星期六
17	星期日
21	星期一

※「11」～「21」只能在 Excel 2013 / 2010 中指定。「=WEEKNUM(A2, 2)」公式中, 可以求得儲存格 A2 的日期, 以星期一為週的整數週數。

STEP 2 **利用 INDEX ＋MATCH 函數從日期中取得每週的起始及結束日**

❶ 選取要取得每週起始日的儲存格 D2, 然後輸入公式「=INDEX($A$2:$A$32, MATCH(C2, $C$2:$C$32, 0))」。

❷ 選取要取得每週結束日的儲存格 E2, 然後輸入公式「=INDEX($A$2:$A$32, MATCH(C2, $C$2:$C$32))」。

❸ 將公式往下複製。

D2		× ✓ ƒx	=INDEX($A$2:$A$32,MATCH(C2,$C$2:$C$32,0))			
	A	❶ C	D	E	F	G
1	工作表名稱	期間	週數	週的起始日	週的結束日	
2	2014年10月01日		40	2014年10月01日	2014年10月05日	❷
3	2014年10月02日		40			
4	2014年10月03日		40			
5	2014年10月04日		40			
6	2014年10月05日		40		❸	
7	2014年10月06日		41			
8	2014年10月07日		41			
9	2014年10月08日		41			
10	2014年10月09日		41			

✔公式 Check！

• INDEX 函數會回傳指定欄列交集處的儲存格參照。

函數的語法：**陣列形式=INDEX(陣列, 列編號, [欄編號])**
　　　　　　參照形式=INDEX(參照, 列編號, [欄編號], [區域編號])

• MATCH 函數會回傳搜尋值在範圍內的相對位置。

函數的語法：**=MATCH(搜尋值, 搜尋範圍, [比對的種類])**

引數「比對的種類」如何指定搜尋範圍的方法, 請參考底下的表格。

比對的種類	搜尋範圍的方法
0、FALSE	搜尋與「搜尋值」完全一致的值
1、TRUE、省略	搜尋不到「搜尋值」時, 便搜尋「搜尋值」以下的最大值 ※在此狀況下, 搜尋範圍的資料必須以遞增排列
-1	搜尋不到「搜尋值」時, 便搜尋「搜尋值」以上的最小值 ※在此狀況下, 搜尋範圍的資料必須以遞減排列

「MATCH(C2, $C$2:$C$32, 0)」公式中, 會取得儲存格 C2 的整數週數顯示在儲存格範圍 C2：C32 的欄位中從第 1 列開始到第幾列。在相同值連續顯示的情況下, 會取得第一個值的儲存格列數, 因此會取得「1」。

將取得的列數指定成 INDEX 函數的引數「列編號」, 公式撰寫成「=INDEX($A$2:$A$32, MATCH(C2, $C$2:$C$32, 0))」後, 會從儲存格範圍 A2：A32 中取得同一週最初的日期, 以取得該週的開始日期。

「MATCH(C2, $C$2:$C$32)」公式中, 會取得儲存格 C2 的整數週數顯示在儲存格範圍 C2：C32 的欄位中從第 1 列開始到第幾列。在相同值連續顯示的情況下, 會取得最後一個值的儲存格列數, 因此會取得「7」。

將取得的列數指定成 INDEX 函數的引數「列編號」, 公式撰寫成「=INDEX($A$2:$A$32, MATCH(C2, $C$2:$C$32))」後, 會從儲存格範圍 A2：A32 中取得同一週最後的日期, 以取得該週的結束日期。

利用 TEXT 函數將週的起始及結束日製作成期間資料

❶ 選取要顯示期間資料的儲存格 B2, 然後輸入公式「=TEXT(D2, "yyyy 年 m 月 d 日～")& TEXT(E2, "yyyy 年 m 月 d 日")」。

❷ 將公式往下複製。

B2		× ✓ fx	=TEXT(D2,"yyyy年m月d日～")&TEXT(E2,"yyyy 年m月d日")		❶
	A	B	C	D	E
1	工作表名稱	期間	週數	週的起始日	週的結束日
2	2014年10月1日	2014年10月1日～2014 年10月5日	40	2014年10月1日	2014年10月5日
3	2014年10月2日		40	2014年10月1日	2014年10月5日
4	2014年10月3日		40	2014年10月1日	2014年10月5日
5	2014年10月4日		40	2014年10月1日	2014年10月5日
6	2014年10月5日	❷	40	2014年10月1日	2014年10月5日
7	2014年10月6日		41	2014年10月6日	2014年10月12日
8	2014年10月7日		41	2014年10月6日	2014年10月12日
9	2014年10月8日		41	2014年10月6日	2014年10月12日
10	2014年10月9日		41	2014年10月6日	2014年10月12日

✓公式 Check !

• TEXT 函數可以將數值、日期/時間的資料格式轉換成文字。

  函數的語法 =TEXT(值, 顯示格式)

  引數「顯示格式」可以從**儲存格格式**交談窗中的**數值**頁次中設定, 但是不可以使用**通用格式** 或 * (星號) 及色彩等格式。

  「=TEXT(D2, "yyyy年m月d日～")&TEXT(E2, "yyyy年m月d日")」公式中, 可以將資料以「儲存格 D2 週的起始日期：儲存格 E2 週的結束日期」的期間方式顯示。

利用 TEXT 函數將週的起始及結束日製作成期間資料

❶ 選取工作表中的任一儲存格, 然後從**插入**頁次的**表格**區中按下**樞紐分析表**鈕。

❷ 開啟**建立樞紐分析表**交談窗後, 選擇**選取表格或範圍**, 然後選取儲存格範圍 B1:B32。這裡 要將分析表顯示在右邊, 所以要將放置樞紐分析表的位置設定成**已經存在的工作表**, 然後在 **位置**欄位下按一下滑鼠左鍵後, 選取儲存格 G1, 最後按下**確定**鈕。

❸ 開啟**樞紐分析表欄位**工作窗格後, 將「期間」欄位拉曳到**篩選**區域。

❹ 選取樞紐分析表中任一儲存格, 然後在**樞紐分析表工具/分析**頁次 (Excel 2010/2007 為**選 項**頁次) 中依序按下**樞紐分析表**區, **選項**右邊的▼鈕, 再從子選單中選擇**顯示報表篩選頁 面**。

❺ 出現**顯示報表篩選頁面**交談窗後, 選擇**期間**, 然後按下**確定**鈕。

❻ 完成後, 就會自動產生 1 個月份以各週日期為名稱的工作表。另外, 在各個工作表中會出現
樞紐分析表的標題, 只要將它們刪除即可。

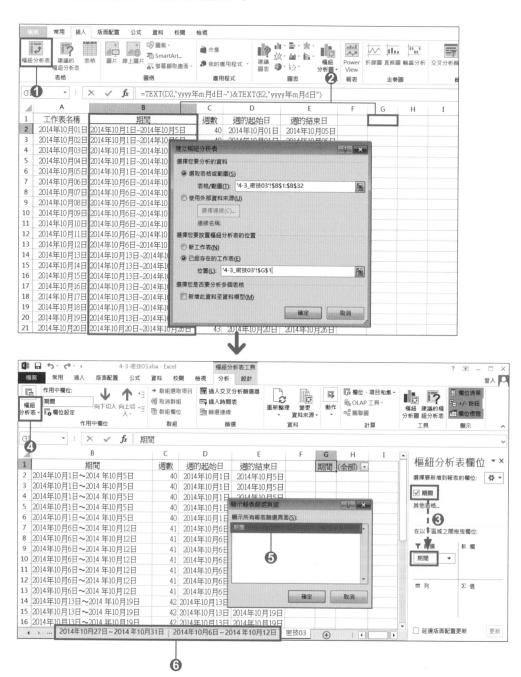

Check！

當想要製作其他月份以週日為名稱的工作表時：❶ 變更 A 欄的日期後，選取樞紐分析表的任一儲存格，❷ 從樞紐分析表工具/分析頁次（Excel 2010/2007 為選項頁次）的資料區中點選重新整理鈕後，再執行顯示報表篩選頁面。

密技 04 │ 如何將工作表名稱顯示在儲存格中？

一次 OK 的重點提示 使用 REPLACE ＋ CELL ＋ FIND 函數

想要解決多個表格/工作表置換時的困擾！

想要在表格上方的表格標題中輸入工作表名稱，但當變更工作表名稱後，就要再去修改儲存格中所顯示的工作表名稱。想要利用簡單快速的方法，在輸入工作表名稱的同時儲存格內容也會自動更新。

	A	B	C	D
1		來店記錄		
2	日期	姓名	聯絡方式	
3				
4				
5				

1月 **2月** ⊕

→

	A	B	C	D
1	2月	來店記錄		
2	日期	姓名	聯絡方式	
3				
4				
5				

1月 **2月** ⊕

STEP 1 利用 REPLACE ＋CELL ＋FIND 函數取得工作表名稱

❶ 選取要輸入工作表名稱的儲存格 A1，然後輸入公式「=REPLACE(CELL("filename", A1),1,FIND("]",CELL("filename", A1)),"")」。

A1		× ✓ fx	=REPLACE(CELL("filename", A1),1,FIND("]",CELL("filename", A1)),"")							
	A	B	C	D	E	F	G	H	I	J
1	1月	來店記錄						❶		
2	日期	姓名	聯絡方式							
3										
4										

STEP 2 複製工作表並變更工作表名稱

❶ 按住 Ctrl 鍵不放，並拉曳工作表名稱標籤以複製工作表，然後將複製的工作表名稱變更成「2 月」。完成後，儲存格的顯示內容會自動更新成「2 月」。

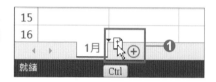

✓公式 Check！

• REPLACE 函數可以將指定字數，以指定的字串內容取代原本字串的一部份。

函數的語法：=REPLACE(字串, 起始位置, 字數, 取代的字串)

• FIND 函數可以求得指定尋找的字串顯示在字串中的第幾個字數。

函數的語法：=FIND(搜尋的字串, 尋找對象, [起始位置])

• CELL 函數是用來取得儲存格資訊的函數。

函數的語法：=CELL(檢查類型, [對象範圍])

會回傳引數「檢查類型」所指定的儲存格資訊。指定儲存格資訊的類型時，要用「""」框住。

檢查類型	回傳值
"address"	以字串回傳「對象範圍」左上角儲存格的位址
"col"	回傳「對象範圍」左上角儲存格的欄編號
"color"	儲存格中的負數被設定成以其他色彩格式顯示時，回傳「1」，除此之外的情況則回傳「0」。
"contents"	回傳「對象範圍」左上角儲存格的值
"filename"	以字串回傳檔案名稱（包含完整路徑名稱）。檔案未被儲存時，會回傳空白字串「""」。
"format"	回傳儲存格顯示格式所對應的字串常數。

檢查類型	回傳值
"parentheses"	當儲存格格式被設定成正數或數值以括號框住時, 回傳「1」, 除此之外的情況則回傳「0」。
"prefix"	回傳儲存格中字串對齊方式的文字常數。 字串向左對齊時回傳「'」(單引號);向右對齊時回傳「"」(雙引號);置中對齊時回傳「^」(次方符號);分散對齊時回傳「\」(反斜線), 當儲存格中有輸入其他資料時, 則會回傳「""」(空白字串)。
"protect"	當儲存格沒有被鎖定保護時, 回傳「0」, 被鎖定保護時則回傳「1」。
"row"	回傳「對象範圍」左上角儲存格的列編號。
"type"	回傳儲存格中包含資料格式所對應的字串常數。儲存格為空白時回傳「b」(Blank 的字首文字);輸入字串常數時回傳「l」(Label 的字首文字);輸入其他值時回傳「v」(Value 的字首文字)。
"width"	回傳四捨五入後的欄位寬度。

「CELL("filename", A1)」公式會取得儲存格 A1 活頁簿包含完整路徑的檔案名稱。「FIND("]", CELL("filename", A1))」公式則可取得檔案名稱從最左邊開始一直到第幾個字數為止。

將取得的值當成 REPLACE 函數的引數「字串」及「字數」後, 將公式撰寫成「=REPLACE (CELL("filename", A1), 1, FIND("]", CELL("filename", A1)), "")」後, 就能從活頁簿名稱中取得工作表名稱。

完成後, 取得的工作表名稱會顯示在儲存格 A1。因為顯示的內容是從工作表名稱取得的, 所以當變更工作表名稱時, 儲存格中的內容也會跟著自動更新。

Check!

想要在現有的工作表儲存格 A1 中顯示工作表名稱時, 先依照 **STEP1** 輸入公式後:❶ 選取輸入公式的儲存格後, 按住 Shift 鍵不放選取所有工作表, ❷ 依序按下**常用**頁次**剪貼簿**區的**填滿**鈕, 再按下**填滿工作表**鈕 (詳細解說請參考 4-70 頁的介紹)。

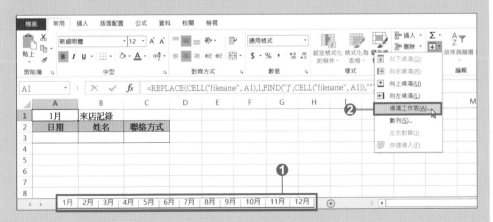

密技 05 | 可以一次將單一日期分別輸入到不同工作表中嗎？

一次 OK 的重點提示 使用 SHEET 函數取得工作表編號

想要解決多個表格/工作表置換時的困擾！

想要在每個工作表中分別輸入不同的日期, 若利用 4-1 節密技 01 將工作表群組化後再輸入日期的方法, 只能輸入相同日期, 沒有辦法一次在不同工作表中輸入連續單一日期！？

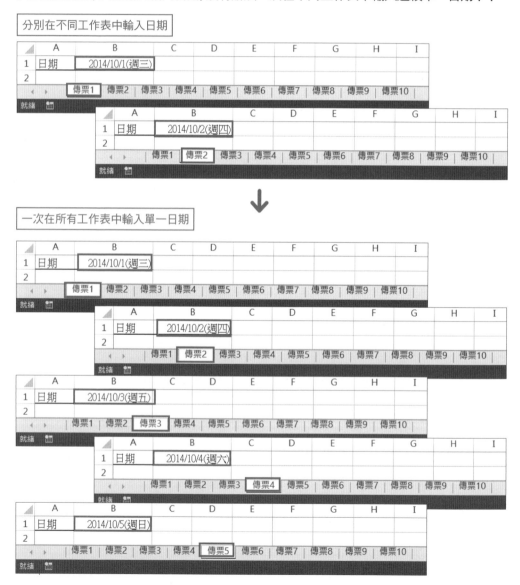

分別在不同工作表中輸入日期

一次在所有工作表中輸入單一日期

STEP 1 利用 SHEET 函數取出工作表編號後, 再與前一個工作表日期相加

❶ 選取第 1 個工作表的儲存格 B1, 然後輸入起始日期。

❷ 選取第 2 個工作表名稱標籤, 然後按住 Shift 鍵的同時, 選取最後一個工作表名稱標籤, 將工作表群組化。

❸ 選取想要顯示單一日期的儲存格 B1, 然後輸入公式「=傳票1!B1+SHEET()-1」。完成後, 就會在不同工作表中輸入連續單一日期。

Check!

當想要貼上的工作表分開顯示時, 要按住 Ctrl 鍵不放, 然後再分別點選想要選取的工作表名稱標籤。

✓公式 Check！

• SHEET 函數可以取得參照工作表的工作表編號 (僅限 Excel 2013)。

函數的語法：=SHEET([值])

「=傳票1!B1+SHEET()-1」公式中, 可以求得「傳票 1」工作表儲存格 B1 的日期＋設定工作表的工作表編號-1」。

將工作表群組化後再輸入公式的方式, 可以在所有工作表中輸入相同公式, 因此可以在每個工作表中取得不同的工作表編號, 以求得不同日期。完成後, 就會在不同工作表中輸入連續單一日期。

在 Excel 2010/2007 的環境下

在 Excel 2010/2007 中沒有 SHEET 函數, 所以要利用 RIGHTB 函數和 CELL 函數取得工作表名稱編號後, 再與日期相加。另外, 在這個情況下, 工作表名稱中一定要有連續編號。

❶ 在第 1 個工作表儲存格 B1 中輸入起始日期。

❷ 選取第 2 個工作表名稱標籤, 然後按住 Shift 鍵不放, 選取最後一個工作表名稱標籤, 將工作表群組化。

❸ 選取想要顯示單一日期的儲存格 B1, 然後輸入公式「=傳票1!B1+RIGHTB (CELL("filename", B1), 2)-1」。

✓公式 Check!

• CELL 函數是用來取得儲存格資訊的函數。(詳細解說請參考 4-80 頁)。

• RIGHTB 函數可以從字串最右邊開始取出位元數字串。

函數的語法：=RIGHTB(字串, [位元數])

「RIGHTB(CELL("filename", B1), 2)」公式中, 會從儲存格 B1 活頁簿包含完整路徑的檔案名稱中取得從右邊算起 2 個位元的字串。

取得的字串為「2」。將公式撰寫成「=傳票1!B1+RIGHTB(CELL("filename", B1), 2)-1」後, 就能求得「傳票1」工作表儲存格 B1 的日期+2-1。因此能在第 2 個工作表將日期顯示為「2014 / 10 / 2」。

將工作表群組化後再輸入公式的方式, 可以在所有工作表中輸入相同公式, 因此可以在每個活頁簿工作表名稱中取得從右邊算起 2 個位元的字串, 以求得不同日期。

完成後, 就會在不同工作表中輸入連續單一日期。

在 Excel 2010/2007 的環境下／工作表名稱中沒有連續編號

當 Excel 2010/2007 的工作表名稱中沒有連續編號時, 可以利用 Excel 4.0 巨集函數中的 GET.DOCUMENT 函數來取得工作表編號, 然後再將編號與前一個工作表日期相加。

❶ 從**公式**頁次的**已定義之名稱**區中按下**定義名稱**鈕。

❷ 出現**新名稱**交談窗後, 在**名稱**欄位輸入「工作表編號」, 在**範圍**選單中選擇「活頁簿」。

❸ 在**參照到**欄位輸入「=GET.DOCUMENT(87)&T(NOW())」, 然後按下**確定**鈕。

❹ 選取第 2 個工作表名稱標籤, 然後按住 Shift 鍵的同時, 選取最後一個工作表名稱標籤, 將工作表群組化。

❺ 選取想要顯示單一日期的儲存格 B1, 然後輸入公式「=星期一!B1+工作表編號-1」。

❻ 完成後, 就會在不同工作表中輸入連續單一日期。

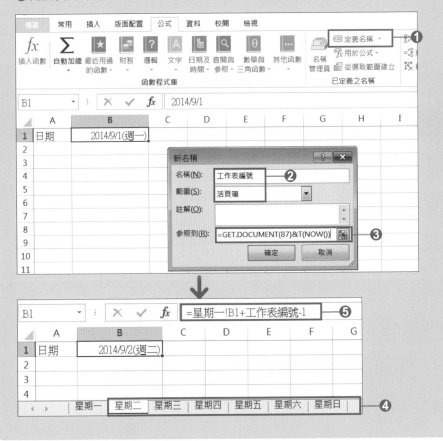

NEXT

> **✓公式 Check！**
>
> • GET.DOCUMENT 函數是 Excel 4.0 巨集函數中 (到 Excel 4.0 為止可以使用的舊式巨集) 可以回傳活頁簿工作表相關資訊的函數。
>
> **函數的語法：=GET.DOCUMENT(檢查類型, [活頁簿名稱])**
>
> Excel 4.0 巨集函數無法直接在工作表中使用, 想要在工作表中輸入 Excel 4.0 巨集函數並執行巨集時, 要先將巨集定義名稱後才可使用。
>
> 將引數「檢查類型」指定成「87」後, 可以將第 1 個工作表的位置編號設定成「1」, 然後回傳工作表的位置編號。
>
> 「=GET.DOCUMENT(87)」公式中, 若是第 2 個工作表的話, 就會回傳工作表位置編號「2」。後面接續的公式「&T(NOW())」可以讓變更的資料自動計算。「=星期一!B1+工作表編號-1」公式會變成「=星期一!B1+2-1」, 以取得前一個工作表「星期一」儲存格 B1 日期的隔天日期。
>
> 當活頁簿中有使用 Excel 4.0 巨集函數的情況下, 一定要將檔案格式儲存成「Excel 啟用巨集的活頁簿(*.xlsm)」。

密技 06 想要一次在所有工作表中，自動輸入每月 1 號的日期

一次 OK 的重點提示 使用 EDATE 函數＋SHEET 函數

想要解決多個表格/工作表置換時的困擾！

想要在依月份區分的現金出納表工作表中輸入每個月 1 號的日期, 因要以月份為單位, 所以無法使用 4-3 節**密技 05** 的方法來完成, 想用簡單快速的方法, 在所有工作表中輸入各月份的日期。

在每個工作表中輸入該月份的日期

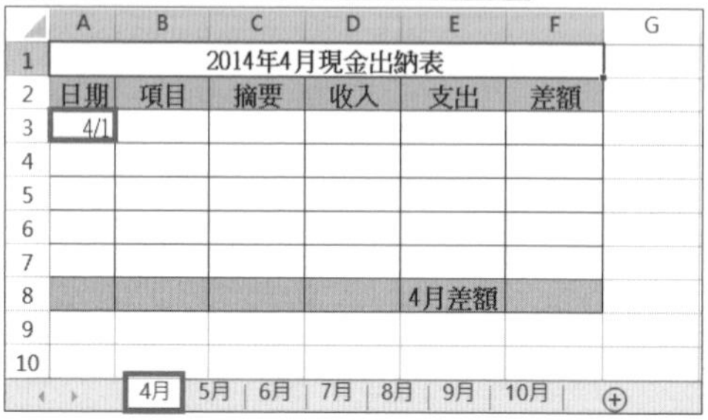

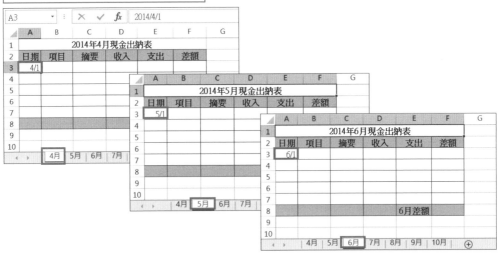

STEP 1 **利用 SHEET 函數取得工作表編號後, 再利用 EDATE 函數產生日期**

❶ 在「4 月」工作表儲存格 A3 中輸入「2014/4/1」。

❷ 選取第 2 個工作表名稱標籤, 然後按住 Shift 鍵不放, 選取最後一個工作表名稱標籤, 將工作表群組化。

Check!
當想要貼上的工作表分開顯示時, 要按住 Ctrl 鍵不放, 然後再分別點選想要選取的工作表名稱標籤。

❸ 選取儲存格 A3, 然後輸入公式「=EDATE('4月'!A3, SHEET()-1)」。

❹ 完成後, 就會在不同工作表中輸入依月份區分的日期了。

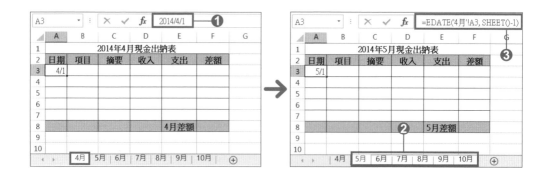

- SHEET 函數可以取得參照工作表的工作表編號 (僅限 Excel 2013。詳細解説請參考 4-83 頁)。

- EDATE 函數可以取得從起始日開始到指定幾個月後 (前) 的日期。

函數的語法：=EDATE(起始日, 月)

指定引數「月」為正數值時, 可以取得指定月數後的日期；指定為負數值時, 可以取得指定月數前的日期。取得的值會以序列值顯示, 因此要將顯示方式變更成日期。

「=EDATE('4月'!A3, SHEET()-1)」公式中, 工作表編號為「2」, 所以可以取得「4 月」工作表儲存格 A3 日期之後一個月的日期。

也就是説,「5 月」工作表儲存格 A3 會顯示的日期為「2014/5/1」。

將工作表群組化後再輸入公式的方式, 可以在所有工作表中輸入相同公式, 因此可以在每個工作表中取得不同的工作表編號, 以求得不同日期。完成後, 就會在不同工作表中輸入依月份區分的日期了。

在 Excel 2010/2007 中沒有 SHEET 函數, 因此要在 EDATE 函數中使用 Excel 4.0 巨集函數中的 GET.DOCUMENT 函數, 然後將公式撰寫成「=EDATE('4月'!A3,工作表編號-1)」 (詳細解説請參考 4-86 頁**密技 05** 的**密技加碼送**)。

密技 **07** 為了避免重複預約的情況, 想確認各個工作表的資料是否重複

一次 OK 的重點提示 使用「資料驗證」+ SUMPRODUCT 函數

想要解決多個表格/工作表置換時的困擾!

預約單輸入的工作表分為電話、網路及門市。為了避免重複預約的情況發生, 需要確認其他工作表的預約資料, 想要簡單快速的方法, 確認資料是否有重複輸入。

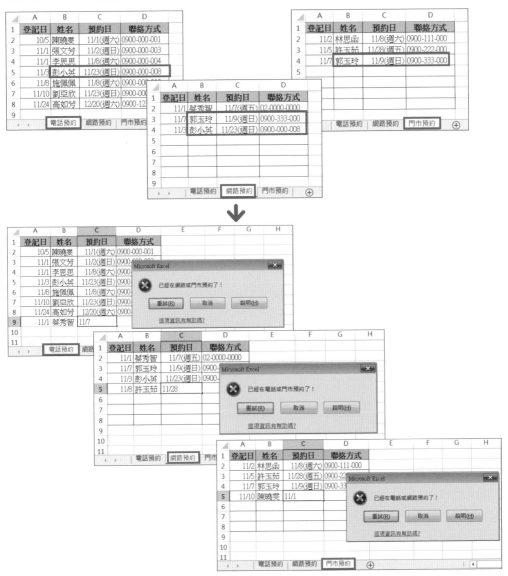

STEP 1 將姓名及預約日合併成同一字串

❶ 選取所有工作表的儲存格 E2, 然後輸入公式「=B2&C2」。

❷ 將公式往下複製。另外, 若不想顯示合併字串時, 可以將字串的字型色彩設定成白色。

E2		:	×	✓	fx	=B2&C2 ──❶	
▲	A	B	C	D		E	F
1	登記日	姓名	預約日	聯絡方式			
2	10/5	陳曉雯	11/1(週六)	0900-000-001			
3	11/1	張文芳	11/2(週日)	0900-000-003			
4	11/1	李思思	11/8(週六)	0900-000-004			
5	11/3	彭小英	11/23(週日)	0900-000-008		❷	
6	11/8	施佩佩	11/8(週六)	0900-000-010			
7	11/10	劉亞欣	11/23(週日)	0900-000-011			
8	11/24	高如芳	12/20(週六)	0900-123-000			
9							
10							

電話預約 │ 網路預約 │ 門市預約 │ ⊕

Check!

當只判斷單一條件是否重複, 例如姓名是否重複時, 則可以直接執行 **STEP2**。

STEP 2 在「資料驗證」中使用 SUMPRODUCT 函數限制姓名與預約日不可重複

❶ 選取**電話預約**工作表儲存格範圍 C2:C8, 然後從**資料**頁次的**資料工具**區中按下**資料驗證**鈕。

❷ 開啟**資料驗證**交談窗後, 在**設定**頁次的**儲存格內允許**選單中選擇**自訂**。

❸ 在**公式**欄位中輸入公式「=SUMPRODUCT((網路預約!$E$2:$E$8=E2)+(門市預約!$E$2:$E$8=E2))=0」。

❹ 在**錯誤提醒**頁次中輸入出現錯誤時所要顯示的訊息內容, 然後按下**確定**鈕。

❺ 在**網路預約**工作表中選取 C2:C8 儲存格, 開啟**資料驗證**交談窗, 在**公式**欄位中輸入「=SUMPRODUCT((電話預約!$E$2:$E$8=E2)+(門市預約!$E$2:$E$8=E2))=0」, 在**門市預約**工作表中選取 C2:C8 儲存格, 開啟**資料驗證**交談窗後, 輸入「=SUMPRODUCT((電話預約!$E$2:$E$8=E2)+(網路預約!$E$2:$E$8=E2))=0」。

❻ 完成後, 在任一工作表輸入姓名及預約日, 按下 Enter 鍵的同時, 若輸入的資料重複的話, 就會出現提醒視窗且無法輸入資料。

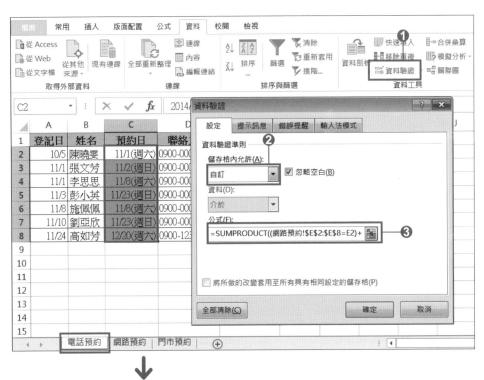

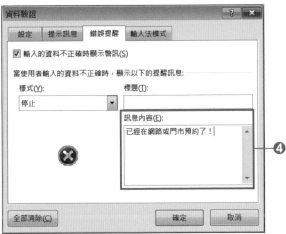

√**公式 Check！**

當只判斷單一條件是否重複, 例如姓名是否重複時, 要在 ❶ 「電話預約」工作表儲存格範圍 B2：B8 設定資料驗證的**公式**欄位輸入公式「=SUMPRODUCT((網路預約!$B$2:$B$8=B2)+(門 市預約!$B$2:$B$8=B2))=0」, 在「網路預約」工作表中輸入「=SUMPRODUCT((電話 預約!$B$2:$B$8=B2)+(門市預約!$B$2:$B$8=B2))=0」, 在「門市預約」工作表中輸入 「=SUMPRODUCT((電話預約!$B$2:$B$8=B2)+(網路預約!$B$2:$B$8=B2))=0」。

✓公式 Check！

• SUMPRODUCT 函數可以計算元素相乘後積的合計。

函數的語法：=SUMPRODUCT(陣列 1，[陣列 2…，陣列 255])

引數中可以設定條件式，利用「( )」將條件框住，AND 條件為「*」，OR 條件為「+」的運算子，將條件式結合撰寫成公式。

在各個儲存格中執行後，條件滿足時會回傳「TRUE」，條件不滿足時會回傳「FALSE」，但在公式中「TRUE」會被當成「1」，「FALSE」當成「0」來計算。

「=SUMPRODUCT((網路預約!$E$2:$E$8=E2)+(門市預約!$E$2:$E$8=E2))=0」公式中條件式為「網路預約」工作表儲存範圍 E2：E8 中的姓名 & 預約日與儲存格 E2 的姓名 & 預約日及「門市預約」工作表儲格範圍 E2：E8 中的姓名 & 預約日與儲存格 E2 的姓名是否相同」。當條件滿足，也就是其中一個工作表中有相同的姓名 & 預約日的情況下就會回傳「1」以上的值，任一個工作表中沒有相同的姓名 & 預約日時，會回傳「0」。

公式最後以「=0」結尾，因此公式的條件為：「網路預約」工作表與「門市預約」工作表中皆沒有相同姓名及預約日的情況。

撰寫完成的條件式中，當條件滿足時會回傳「TRUE」，條件不滿足時會回傳「FALSE」。

在**資料驗證**中設定公式後，只有在公式執行結果為「TRUE」的情況下才會執行，因此當輸入相同姓名與預約日時，就會出現提醒視窗並讓資料無法輸入。

Check！

資料驗證無法使用參照其他活頁簿的儲存格範圍。

密技
加碼送
在 Excel 2007 的環境下

在 Excel 2007 的**資料驗證**功能無法直接參照其他工作表的儲存格範圍，因此要將 **STEP1** 姓名與預約日合併後的儲存格範圍定義名稱，才能在其他工作表中參照。

與 **STEP1** 相同，先將姓名與預約日的合併字串顯示在 E 欄。

❶ 分別選取各個工作表中顯示合併字串的儲存格範圍 (E2：E8)，然後定義不同的名稱。

• 「電話預約」工作表：將 E2：E8 定義名稱為「電話」

• 「網路預約」工作表：將 E2：E8 定義名稱為「網路」

• 「門市預約」工作表：將 E2：E8 定義名稱為「門市」

NEXT

❷ 選取各個工作表要設定資料驗證的儲存格範圍 C2：C8, 然後開啟**資料驗證**交談窗, 如下在**公式**欄位中使用定義的名稱來撰寫公式。

- 「電話預約」工作表：輸入「=SUMPRODUCT((網路=E2)+(門市=E2))=0」

- 「網路預約」工作表：輸入「=SUMPRODUCT((電話=E2)+(門市=E2))=0」

- 「門市預約」工作表：輸入「=SUMPRODUCT((電話=E2)+(網路=E2))=0」

❸ 取消勾選**忽略空白**。

❹ 在**錯誤提醒**頁次中輸入出現錯誤時所要顯示的訊息內容, 然後按下**確定**鈕。

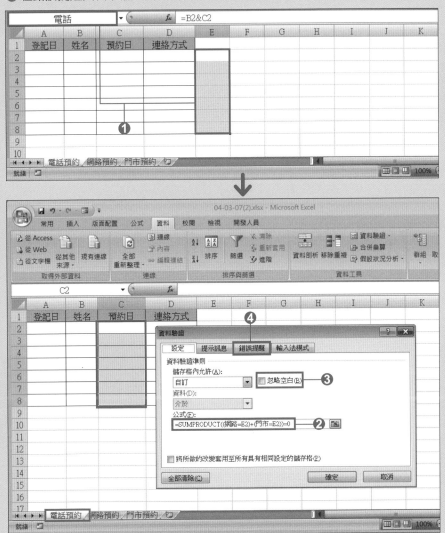

密技
加碼送 **只要限定資料與另一個工作表資料不重複的方法**

非多個工作表, 而是只在 2 個工作表中利用**資料驗證**來設定資料不可重複輸入, 在這個情況下, 可以利用 COUNTIF 函數來完成。在多個工作表中當然也可以不要使用 SUMPRODUCT 函數, 而利用 COUNTIF 函數來完成, 但因要將 COUNTIF 函數公式執行結果相加, 所以介紹了可以縮短公式的 SUMPRODUCT 函數。

❶ 與 **STEP1** 相同, 將姓名與預約日的合併字串顯示在 E 欄。

❷ 在**電話預約**工作表, 開啟**資料驗證**交談窗, 在**公式**欄位中輸入公式「=COUNTIF(網路預約!\$E\$2:\$E\$8, E2)=0」; 在**網路預約**工作表, 開啟**資料驗證**交談窗, 在**公式**欄位中輸入「=COUNTIF(電話預約!\$E\$2:\$E\$8, E2)=0」。

Check!

在 Excel 2007 中的操作方法則與前一頁的**密技加碼送**相同, 先將顯示姓名與預約日字串的儲存格範圍命名後, 再利用該名稱撰寫程式。

密技 **08** | 輸入重複的資料時讓資料自動填色，不需人工做確認！

一次 OK 的重點提示 使用「設定格式化的條件」＋ SUMPRODUCT 函數

想要解決多個表格/工作表置換時的困擾！

想要將電話、網路、門市中重複預約的資料以填滿色彩的方式顯示時，一定要切換到各個工作表確認嗎？想利用簡單快速的方法，讓重複的資料自動填滿色彩。

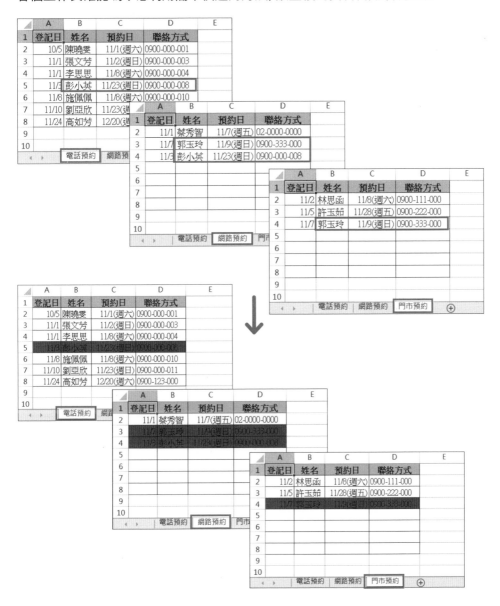

STEP 1　將姓名及預約日合併成同一字串

❶ 選取所有工作表的儲存格 E2, 然後輸入公式「=B2&C2」。

❷ 將公式往下複製。另外, 若不想顯示合併字串時, 可以將字串的字型色彩設定成白色。

Check!

當只判斷單一條件是否重複, 例如姓名是否重複時, 則可以直接執行 **STEP2**。

STEP 2　在「設定格式化的條件」中使用 SUMPRODUCT 函數將姓名與預約日重複的資料填滿色彩

❶ 選取資料的儲存格範圍 (A2：D8), 然後從**常用**頁次的**樣式**區中按下**設定格式化的條件**鈕, 接著從選單中選擇**管理規則**。

❷ 開啟**設定格式化的條件規則管理員**交談窗後, 按下**新增規則**鈕。

❸ 開啟**新增格式化規則**交談窗後, 選擇**使用公式來決定要格式化哪些儲存格**。

❹ 在輸入公式欄位中輸入「=SUMPRODUCT((網路預約!$E$2:$E$8=$E2)+(門市預約!$E$2:$E$8=$E2))」。

❺ 按下**格式**鈕, 開啟**儲存格格式**交談窗後, 切換到**填滿**頁次, 然後設定要填滿儲存格色彩的紅色, 再按下**確定**鈕。

❻ 再次按下**新增規則**鈕, 在開啟**新增格式化規則**交談窗中選擇**使用公式來決定要格式化哪些儲存格**, 然後在輸入公式欄位中輸入「=$E2=""」。

❼ 按下**格式**鈕, 開啟**儲存格格式**視窗後, 切換到**填滿**頁次, 然後將背景色彩設定成無色彩, 接著按下**確定**鈕。

❽ 在 **網路預約** 工作表的設定格式化的條件中輸入公式「=SUMPRODUCT((電話預約!$E$2:$E$8=$E2)+(門市預約!$E$2:$E$8=$E2))」；在 **門市預約** 工作表中輸入公式「=SUMPRODUCT((電話預約!$E$2:$E$8=$E2)+(網路預約!$E$2:$E$8=$E2))」。

❾ 完成後, 不論在哪一個表格中輸入資料, 按下 Enter 鍵後, 若輸入的資料與其他工作表的姓名與預約日重複時, 該筆資料就會自動填滿色彩。

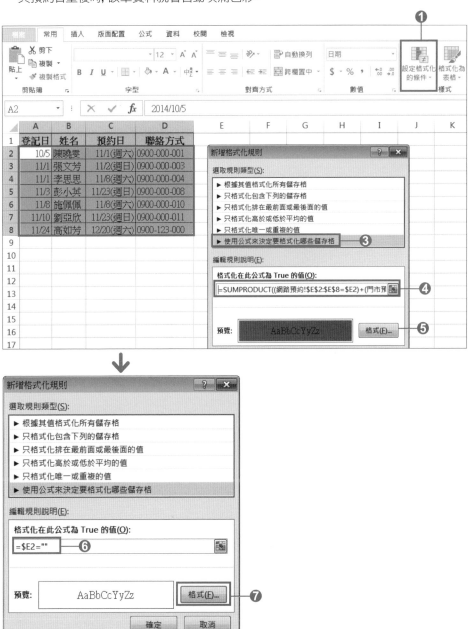

✓公式 Check！

SUMPRODUCT 函數可以計算元素相乘後積的合計 (詳細解說請參考 4-92 頁**密技 07** 的介紹)。

「=$E2=""」公式中的條件式為「儲存格 E2 的姓名及預約日為空白」，滿足條件時，儲存格就不會被填滿色彩，因此姓名及預約日的儲存格不會被填滿色彩。

「=SUMPRODUCT((網路預約!$E$2:$E$8=$E2)+(門市預約!$E$2:$E$8=$E2))」公式中條件式為「網路預約工作表儲格範圍 E2：E8 中的姓名＆預約日與儲存格 E2 的姓名＆預約日及門市預約工作表儲格範圍 E2：E8 中的姓名＆預約日與儲存格 E2 的姓名是否相同」。當條件滿足，也就是其中一個工作表中有相同的姓名＆預約日的情況下就會回傳「1」以上的值，任一個工作表中沒有相同的姓名＆預約日時，會回傳「0」。

滿足條件的情況下儲存格就會被填滿色彩，因此當輸入相同姓名與預約日並按下 Enter 鍵的同時，該筆資料及在其他工作表中相同的資料儲存格都會被填滿色彩。

Check！

條件式格式化無法使用參照其他活頁簿的儲存格範圍。

密技 加碼送 **在 Excel 2007 的環境下**

在 Excel 2007 的**設定格式化的條件**功能無法直接參照其他工作表的儲存格範圍，因此要將 **STEP1** 姓名與預約日合併後的儲存格範圍定義名稱，才能在其他工作表中參照。

與 **STEP1** 相同，將姓名與預約日的合併字串顯示在 E 欄。

❶ 分別選取各個工作表中顯示合併字串的儲存格範圍 (E2：E8)，然後定義不同的名稱

- 「電話預約」工作表：將 E2：E8 定義名稱為「電話」

- 「網路預約」工作表：將 E2：E8 定義名稱為「網路」

- 「門市預約」工作表：將 E2：E8 定義名稱為「門市」

❷ 選取各個工作表的資料範圍 (A2：D8)，然後開啟**新增格式化規則**交談窗，如下在公式欄位中使用定義的名稱來撰寫公式。

- 電話預約工作表：輸入「=SUMPRODUCT((網路=$E2)+(門市=$E2))」

- 網路預約工作表：輸入「=SUMPRODUCT((電話=$E2)+(門市=$E2))」

- 門市預約工作表：輸入「=SUMPRODUCT((電話=$E2)+(網路=$E2))」

另外，一定要執行**STEP 6〜7**，在輸入公式欄位中輸入「=$E2=""」，並將填滿色彩設定為白色。

NEXT

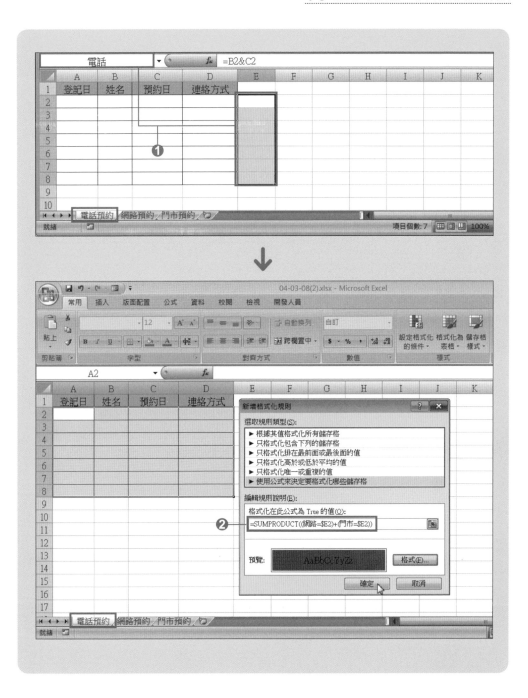

限定資料與另一工作表相同就填滿色彩的方法

非多個工作表, 而是只在 2 個工作表中做比對, 就可利用**設定格式化的條件**來設定, 當資料重複時就將該資料的儲存格填滿色彩時, 可以利用 COUNTIF 函數來完成。

① 與 **STEP1** 相同, 將姓名與預約日的合併字串顯示在 E 欄。

② 在**電話預約**工作表中開啟**新增格式化規則**交談窗, 輸入公式「=COUNTIF(網路預約!$E$2:$E$8, $E2)」, 在**網路預約**工作表中輸入「=COUNTIF(電話預約!$E$2:$E$8, $E2)」。

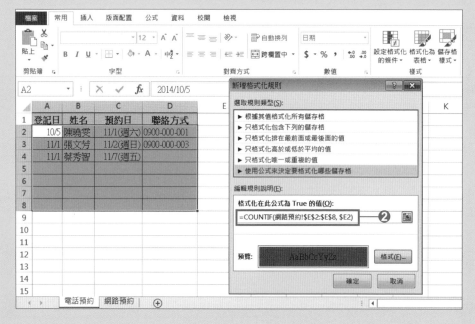

Check!

在 Excel 2007 中的操作方法則與前一頁的**密技加碼送**相同, 先將顯示姓名與預約日字串的儲存格範圍命名後, 再利用該名稱撰寫程式。

密技 09 | 不需開啟每個活頁簿, 就能比對資料是否有重複

一次 OK 的重點提示 使用 IF ＋ SUMPRODUCT 函數

想要解決多個表格/工作表置換時的困擾!

將電話、網路及門市的預約表分別以不同活頁簿來管理, 當遇到有資料重複, 想出現提醒文字時, 一定要開啟各個活頁簿來一一比對嗎?想利用簡單快速的方法, 在重複資料中顯示提醒文字。

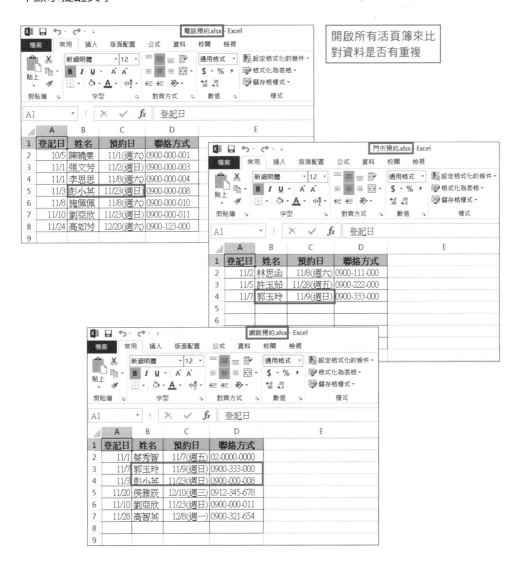

開啟所有活頁簿來比對資料是否有重複

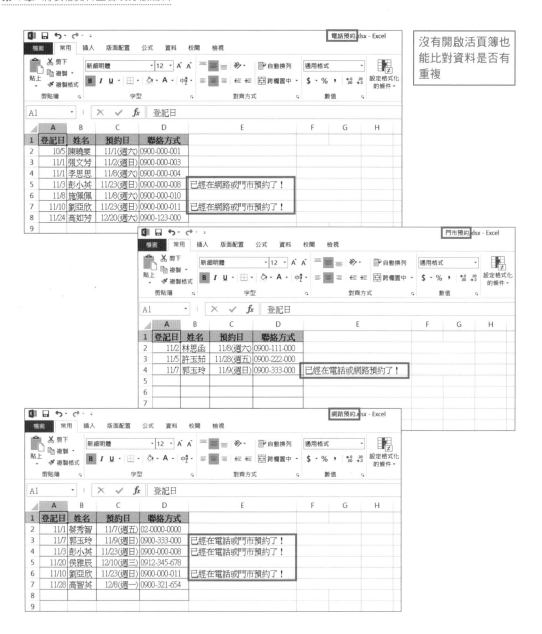

沒有開啟活頁簿也能比對資料是否有重複

STEP 1

將姓名及預約日合併成同一字串

❶ 開啟「範例檔案\Ch04\4-3\4-3_密技09\4-3_密技09」資料夾下的所有活頁簿, 選取所有活頁簿的儲存格 F2, 然後輸入公式「=B2&C2」。

❷ 將公式往下複製。另外, 若不想顯示合併字串時, 可以將字串的字型色彩設定成白色。

Check!

當只判斷單一條件是否重複, 例如姓名
是否重複時, 則可以直接執行 **STEP2**。

STEP 2 利用 IF ＋SUMPRODUCT 函數來撰寫在重複資料中顯示提醒文字的公式

❶ 開啟所有活頁簿後, 將活頁簿並排顯示。

❷ 選取**電話預約**活頁簿的儲存格 E2, 然後輸入公式「=IF((SUMPRODUCT((網路預約.xlsx!$F$2:$F$8=F2)+(門市預約.xlsx!$F$2:$F$8=F2))=0)+(F2=""), "", "已經在網路或門市預約了!")」。

❸ 將公式往下複製。

❹ 在**網路預約**活頁簿中輸入公式「=IF((SUMPRODUCT((電話預約.xlsx!$F$2:$F$8=F2)+(門市預約.xlsx!$F$2:$F$8=F2))=0)+(F2=""), "", "已經在電話或門市預約了!")」。在**門市預約**活頁簿中輸入公式「=IF((SUMPRODUCT((電話預約.xlsx!$F$2:$F$8=F2)+(網路預約.xlsx!$F$2:$F$8=F2))=0)+(F2=""), "", "已經在電話或網路預約了!")」。

❺ 完成後, 不論在哪一個活頁簿中輸入資料, 按下 Enter 鍵後, 若輸入的資料與其他活頁簿的姓名與預約日重複時, 就會在該筆資料中顯示提醒文字。

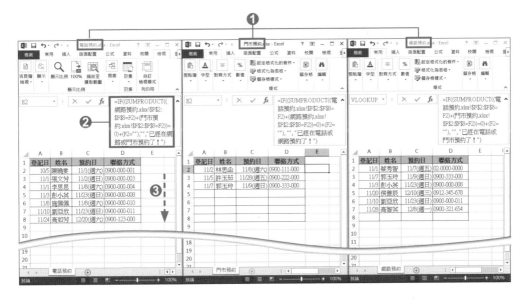

✓**公式 Check !**

- IF 函數會先判斷條件式是否成立才決定回傳內容。

  函數的語法：=IF(條件式, [條件成立], [條件不成立])

  引數「條件式」滿足指定的條件式時, 會回傳「條件成立」的值, 不滿足的情況下, 會回傳「條件不成立」的值。

- SUMPRODUCT 函數可以計算元素相乘後積的合計 (詳細解說請參考 4-92 頁的介紹)。

  「=IF((SUMPRODUCT((網路預約.xlsx!$F$2:$F$8=F2)+(門市預約.xlsx!$F$2:$F$8=F2))=0)+(F2=""), "", "已經在網路或門市預約了！")」公式中條件式為「網路預約工作表儲格範圍 F2：F8 中的姓名＆預約日與儲存格 F2 的姓名＆預約日、門市預約工作表儲格範圍 F2：F8 中的姓名＆預約日與儲存格 F2 的姓名是否相同及儲存格 F2 為空白的情況」。當條件滿足, 就會回傳空白字串, 條件不滿足時, 就會顯示提醒文字。

  也就是可以求得在 2 個活頁簿中沒有出現相同的姓名＆預約日的情況及顯示姓名＆預約日字串的儲存格為空白的情況, 當任一個活頁簿中有出現相同的資料時, 就會顯示提醒文字。

  完成後, 不論在哪一個活頁簿中輸入資料, 按下 Enter 鍵後, 若輸入的資料與其他活頁簿的姓名與預約日重複時, 就會在該筆資料中顯示提醒文字。

  也就是其中一個工作表中有相同的姓名＆預約日的情況下就會回傳「1」以上的值, 任一個工作表中沒有相同的姓名＆預約日時, 會回傳「0」。

  另外, SUMPRODUCT 函數條件式必需依照活頁簿的個數來撰寫。例如, 有 4 個活頁簿時, 公式就會被撰寫成「=IF((SUMPRODUCT((網路預約.xlsx!$F$2:$F$8=F2)+(門市預約.xlsx!$F$2:$F$8=F2)+(Mobile 預約.xlsx!$F$2:$F$8=F2))=0)+(F2=""), "", "已經在網路或門市或 Mobile 預約了！")」。

密技
加碼送

僅限定資料與另一活頁簿資料不重複的方法

非多個活頁簿, 而是只在 2 個活頁簿中確認資料是否重複, 在這個情況下, 可以在 IF 函數的引數「條件式」中利用 ISNA + MATCH 函數撰寫出比上面操作步驟還要簡短的公式來完成。

❶ 與 **STEP1** 相同, 先將 2 個工作表並排顯示後, 再到各個活頁簿的 F 欄中輸入合併姓名與預約日的公式。

❷ 選取**電話預約**活頁簿的儲存格 E2, 然後輸入公式「=IF(ISNA(MATCH(F2, 網路預約.xlsx!$F$2:$F$8, 0))+(F2=""), "", "已經在網路預約了！")」, 接著將公式往下複製。

NEXT

❸ 在**網路預約**活頁簿中輸入公式「=IF(ISNA(MATCH(F2, 電話預約.xlsx!$F$2:$F$8, 0))+(F2=""),"","已經在電話預約了！")」

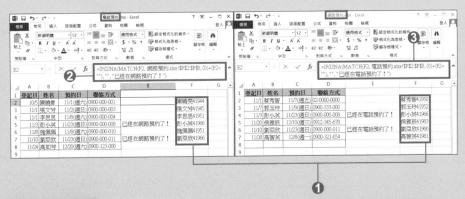

✓公式 Check！

• ISNA 函數在儲存格的值為「#N/A」錯誤值的情況下會回傳「TRUE」，非為錯誤值的情況下則會回傳「FALSE」。

函數的語法：=ISNA(測試對象)

• MATCH 函數可以回傳範圍內與搜尋值相對應的位址 (詳細解説請參考 4-76頁的介紹)。當找不到對應的位址時，會回傳「#N/A」。

「=IF(ISNA(MATCH(F2, 網路預約.xlsx!$F$2:$F$8, 0))+(F2=""),"","已經在網路預約了！")」公式中條件式為「當儲存格範圍 F2：F8 中的儲存格 F2 姓名＆預約日的列編號為錯誤值的情況，或儲存格 F2 為空白的情況」。當條件滿足，就會回傳空白字串，條件不滿足時，就會顯示提醒文字。也就是在「網路預約」活頁簿中沒有出現相同的姓名＆預約日的情況及顯示姓名＆預約日字串的儲存格為空白的情況，當任一個活頁簿中有出現相同的資料時，就會顯示提醒文字。完成後，不論在哪一個活頁簿中輸入資料，按下 Enter 鍵後，若輸入的資料與其他活頁簿的姓名與預約日重複時，就會在該筆資料中顯示提醒文字。

✓公式 Check！

若想要利用步驟中所使用的 SUMPRODUCT 函數時，可以將公式撰寫成「=IF((SUMPRODUCT((網路預約.xlsx!$F$2:$F$8=F2*1)=0)+(F2=""),"","已經在網路預約了！")」。

密技
加碼送

在同個活頁簿中利用不同工作表來管理時, 也可以利用 COUNTIF 函數來完成!

沒有分成多個活頁簿, 而是利用同一個活頁簿中不同工作表來管理的情況下, 想要在不同工作表中輸入相同資料時顯示提醒文字, 可以利用 COUNTIF 函數來撰寫公式。

❶ 與 **STEP1** 相同, 將姓名與預約日的合併字串顯示在 F 欄。

❷ 選取**電話預約**工作表的儲存格 E2, 然後輸公式「=IF(((COUNTIF(網路預約!$F$2:$F$8,F2)+COUNTIF(門市預約!$F$2:$F$8,F2))=0)+(F2=""),"","已經在網路或門市預約了!")」。

❸ 將公式往下複製

在**網路預約**工作表中的儲存格E2 輸公式「=IF(((COUNTIF(電話預約!$F$2:$F$8,F2)+COUNTIF(門市預約!$F$2:$F$8,F2))=0)+(F2=""),"","已經在電話或門市預約了!")」。

❹ 在**門市預約**工作表中輸公式「=IF(((COUNTIF(電話預約!$F$2:$F$8,F2)+COUNTIF(網路預約!$F$2:$F$8,F2))=0)+(F2=""),"","已經在電話或網路預約了!")」。

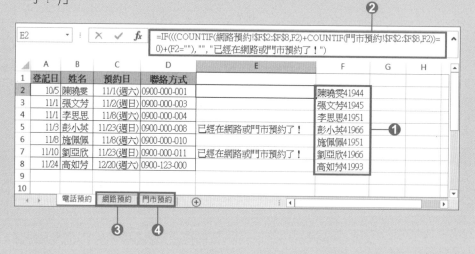

密技 **10** 將其他工作表的庫存資料彙整到一個工作表, 並以○、× 來顯示庫存狀態

一次 OK 的重點提示 使用 IF ＋ SUM ＋ COUNTA ＋ COUNTIFS 函數

想要解決多個表格/工作表置換時的困擾！

各店的商品庫存數分別利用不同的工作表來管理。想要在「全店庫存」工作表利用○、× 來顯示是否有無庫存的話, 一定要到各個工作表中確認嗎？想要利用簡單快速的方法, 在「全店庫存」工作表中自動顯示有無庫存的符號。

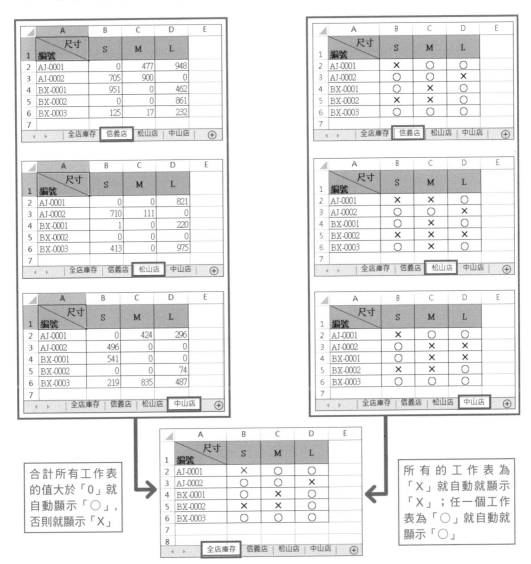

合計所有工作表的值大於「0」就自動顯示「○」, 否則就顯示「X」

所有的工作表為「X」就自動就顯示「X」；任一個工作表為「○」就自動就顯示「○」

●根據其他工作表的合計值來顯示○×

STEP 1　利用 IF ＋SUM 函數或 COUNTA 函數

❶ 請切換到**全店庫存**工作表, 選取儲存格範圍 B2：D6, 然後輸入公式「=IF(SUM(」。

❷ 按住 Shift 鍵不放, 選取從**信義店**開始到**中山店**的工作表, 將工作表群組化。

❸ 選取儲存格 B2, 然後輸入完整的公式「=IF(SUM(信義店:中山店!B2)>0, "○", "×")」, 接著按下 Ctrl ＋ Enter 鍵確定公式的輸入。

❹ 完成後, 當所有工作表中相同儲存格的庫存數大於「0」就會顯示「○」, 除此之外的情況會顯示「×」。

❺ 想要在所有工作表的輸入庫存數的儲存格設定當件數為「0」就顯示「×」時, 先選取儲存格範圍 B2：D6, 然後利用相同的方法輸入公式「=IF(COUNTA(信義店:中山店!B2)=0, "×","○")」, 再按下 Ctrl ＋ Enter 鍵。

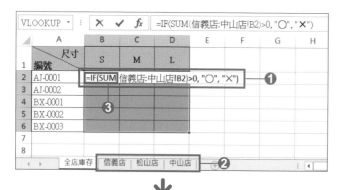

✓公式 Check！

- IF 函數會先判斷條件式是否成立才決定回傳內容的函數 (詳細解說請參考4-104頁)。

- SUM 函數是用來計算數值加總的函數。

　函數的語法：**=SUM(數值 1, [數值 2⋯, 數值 255])**

- COUNTA 函數可以計算空白儲存格以外的儲存格個數。

函數的語法：=COUNTA(數值 1, [數值 2…, 數值 255])

「SUM(信義店:中山店!B2)」公式中可以求得從**信義店**工作表到**中山店**工作表中儲存格 B2 的合計。

將求得的值當成 IF 函數的引數「條件式」並將公式撰寫成「=IF(SUM(信義店:中山店!B2)>0, "○", "×")」後，條件式即為：**信義店**工作表：**中山店**工作表中儲存格 B2 的合計大於「0」，當條件成立時，就會顯示「○」，不成立則顯示「×」。選取所有儲存格後，公式輸入完成後再按下 Ctrl 鍵＋ Enter 鍵，就能在所有儲存格中求得結果。完成後，只要任一工作表中還有庫存時，就會在**全店庫存**工作表中顯示「○」，所有工作表中都沒有庫存的情況下則會顯示「×」。

「=IF(COUNTA(信義店:中山店!B2)=0, "×", "○")」公式中條件式為：**信義店**工作表：**中山店**工作表中儲存格 B2 的個數為「0」，當條件成立時回傳「×」，不成立則回傳「○」。

完成後，只要任一工作表在庫存為「○」就回傳「○」，所有工作表中都沒有輸入任何資料就回傳「×」。

●根據其他工作表的指定值來顯示○×

STEP 1 **利用 IF 函數＋COUNTIFS 函數**

❶ 切換到**全店庫存**工作表，選取儲存格 B2 並輸入公式「=IF(COUNTIFS(信義店!B2,"X",松山店!B2,"X",中山店!B2,"X"),"X", "○")」。

❷ 將公式往下再往右複製。

❸ 完成後，當所有工作表中相同儲存格的庫存為「X」就會顯示「X」，除此之外的情況會顯示「○」。

B2	▼	:	×	✓	*fx*	=IF(COUNTIFS(信義店!B2,"×",松山店!B2,"×",中山店!B2,"×"),"×","○")

▲	A	B	C	D	E	F	G	H	I	J	K
1	尺寸 編號	S	M	L							
2	AJ-0001	×									
3	AJ-0002										
4	BX-0001										
5	BX-0002										
6	BX-0003										
7											
8											

全店庫存 | 信義店 | 松山店 | 中山店 | ⊕

✓公式 Check！

• COUNTIFS 函數可以計算滿足多個條件的儲存格個數。

函數的語法：=COUNTIFS(條件範圍 1, 搜尋條件 1, [條件範圍 2, 搜尋條件 2, …, 條件範圍 127, 搜尋條件 127])

「COUNTIFS(信義店!B2,"×",松山店!B2,"×",中山店!B2,"×")」公式中, 可以取得同時滿足**信義店**工作表的儲存格 B2 為「X」、**松山店**工作表的儲存格 B2 為「X」、**中山店**工作表的儲存格 B2 為「×」所有條件的儲存格個數。

將求得的值當成 IF 函數的引數「條件式」並將公式撰寫成「=IF(COUNTIFS(信義店!B2, "×", 松山店!B2,"×",中山店!B2,"×"),"×","○")」後, 條件式即為「**信義店**工作表：**中山店**工作表中儲存格 B2 皆被輸入「X」」, 當條件成立時, 就會顯示「X」, 不成立就顯示「○」。接著將公式複製即可指定各品項及尺寸的儲存格, 因此當所有工作表的庫存為「X」時才會顯示「X」, 否則在其他的情況下會顯示「○」。

密技 11 | 輸入商品編號後自動帶出商品名稱及單價

一次 OK 的重點提示 使用 IFNA ＋ VLOOKUP 函數

想要解決多個表格/工作表置換時的困擾！

雖然在銷售明細中有輸入品號, 但**商品名稱**或**單價**等資料, 得對照**單價表**才有辦法輸入, 這樣在建立資料實在有點麻煩, 想用簡單快速的方法製作一個「在輸入品號後也能自動帶出商品名稱及單價」的表格。

要同時對照「單價表」才能輸入該品號的商品名稱及單價

	A	B	C	D	E	F	G	H	I	J	K	L
1	銷售明細								單價表			
2	日期	客戶名稱	品號	商品名稱	單價	數量	金額		品號	商品名稱	單價	
3	11/1	陳曉雯	BG-002						AQ-100	可愛動物造型壁貼	800	
4									BG-001	水果造型靠枕	1,500	
5									BG-002	水果造型抱枕	2,500	
6									CJ-001	點點保溫杯(小)	800	
7									CJ-002	點點保溫杯(中)	1,800	
8												
9												

↓

	A	B	C	D	E	F	G	H	I	J	K	L
1	銷售明細								單價表			
2	日期	客戶名稱	品號	商品名稱	單價	數量	金額		品號	商品名稱	單價	
3	11/1	陳曉雯	BG-002	水果造型抱枕	2,500				AQ-100	可愛動物造型壁貼	800	
4									BG-001	水果造型靠枕	1,500	
5									BG-002	水果造型抱枕	2,500	
6									CJ-001	點點保溫杯(小)	800	
7									CJ-002	點點保溫杯(中)	1,800	
8												

輸入品號後, 就能同時帶出商品名稱及單價

利用 IFNA ＋VLOOKUP 函數從品號中取得商品名稱及單價

❶ 選取要顯示商品名稱的儲存格 D3, 然後輸入公式「=IFNA(VLOOKUP($C3, $I$3:$K$7, 2, 0), "")」。

❷ 將公式複製到儲存格 E3, 然後將引數「欄編號」變更成「3」。

❸ 將儲存格 D3：E3 的公式往下複製。

❹ 完成後, 在輸入品號後, 商品名稱及單價就會自動帶出。

D3			✕ ✓ *fx*	=IFNA(VLOOKUP($C3,$I$3:$K$7,2,0),"")				❶		
▲	A	B	C	D	E	F	G	H	I	J	K	L

	A	B	C	D	E	F	G	H	I	J	K
1	銷售明細								單價表		
2	日期	客戶名稱	品號	商品名稱	單價	數量	金額		品號	商品名稱	單價
3						❷			AQ-100	可愛動物造型壁貼	800
4									BG-001	水果造型靠枕	1,500
5						❸			BG-002	水果造型抱枕	2,500
6									CJ-001	點點保溫杯(小)	800
7									CJ-002	點點保溫杯(中)	1,800
8											
9											

✓公式 Check！

- IFNA 函數的公式在執行結果為「#N/A」時, 會回傳指定值, 除此之外的情況會回傳公式執行結果。

  函數的語法：=IFNA(值, NA時傳回的值)

- VLOOKUP 函數會在搜索範圍縱向做搜尋, 從指定的欄提取與搜尋值相符的值。

  函數的語法：=VLOOKUP(搜尋值, 範圍, 欄編號, [搜尋方法])

  引數「搜尋方法」是指用來尋找「搜尋值」的方法, 指定方法如下。

搜尋方法	搜尋範圍的方法
0、FALSE	搜尋與「搜尋值」完全相符的值
1、TRUE、省略	搜尋不到「搜尋值」時, 搜尋僅次於搜尋值的最大值 ※此狀況下,「範圍」最左欄必須以遞增方式排序

「VLOOKUP($C3,$I$3:$K$7,2,0)」公式中, 會從儲存格範圍 I3：K7 的單價表中搜尋儲存格 C3 的品號, 並從同列中取出第 2 欄的商品名稱。

VLOOKUP 函數在搜尋不到搜尋值時會回傳錯誤值, 因此將公式撰寫成「=IFNA(VLOOKUP($C3,$I$3:$K$7,2,0), "")」後, 當 VLOOKUP 函數搜尋不到檢索值或未輸入品號時, 就會回傳空白字串。

完成後, 在輸入品號後, 商品名稱及單價就會自動被帶出。

> **✓公式 Check！**
>
> 在 Excel 2010/2007 中, 要將公式撰寫成「=IFERROR(VLOOKUP($C3,$I$3:$K$7,2,0),"")」。
>
> • IFERROR 函數的公式執行結果為錯誤值時, 就會回傳指定值, 除此之外的情況會回傳公式執行結果。
>
> 函數的語法：**=IFERROR(值, 錯誤時的回傳值)**

密技 **12** │ 一次在所有工作表中輸入各月份的日期

一次 OK 的重點提示 使用 IF ＋ INDEX ＋ MATCH ＋ ROW 函數

想要解決多個表格/工作表置換時的困擾！

以「銷售明細」為基礎製作「請款單」資料。每次修改請款單的客戶名稱時, 就得將該客戶的銷售明細全部輸入到請款單中, 實在很麻煩！想要利用簡單快速的方法, 製作一個可以將「銷售明細」的資料自動帶入「請款單」的表格。

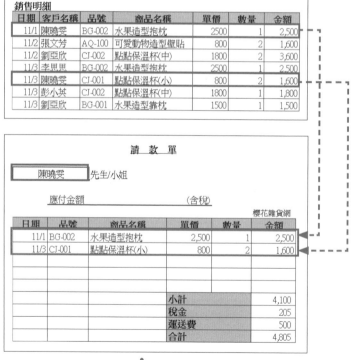

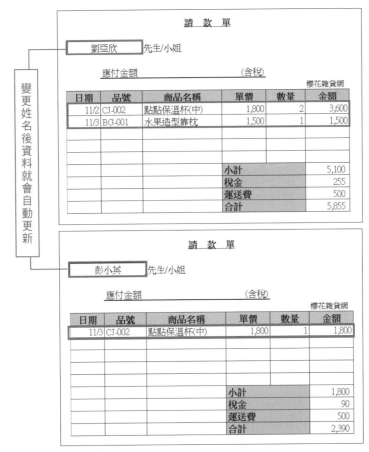

變更姓名後資料就會自動更新

STEP 1 利用 IF 函數在「銷售明細」表中，替「請款單」中的客戶加上連續編號

❶ 選取**銷售明細**工作表的儲存格 H2，然後輸入「1」。

❷ 在儲存格 H3 中輸入公式「=IF(B3=請款單!$A$3,H2+1,H2)」。

❸ 將公式往下複製。

H3			fx	=IF(B3=請款單!$A$3,H2+1,H2)				❷
	A	B	C	D	E	F	G	H ❶	I
1	銷售明細								單價表
2	日期	客戶名稱	品號	商品名稱	單價	數量	金額	1	品號
3	11/1	陳曉雯	BG-002	水果造型抱枕	2500	1	2,500	2	AQ-100
4	11/2	張文芳	AQ-100	可愛動物造型壁貼	800	2	1,600		BG-001
5	11/2	劉亞欣	CJ-002	點點保溫杯(中)	1800	2	3,600	❸	BG-002
6	11/3	李思思	BG-002	水果造型抱枕	2500	1	2,500		CJ-001
7	11/3	陳曉雯	CJ-001	點點保溫杯(小)	800	2	1,600		CJ-002
8	11/3	彭小棋	CJ-002	點點保溫杯(中)	1800	1	1,800		
9	11/3	劉亞欣	BG-001	水果造型靠枕	1500	1	1,500		
10									

請款單　銷售明細　⊕

✔**公式 Check！**

IF 函數會先判斷條件式是否成立才決定回傳內容的函數 (詳細解説請參考 4-104 頁)。

「=IF(B3=請款單!$A$3,H2+1,H2)」公式中, 當儲存格 B3 的客戶名稱與請款單的姓名相同時, 就將上一列的儲存格值加「1」, 不相同的情況下就顯示與上一列儲存格的值。

STEP 2 **以產生的值為基準, 利用 INDEX ＋MATCH ＋ROW 函數取得資料**

① 選取**請款單**的儲存格 A8, 然後輸入公式「=INDEX(銷售明細!$A:$G, MATCH(ROW(A1), 銷售明細!$H$2:$H$9)+2, 1)」。

② 將公式往下及往右複製。將第 2 欄公式中 INDEX 函數的引數「欄編號」改成「3」, 將第 3 欄改成「4」, 變更各欄位所要取出的資料內容。

A8			fx	=INDEX(銷售明細!$A:$G,MATCH(ROW(A1),銷售明細!$H$2:$H$9)+2,1)				①
	A	B	C	D	E	F	G	H	I
1			請　款　單						
2									
3	陳曉雯		先生/小姐						
4									
5		應付金額		(含稅)					
6						櫻花雜貨網			
7	日期	品號	商品名稱	單價	數量	金額			
8	11/1								
9									
10									
11		②							
12									
13				小計					
14				稅金					
15				運送費		500			
16				合計					
17									

✔**公式 Check！**

• INDEX 函數會回傳指定欄、列編號中交集的儲存格參照；MATCH 函數可以回傳範圍內與檢索值相對應的位址 (詳細解説請參考 4-76 頁)。

• ROW 函數會回傳儲存格的列編號。

  函數的語法：=ROW(參照)

  「MATCH(ROW(A1),銷售明細!$H$2:$H$9))」公式中, 會取得列編號「1」顯示在儲存格範圍 H2：H9 的第幾列。銷售明細資料從第 3 列才開始顯示, 因此將求得的列編號「+2」後, 把該值當成 INDEX 函數的引數「列編號」來撰寫公式, 就能取得「陳曉雯」在銷售明細中首筆資料的日期。

將公式往下複製後, 公式就會變成「=INDEX(銷售明細!\$A:\$G, MATCH(ROW(A2), 銷售明細!\$H\$2:\$H\$9)+2, 1)」, 利用 ROW 函數求得的列編號「2」、「3」……取出「陳曉雯」在銷售明細中第 2 筆資料的日期。

將公式往右複製, 並將 INDEX 函數的引數「欄編號」改成「3」、「4」……, 以取得商品名稱、單價等資料。

完成後, 就能自動帶入「陳曉雯」在銷售明細表中的所有資料。

STEP 3 隱藏顯示為「0」的儲存格

❶ 請切換到**請款單**工作表, 選取日期以外的儲存格範圍 B8：F12, 然後從**常用**頁次的**數值**區中按下 鈕。

❷ 開啟**儲存格格式**交談窗後, 在**數值**頁次中選擇**自訂**, 然後在**類型**欄位輸入「#, ###」, 接著按下**確定**鈕。

❸ 選取 A8：F12 儲存格範圍, 開啟**儲存格格式**交談窗後, 點選**自訂**, 在**類型**欄中輸入**m/d;;**, 然後按下**確定**鈕。

❹ 完成後, 當輸入客戶姓名後, 該客戶在銷售明細中的所有資料就會帶入到請款單中。

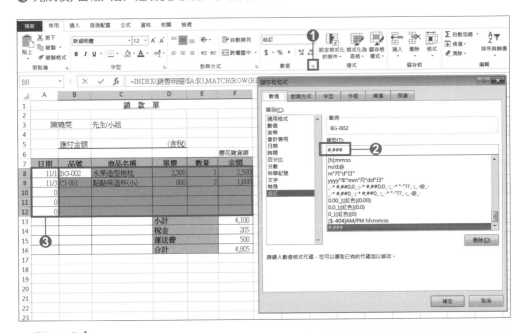

Check!

不想在數值資料中顯示千分位符號時, 可以在**類型**欄位輸入「0;;」。

密技 13　當「員工名單」的資料變動時，會自動更新「出勤表」內容

一次 OK 的重點提示　使用「連結貼上」

想要解決多個表格/工作表置換時的困擾！

在出勤表中的員工姓名是以員工名單為基礎所輸入的資料，但當有員工離職或工作調動時，就要將出勤表的資料重新修改！？想要利用簡單快速的方法，製作當員工名單變動時，會自動反應到出勤表的表格。

員工名單				
No.	姓名	部門	緊急聯絡電話	E-Mail
1	陳曉雯	會計部	0900-000-001	abc@yahoo.com.tw
2	李文宏	業務部	0900-000-002	def@gmail.com
3	張文芳	總務部	0900-000-003	xyz@pchome.com.tw
4	李思思	業務部	0900-000-004	xyz000@gmail.com
5	陳創志	技術支援部	0900-000-005	123abc@hotmail.com

將「員工名單」資料中的姓名自動帶入「出勤表」

2014 年　　1　月　　出勤表										
日期 / 姓名	1/1	1/2	1/3	1/4	1/5	1/6	1/7	1/8	1/9	1/10
	週三	週四	週五	週六	週日	週一	週二	週三	週四	週五
陳曉雯										
李文宏										
張文芳										
李思思										
陳創志										

員工名單				
No.	姓名	部門	緊急聯絡電話	E-Mail
1	陳曉雯	會計部	0900-000-001	abc@yahoo.com.tw
2	李文宏	業務部	0900-000-002	def@gmail.com
3	李思思	業務部	0900-000-004	xyz000@gmail.com
4	陳創志	技術支援部	0900-000-005	123abc@hotmail.com
5	許美惠	總務部	0900-000-006	allen@gmail.com

在「員工名單」中刪除「張文芳」後，「出勤表」中的員工姓名會自動遞移，繼續在「員工名單」中的最後一列新增「許美惠」，將「出勤表」中姓名欄的公式往下複製，就會自動帶入「許美惠」

2014 年　　1　月　　出勤表										
日期 / 姓名	1/1	1/2	1/3	1/4	1/5	1/6	1/7	1/8	1/9	1/10
	週三	週四	週五	週六	週日	週一	週二	週三	週四	週五
陳曉雯										
李文宏										
李思思										
陳創志										
許美惠										

將員工姓名以連結的方式貼上

❶ 選取**員工名單**工作表的儲存格範圍 B3：B7, 然後從**常用**頁次的**剪貼簿**區中按下**複製**鈕。

❷ 選取**出勤表**工作表的儲存格 A4, 然後從**常用**頁次的**剪貼簿**區中按下**貼上**下方的▼鈕, 接著從出現的選單中選擇**貼上連結**。

❸ 完成後, 當員工名單中的姓名有變動時, 出勤表的姓名也會跟著變動。

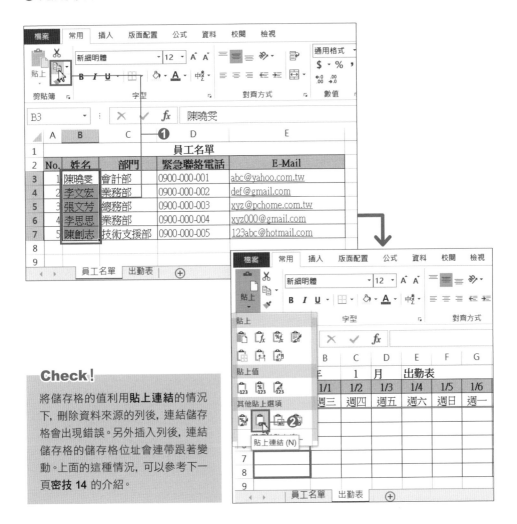

Check!

將儲存格的值利用**貼上連結**的情況下, 刪除資料來源的列後, 連結儲存格會出現錯誤。另外插入列後, 連結儲存格的儲存格位址會連帶跟著變動。上面的這種情況, 可以參考下一頁**密技 14** 的介紹。

密技 14　在資料來源表格中刪除列、插入列後，連結資料會出現錯誤！？

一次 OK 的重點提示　使用 INDIRECT ＋ ROW 函數

想要解決多個表格/工作表置換時的困擾！

雖然**出勤表**的員工姓名已經利用**密技 13** 的方法，把**員工名單**中的姓名以連結方式貼上了，但若因員工離職或調動將該列刪除時，連結儲存格就會出現錯誤。想要利用簡單快速的方法，製作不會出現錯誤的表格。

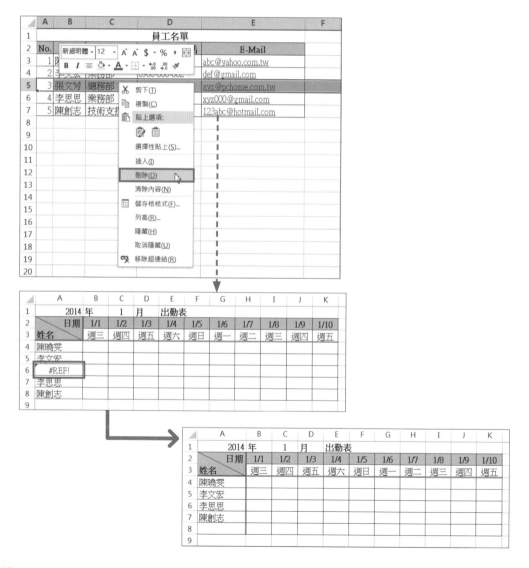

STEP 1　使用 INDIRECT ＋ROW 函數連結員工姓名

① 選取**出勤表**工作表的儲存格 A4, 然後輸入公式「=INDIRECT("員工名單!B"&ROW()-1)」。

② 將公式往下複製。

③ 完成後, 即使在**員工名單**中將姓名刪除後, 也不會出現錯誤且能正確連結員工姓名。

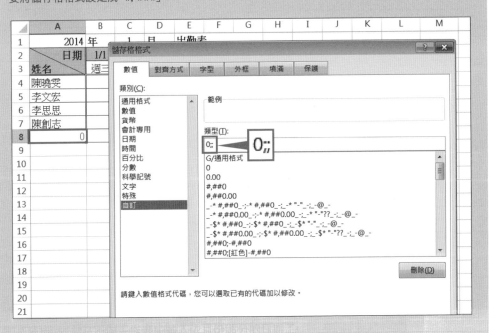

Check!

將連結來源的資料列刪除後, INDIRECT 函數會參照與目前編輯列編號的上一列列編號, 因此, 在最後被刪除的列數會以「0」顯示。

不想顯示「0」時, 要將儲存格顯示格式設定成「0;;」。另外, 要讓來源的數值資料顯示千分位符號時, 要將儲存格格式設定成「#,###」。

√公式 Check！

- ROW 函數會回傳儲存格的列編號。

- INDIRECT 函數可以將參照儲存格中的值當成指定的參照位址。

  函數的語法：=INDIRECT(參照字串, [參照類型])

  「=INDIRECT("員工名單!B"&ROW()-1)」公式中, 因為是第 4 列, 因此會以間接參照的方式, 參照**員工名單**工作表中儲存格 B3 的員工姓名。

  將公式往下複製後,「=INDIRECT("員工名單!B"&ROW()-1)」公式變成在第 5 列中, 間接參照**員工名單**工作表中儲存格 B4 的員工姓名。

  利用將儲存格中的值當成參照位址的方法, 即使列被刪除參照的位置還是不會改變, 因此可以參照相同儲存格編號的資料內容。

  完成後, 即使將員工名單中將姓名刪除後, 也不會出現錯誤且能正確顯示連結的員工姓名。

密技
加碼送
想要快速建立多欄位連結、或想要連結其他活頁簿時, 該怎麼辦？

在使用的 INDIRECT 函數中, 一定要在各欄位中指定儲存格編號的英文字母, 當參照來源為其他活頁簿時, 如果將參照來源活頁簿關閉的話, 資料就會出現錯誤。當遇到這種情況時, 可以在 INDEX 函數中使用 ROW 函數或 COLUMN 函數來取得資料。

●連結其他活頁簿

❶ 將 2 個活頁簿同時顯示在視窗中, 選取**出勤表**活頁簿中的儲存格 A4, 然後輸入公式「=INDEX(員工名單.xlsx!$B$3:$B$7, ROW(A1))」。

❷ 將公式往下複製。

❸ 完成後, 即使**員工名單**活頁簿中的列被刪除或被關閉, **出勤表**活頁簿的資料還是可正常連結。

NEXT

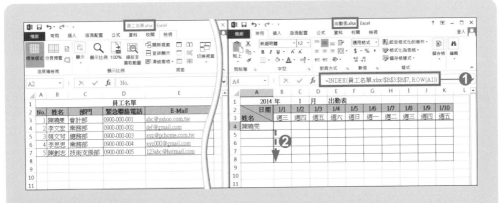

✓公式 Check！

• INDEX 函數會回傳指定欄、列編號中交集的儲存格參照；MATCH 函數可以回傳範圍內
與檢索值相對應的位置 (詳細解説請參考 4-76 頁)。

• ROW 函數會回傳儲存格的列編號 (詳細解説請參考 4-120 頁)。

「=INDEX(員工名單.xlsx!$B$3:$B$7, ROW(A1))」公式中, 會將**員工名單**活頁簿中儲存格
B3：B7 的員工姓名從第 1 列開始取出。

將公式往下複製後, 公式會變成「=INDEX(員工名單.xlsx!$B$3:$B$7, ROW(A2))」, 以取出
第 2 列的員工姓名。即使當列被刪除, 參儲儲存格的編號並沒有改變, 因此, 還是可正常
取得員工姓名。

● 快速建立多欄位連結

① 選取**列印用**工作表中的儲存格 A3, 然後輸入公式「=INDEX(員工名單!$A$3:$E$7,
ROW(A1), COLUMN(A1))」。

② 將公式往下往右複製。

③ 完成後, 可以直接與**員工名單**工作表的表格連結。

NEXT

✓**公式 Check！**

• COLUMN 函數則會回傳儲存格的欄編號。

函數的語法：**=COLUMN(參照)**

「=INDEX(員工名單.xlsx!$A$3:$E$7, ROW(A1), COLUMN(A1))」公式中，會從**員工名單**活頁簿中的儲存格 A3：E7 的名單中取得第 1 欄第 1 列的 No 資料。將公式往下列複製後，公式會變成「=INDEX(員工名單.xlsx!$A$3:$E$7, ROW(A2), COLUMN(A2))」，以取出第 1 欄第 2 列的 No 資料。

將公式往右邊欄位複製後，公式會變成「=INDEX(員工名單.xlsx!$A$3:$E$7, ROW(B1), COLUMN(B1))」，以取得第 2 欄第 1 列的姓名資料。

也就是說，以指定的欄編號與列編號為基礎，撰寫出可以取得欄列編號的公式後，只要利用複製公式的方式，就可以將資料快速連結。

密技 15　自動將上個月的「餘額」當成下個月的「收入」

一次 OK 的重點提示 使用 GET.WORKBOOK ＋ INDIRECT ＋ INDEX ＋ SHEET 函數

想要解決多個表格/工作表置換時的困擾！

在現金收支明細表中，要將上個月的餘額當成下個月的收入連結。因為是每個月都需要製作的表格，所以每到新的一個月時，都要重新將前一個工作表的餘額做連結的動作！？想要利用簡單快速的方法，製作會自動連結前一個工作表餘額的表格。

到每個工作表中連結前一個工作表的餘額

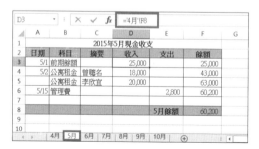

一次讓所有工作表都可以連結前一個工作表的餘額

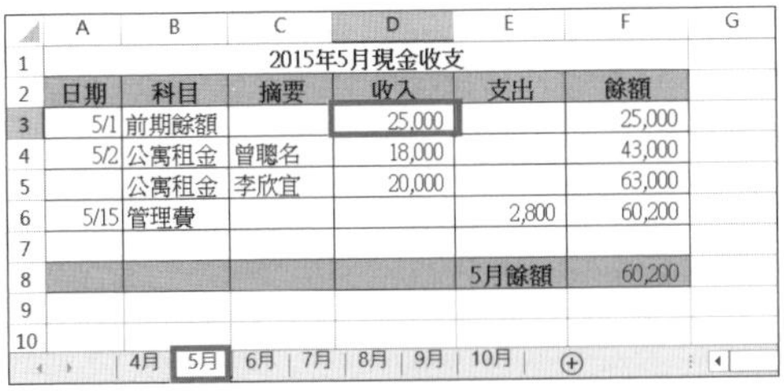

STEP 1 在名稱的參照範圍中使用 GET.WORKBOOK 函數, 取出活頁簿中包含的所有工作表名稱

❶ 從**公式**頁次的**已定義之名稱**區中按下**定義名稱**鈕。

❷ 開啟**新名稱**交談窗後, 在**名稱**欄位輸入「工作表名稱」, 然後從**範圍**選單中選擇**活頁簿**。

❸ 在**參照到**欄位輸入「=GET.WORKBOOK(1)&T(NOW())」, 然後按下**確定**鈕。

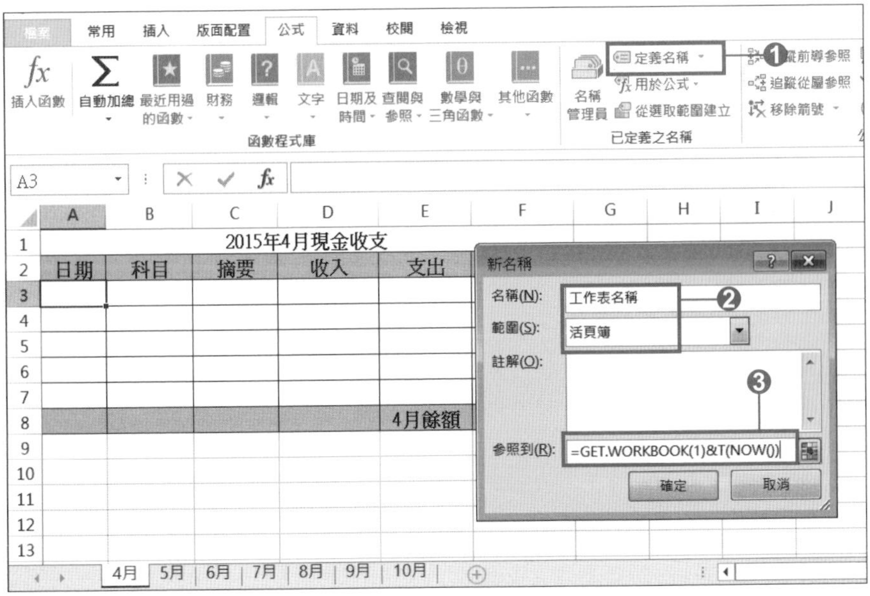

✓公式 Check！

- GET.WORKBOOK 函數是 Excel 4.0 巨集函數 (到 Excel 4.0 為止被使用的舊函數)

函數的語法：=GET.WORKBOOK(檢查類型, [活頁簿名稱])

使用 Excel 4.0 巨集函數時, 無法直接輸入在工作表中, 要在 Excel 4.0 巨集工作表中輸入巨集後執行或是以定義名稱的方式使用。

「=GET.WORKBOOK(1)」公式可以回傳活頁簿中包含的工作表名稱。接著的「&T(NOW())」在資料有變動時會自動重新計算。

當活頁簿中有使用 Excel 4.0 巨集函數的情況下, 一定要將檔案格式儲存成**Excel 啟用巨集的活頁簿 (*.xlsm)**。

STEP
2   **利用 INDIRECT ＋INDEX ＋SHEET 函數將上個月的餘額連結到本月的收入**

❶ 選取第 2 個工作表名稱標籤 (5月), 然後按住 Shift 鍵不放, 選取最後一個工作表名稱標籤 (10月), 將工作表群組化。

Check！

當想要貼上的工作表分開顯示時, 要按住 Ctrl 鍵不放, 然後再分別點選想要選取的工作表名稱標籤。

❷ 選取要連結的儲存格 D3, 然後輸入公式「=INDIRECT("'"&INDEX(工作表名稱, SHEET()-1)&"'!F8")」。完成後, 所有工作表第一列的**收入**欄就會顯示前一個工作表的餘額。

	A	B	C	D	E	F	G	H	I
1				2015年5月現金收支					
2	日期	科目	摘要	收入	支出	餘額			
3				18,000					
4									
5									
6									
7									
8					5月餘額				
9									
10									

D3 欄 ＝INDIRECT("'"&INDEX(工作表名稱, SHEET()-1)&"'!F8")

工作表標籤：4月 ┃ 5月 ┃ 6月 ┃ 7月 ┃ 8月 ┃ 9月 ┃ 10月 ❶

√公式 Check！

- INDIRECT 函數可以將參照儲存格中的值當成指定的參照位址 (詳細解說請參考 4-120 頁)。

- INDEX 函數會回傳指定欄、列編號中交集的儲存格參照。 (詳細解說請參 4-76 頁)。

- SHEET 函數可以取得參照工作表的工作表編號 (僅限 Excel 2013。詳細解說請參考 4-83 頁)。

「INDEX(工作表名稱,SHEET()-1)」公式中,由於工作表編號為「2」,因此可以取得在 **STEP1** 中求得工作表清單中的第 1 個工作表名稱,也就是可以取得前一個工作表「4 月」工作表。

使用取得的工作表名稱,將公式撰寫成「=INDIRECT(INDEX(工作表名稱,SHEET()-1)&"!F8")」後,就可以間接參照「4 月」工作表的儲存格 F8 之值。

將工作表群組化後再輸入公式的情況下,可以同時從輸入公式的各個工作表編號中取得工作表名稱,然後再間接參照所有上一個工作表中的儲存格 F8 之值。完成後,就在會所有工作表的第 1 列收入欄位以連結的方式顯示前一個工作表的餘額。

另外, 在 INDIRECT 函數中要參照工作表的儲存格範圍時, 工作表名稱中若有「-」或空白則無法正確的參照。在這個情況下,要利用「'」 (半形單引號) 將輸入工作表名稱的儲存格位址框住。

使用 GET.WORKBOOK 函數取得工作表名稱清單時, 活頁簿名稱中若有「-」或空白則無法正確的參照。為了可以取得工作表名稱, 要利用「'」 (半形單引號) 框住。若工作表名稱沒有出現「-」或空白, 則可將公式撰寫成「=INDIRECT(""&INDEX(工作表名稱, SHEET()-1)&"!F8")」 。

密技
加碼送
在 Excel 2010/2007 的環境下

在沒有 SHEET 函數的 Excel 2010/2007 環境下, 可以透過 GET.DOCUMENT 函數來求得工作表編號。

❶ 與 **STEP1** 相同,將名稱設定成「工作表名稱」,然後在**參照到**欄位輸入公式。

❷ 再重新建立一個「工作表編號」的名稱。

❸ 在**參照到**欄位輸入公式「=GET.DOCUMENT(87)&T(NOW())」,然後按下**確定**鈕。

❹ 選取第 2 個工作表名稱標籤, 然後按住 Shift 鍵的同時, 選取最後一個工作表名稱標籤,將工作表群組化。

NEXT

❺ 選取想要連結的儲存格 D3, 然後輸入公式「=INDIRECT(" "&INDEX(工作表名稱, 工作表編號-1)&"!F8")」。

❻ 完成後, 所有工作表的第 1 列收入欄位就都會轉記前一個工作表的餘額。

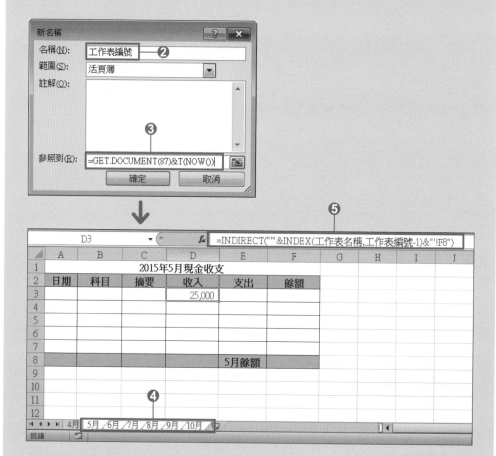

✔**公式 Check !**

• GET.DOCUMENT 函數是 Excel4.0 巨集函數。可以回傳活頁簿工作表相關訊息的函數。

函數的語法:=GET.DOCUMENT(檢查類型, [活頁簿名稱])

「GET.DOCUMENT(87)」公式中, 會回傳活頁簿中所包含工作表編號的第一個工作表編號「1」。後面接續的公式「&T(NOW())」可以讓變更的資料自動計算。

密技 16　將各地區的預算資料自動帶入各地區的銷售實績工作表

一次 OK 的重點提示 使用 INDIRECT ＋ SHEET 函數

想要解決多個表格/工作表置換時的困擾！

要將各地區的預算表資料分別輸入到各地區的銷售實績工作表中。每年預算都會變動，想要將各區域預算表與各區銷售實績工作表連結，但因有多個工作表，所以在操作上會變得很辛苦，而且當有新增的地區，建立新工作表後都要再執行一次連結的操作，會讓人覺得很麻煩。想利用簡單快速的方法，製作預算會自動帶入的表格。

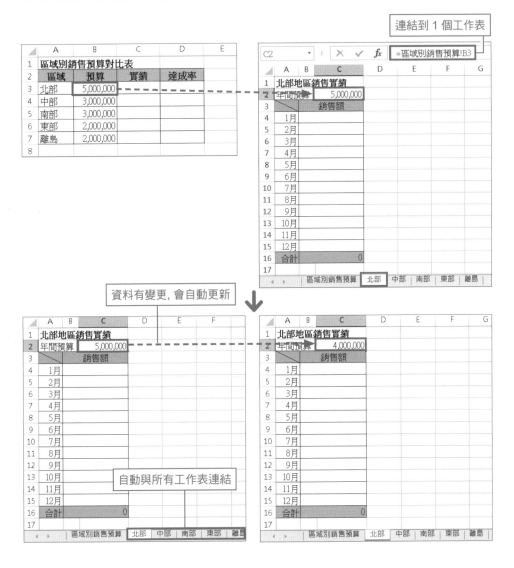

利用 INDIRECT ＋SHEET 函數連結各列預算

❶ 按住 Shift 鍵不放, 選取 **北部**到最後一個工作表 名稱標籤, 將工作表群組 化。

❷ 選取要連結的儲存 格 C2, 然後輸入公式 「=INDIRECT("區域別銷售 預算!B"&SHEET()+1)」。

❸ 完成後, 在各個工作表的 **年間預算**欄位中就會自動 帶入**區域別銷售預算**工作 表中各列的資料。

Check!

當想要貼上的工作表分開顯示時, 要先按住 Ctrl 鍵不放, 再分別點選想要選取的工作表名稱標籤。

✓**公式 Check！**

- INDIRECT 函數可以將參照儲存格中的值當成指定的參照位址 (詳細解說請參考 4-120 頁)。

- SHEET 函數可以取得參照工作表的工作表編號 (僅限 Excel 2013。詳細解說請參考 4-83 頁)。

  「=INDIRECT("區域別銷售預算!B"&SHEET()+1)」公式中, 由於工作表編號為「2」, 因此可以 取得在 **STEP1** 中求得工作表清單中的第 1 個工作表名稱, 也就是可以取得**區域別銷售預算** 工作表儲存格 B3 的預算資料。

  將工作表群組化後再輸入公式的情況下, 可以同時在所有的工作表中輸入相同公式。各個工 作表再從取得的工作表編號來參照儲存格位址。這個儲存格位址會依序參照**區域別銷售預 算**工作表儲存格範 B3：B7 的各列資料。

  完成後, 在各個工作表的**年間預算**欄位中就會自動帶入**區域別銷售預算**工作表中各列的資 料。

密技 加碼送 **在 Excel 2010/2007 的環境下**

在 Excel 2010/2007 中沒有 SHEET 函數, 所以要利用 RIGHTB 函數和 CELL 函數取得工作表名稱編號。另外, 在這個情況下, 工作表名稱中一定要有連續編號。

❶ 選取第 2 個工作表名稱標籤, 然後按住 Shift 鍵的同時, 選取最後一個工作表名稱標籤, 將工作表群組化。

❷ 選取要連結的儲存格 C2, 然後輸入公式「=INDIRECT("區域別銷售預算!B"&RIGHTB(CELL("filename", A1), 2)+2)」。

❸ 完成後, 在各個工作表的**年間預算**欄位中就會自動帶入**區域別銷售預算**工作表中各列的資料。

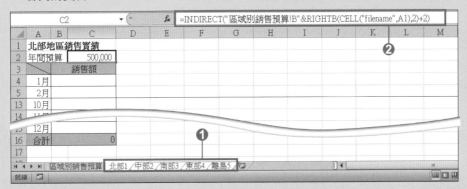

✓公式 Check !

- CELL 函數是用來取得儲存格資訊的函數。(詳細解説請參考 4-80 頁)。

- RIGHTB 函數可以從字串最右邊開始取出位元數字串。

  函數的語法：=RIGHTB(字串, [位元數])

  「RIGHTB(CELL("filename", A1), 2)」公式中, 會從儲存格 A1 活頁簿包含完整路徑的檔案名稱中取得從右邊算起 2 個位元 (1 文字) 的字串。

  取得的字串為「1」。將公式撰寫成「=INDIRECT("區域別銷售預算!B"&RIGHTB(CELL("filename", A1), 2)+2)」後, 就能間接參照**區域別銷售預算**工作表儲存格 B3 的預算。

  將工作表群組化後再輸入公式, 可以在所有工作表中輸入相同公式, 因此可以在每個活頁簿工作表名稱中取得從右邊算起 2 個位元的數值, 再將該數值變成儲存格位址。這個儲存格位址會依序參照**區域別銷售預算**工作表儲存格範 B3：B7 的各列資料。完成後, 在各個工作表的**年間預算**欄位中就會自動帶入到**區域別銷售預算**工作表中各列的資料。

密技 加碼送 **在 Excel 2010/2007 的環境下／工作表名稱中沒有連續編號**

當 Excel 2010/2007 的工作表名稱中沒有連續編號時, 可以利用 Excel 4.0 巨集函數中的 GET.DOCUMENT 函數來取得工作表編號。

❶ 從**公式**頁次的**已定義之名稱**區中按下**定義名稱**鈕。

❷ 開啟**新名稱**交談窗後, 在**名稱**欄位輸入「工作表編號」, 在**範圍**選單中選擇「活頁簿」。

❸ 在**參照到**欄位輸入「=GET.DOCUMENT(87)&T(NOW())」, 然後按下**確定**鈕。

❹ 選取第 2 個工作表名稱標籤, 然後按住 Shift 鍵的同時, 選取最後一個工作表名稱標籤, 將工作表群組化。

❺ 選取要連結的儲存格 C2, 然後輸入公式「=INDIRECT("區域別銷售預算!B"&工作表編號+1)」。完成後, 在各個工作表的**年間預算**欄位中就會自動帶入**區域別銷售預算**工作表中各列的資料。

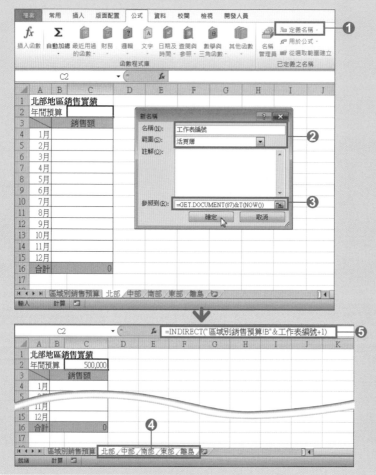

NEXT

✓**公式 Check！**

• GET.DOCUMENT 函數是 Excel4.0 巨集函數。可以回傳活頁簿工作表相關資訊的函數。

函數的語法：**=GET.DOCUMENT(檢查類型, [活頁簿名稱])**

「GET.DOCUMENT(87)」公式中，會回傳活頁簿中工作表編號的第 1 個工作表編號「1」。後面接續的公式「&T(NOW())」可以讓變更的資料自動計算。

密技**17** | 讓「銷售報告書」工作表, 可以自動抓取當月工作表中的銷售量

一次 OK 的重點提示 使用 INDIRECT ＋ TEXT ＋ TODAY 函數

想要解決多個表格/工作表置換時的困擾！

「銷售報告書」的內容想要連結, 依照月份來區分工作表的當月工作表中銷售量資料。利用此方法, 每當到新月份, 就需要將資料重新連結。想要利用簡單快速的方法, 製作可以自動連結新月份的銷售量。

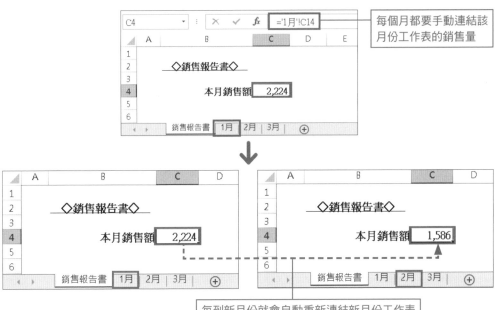

每個月都要手動連結該月份工作表的銷售量

每到新月份就會自動重新連結新月份工作表

STEP 1 利用 INDIRECT ＋TEXT ＋TODAY 函數連結當月工作表的工作表名稱

❶ 選取想要顯示當月銷售量的儲存格 C4, 然後輸入公式「=INDIRECT(TEXT(TODAY(), "m 月")&"!C14")」。

❷ 完成後, 就會自動帶入當月工作表中的銷售量資料, 到下一個月份時, 銷售量就會自動帶入下一個月份的工作表資料。

✔公式 Check！

• INDIRECT 函數可以將參照儲存格中的值當成指定的參照位址 (詳細解說請參考 4-120 頁)。

• TEXT 函數可以將數值、日期/時間的資料格式轉換成文字 (詳細解說請參考 4-77 頁)。

「TEXT(TODAY(), "m 月")」公式中, 可以求得現在的月份。如果現在是 1 月, 則可求得「1月」。利用求得的月份, 將公式撰寫成「=INDIRECT(TEXT(TODAY(), "m 月")&"!C14")」後, 即可參照「1 月」工作表儲存格 C14 的銷售量。

到下個月後, 會自動參照「2 月」工作表儲存格 C14 的銷售量。也就是說, 銷售報告書會從當月工作表中自動載入銷售量資料。

✔公式 Check！

另外, 在 INDIRECT 函數中要參照工作表的儲存格範圍時, 工作表名稱中若有「-」或「空白」則無法正確的參照。在這個情況下, 要利用「'」(半形單引號) 將輸入工作表名稱的儲存格位址框住。例如工作表名稱為「1 月　報告書」時, 公式就要撰寫成「=INDIRECT(TEXT(TODAY(), "'m 月　報告書'")&"!C14")」。

密技 **18** 活頁簿中的工作表太多，如何快速開啟？

一次 OK 的重點提示 利用「啟動」交談窗

想要解決多個表格/工作表置換時的困擾！

會員名單依各縣市來區分工作表。想要尋找會員，但因為工作表太多而變得不易尋找！？想要利用簡單快速的方法，開啟目標工作表。

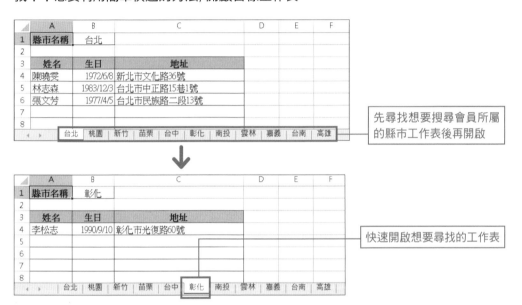

先尋找想要搜尋會員所屬的縣市工作表後再開啟

快速開啟想要尋找的工作表

STEP 1 在「啟動」交談窗中選取想要開啟的工作表

❶ 在工作表名稱標籤最左邊的地方按下滑鼠右鈕。

❷ 在開啟的**啟動**交談窗中選取想要開啟的工作表，然後按下**確定**鈕。

Check！

在 Excel 2010/2007 中，則是從出現的快顯功能表中選擇想要開啟的工作表名稱。

❸ 完成後，所選取的工作表名稱之工作表就會被選取。

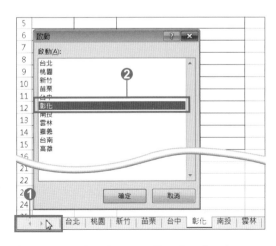

密技 19 | 想用目錄方式開啟目的工作表時, 得將每個工作表個別設定超連結?

一次 OK 的重點提示 取得工作表名稱後, 使用 HYPERLINK 函數連結

想要解決多個表格/工作表置換時的困擾!

想要在製作的目錄工作表中利用點選的方式就可以開啟目的工作表, 但當有很多個工作表時, 不僅要輸入所有工作表名稱外, 一個個設定超連結功能也很累人。想要利用簡單快速的方法, 將目錄工作表中的工作表名稱全都套用超連結功能。

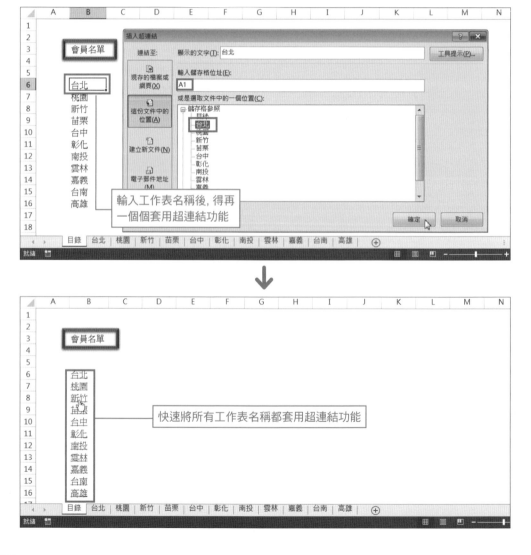

STEP 1 在名稱的「參照到」中使用 GET.WORKBOOK 函數, 取出活頁簿中所有工作表名稱

❶ 從**公式**頁次的**已定義之名稱**區中按下**定義名稱**鈕。

❷ 開啟**新名稱**交談窗後, 在**名稱**欄輸入「工作表名稱」, 然後在**範圍**選單中選擇**活頁簿**。

❸ 在**參照到**欄位輸入「=GET.WORKBOOK(1)&T(NOW())」, 然後按下**確定**鈕。

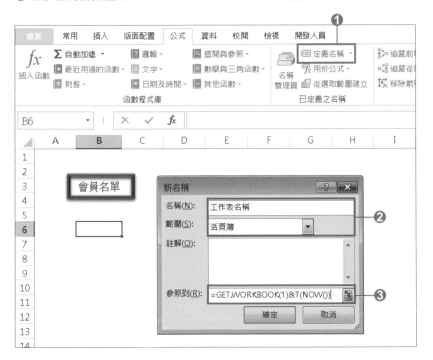

√公式 Check！

GET.WORKBOOK 函數是 Excel 4.0 巨集函數 (到 Excel 4.0 為止被使用的舊函數, 詳細解説請參考 4-124 頁)。

「=GET.WORKBOOK(1)」公式可以回傳活頁簿中包含的工作表名稱。接著的「&T(NOW())」在資料有變動時會自動重新計算。

當活頁簿中有使用 Excel 4.0 巨集函數的情況下, 一定要將檔案格式儲存成**Excel 啟用巨集的活頁簿(*.xlsm)**。

STEP 2　利用 HYPERLINK + REPLACE + INDEX + ROW + FIND 函數 來製作連結

❶ 選取想要製作連結工作表名稱的儲存格 B6，然後輸入公式「=HYPERLINK ("#"&REPLACE(INDEX(工作表名稱, ROW(A2)), 1, FIND("]", 工作表名稱), "")&"!A1", REPLACE(INDEX(工作表名稱, ROW(A2)), 1, FIND("]", 工作表名稱), ""))」。

❷ 將公式往下複製。

❸ 完成後, 目錄工作表中的所有工作表名稱可連結到相對的工作表。

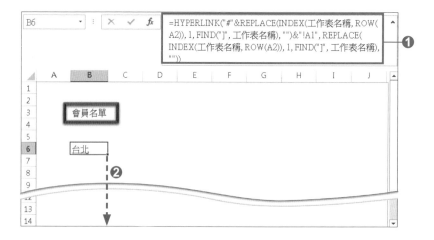

Check!

若有新增工作表的話, 只要將公式往下複製到與新增工作表數量相同列數即可。

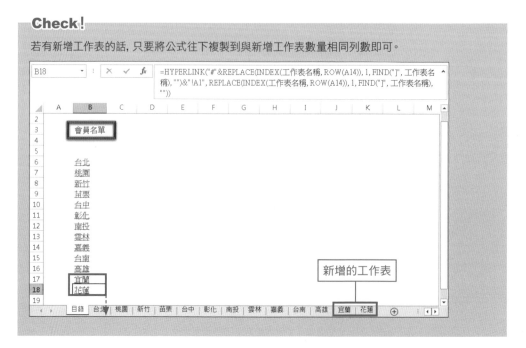

√公式 Check !

- HYPERLINK 函數可以連結到指定位址。

  函數的語法：=HYPERLINK(連結位置, [別名])

- ROW 函數會回傳儲存格的列編號。

  函數的語法：=ROW(參照)

- INDEX 函數會回傳指定欄、列編號中交集的儲存格參照。(詳細解説請參考 4-76 頁)。

- REPLACE 函數可以將指定字數的字串內容取代另一指定的字串。FIND 函數可以求得指定尋找的字串顯示在字串中的第幾個字數。(詳細解説請參考 4-80 頁)。

  STEP1 中取得的工作表名稱會連活頁簿的完整檔名也一起回傳。工作表的名稱為「台北」的情況下,取出的工作表名稱為「[4-3_密技19.xlsm]台北」。

  若只想要取得工作表名稱時,就要刪除工作表名稱中到「]」為止的活頁簿名稱。在「REPLACE(INDEX(工作表名稱, ROW(A2)), 1, FIND("]", 工作表名稱), "")」公式中,工作表名稱清單中的第 2 個工作表名稱為「[4-3_密技19.xlsm]台北」,所以「]」之前的活頁簿名稱就需要被置換成空白。也就只是要取出工作表名稱「台北」。

  使用取得的工作表名稱,將公式撰寫成「=HYPERLINK("#"&REPLACE(INDEX(工作表名稱, ROW(A2)), 1, FIND("]", 工作表名稱), "")&"!A1", REPLACE(INDEX("工作表名稱", ROW(A2)), 1, FIND("]", 工作表名稱), ""))」後,就會連結到「台北」工作表的儲存格 A1。將公式往下複製後,會變成「=HYPERLINK("#"&REPLACE(INDEX(工作表名稱, ROW(A3)), 1, FIND("]", 工作表名稱), "")&"!A1", REPLACE(INDEX("工作表名稱", ROW(A3)), 1, FIND("]", 工作表名稱), ""))」,就會連結到工作表名稱清單中的第 3 個工作表名稱「桃園」工作表的儲存格 A1。

  利用這個方式,將公式往下複製,就能連結到各個工作表的儲存格 A1。完成後,目錄工作表中的所有工作表名稱可連結到相對的工作表。

要從切換到的工作表中再切回到目錄工作表時該怎麼辦?

利用超連結的方法切換到目的工作表後,若要再切回到**目錄**工作表時,可以在功能頁次中新增「返回」鈕。

❶ 在功能頁次上方按一下滑鼠右鈕,然後從出現的選單中選擇**自訂功能區**。

❷ 開啟**Excel 選項**交談窗後,從**自訂功能區**中選擇**主要索引標籤**,然後選擇新增索引標籤所要顯示的位置 (本例放在**插入**頁次的最後面),接著按下**新增群組**鈕。

❸ 按下**重新命名**鈕,開啟**重新命名**交談窗後,在**顯示名稱**欄位中輸入群組名稱,然後按下**確定**鈕。

NEXT

④ 從**由此選擇命令**選單中選擇**所有命令**, 然後選擇**上一頁**。

⑤ 按下**新增**鈕, 將命令加到新增的群組後, 按下**確定**鈕。

⑥ 完成後, 只要從**插入**頁次按下**上一頁**鈕, 就能返回**目錄**工作表。。

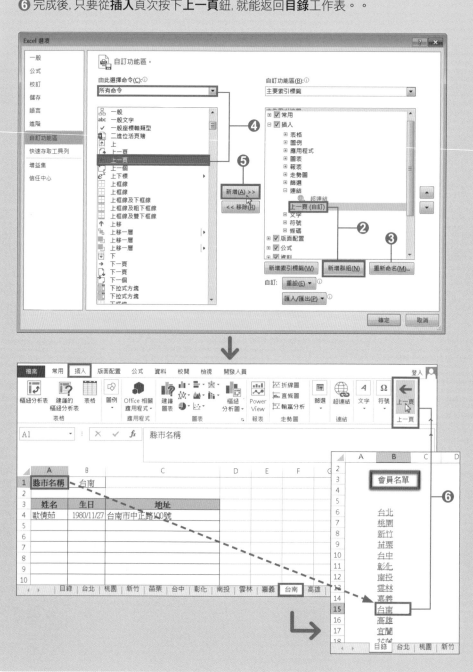

密技 20 要從多個工作表中選取目的儲存格時, 每次都要透過尋找與選取功能來搜尋嗎！?

一次 OK 的重點提示 使用 HYPERLINK ＋ MATCH ＋ INDIRECT 函數

想要解決多個表格/工作表置換時的困擾！

會員名單依各縣市來區分工作表。想要搜尋會員資料時, 若透過「**尋找與選取**」功能來搜尋的話, 在每次尋找時都要執行此功能。想要利用簡單快速的方法, 來尋找想要搜尋的會員資料。

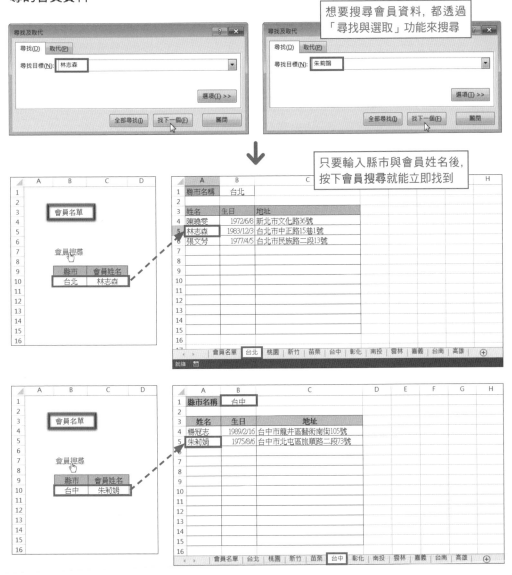

STEP 1　將各個工作表中要搜尋的欄位定義名稱

❶ 選取各個工作表儲存格範圍 A4：A15, 然後在**名稱方塊**中輸入與工作表名稱相同的名稱。

	A	B	C	D
1	**縣市名稱**	台北		
2				
3	**姓名**	**生日**	**地址**	
4	陳曉雯	1972/6/8	新北市文化路36號	
5	林志森	1983/12/3	台北市中正路15巷1號	
6	張文芳	1977/4/5	台北市民族路二段13號	
7				
8				
9				
10				
11				
12				
13				
14				
15				
16				

台北　：　✕　✓　fx　陳曉雯

會員名單　台北　桃園　新竹　苗栗　台中　彰化　南投

STEP 2　利用 MATCH ＋INDIRECT 函數取得會員姓名後, 再利用 HYPERLINK 函數連結

❶ 切換到**會員名單**工作表, 選取儲存格 B7, 然後輸入公式「=HYPERLINK("#"&B10&"!A"&MATCH (C10, INDIRECT(B10), 0)+3, "會員搜尋")」。

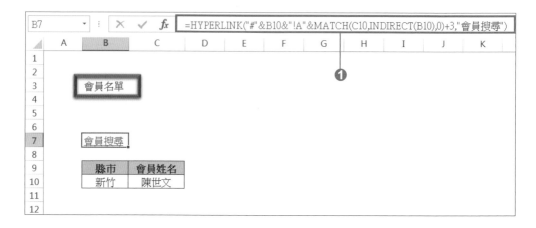

B7　：　✕　✓　fx　=HYPERLINK("#"&B10&"!A"&MATCH(C10,INDIRECT(B10),0)+3,"會員搜尋")

	A	B	C	D	E	F	G	H	I	J	K
1											
2											
3		會員名單									
4											
5											
6											
7		會員搜尋									
8											
9		**縣市**	**會員姓名**								
10		新竹	陳世文								
11											
12											

√公式 Check！

- HYPERLINK 函數可以連結到指定位址的函數 (詳細解說請參考 4-137 頁)。

- INDIRECT 函數可以將參照儲存格中的值當成指定的參照位址。

  函數的語法：=INDIRECT(參照字串, [參照類型])

- MATCH 函數會回傳搜尋值在範圍內的相對位置。

  函數的語法：=MATCH(搜尋值, 搜尋範圍,[比對的種類])

  引數「比對的種類」如何指定搜尋範圍的方法,請參考底下表格。

比對的種類	搜尋範圍的方法
0、FALSE	搜尋與「搜尋值」完全一致的值
1、TRUE、省略	搜尋不到「搜尋值」時,便搜尋「搜尋值」以下的最大值 ※在此狀況下, 搜尋範圍的資料必須以遞增排列
–1	搜尋不到「搜尋值」時,便搜尋「搜尋值」以上的最小值 ※在此狀況下, 搜尋範圍的資料必須以遞減排列

在「MATCH(C10, INDIRECT(B10), 0)」的公式中, 儲存格 C10「陳世文」是儲存格 B10「新竹」名稱範圍中的第 1 列開始到第幾列中所取得的。

使用取得的列編號, 將公式撰寫成「=HYPERLINK("#"&B10&"!A"&MATCH(C10, INDIRECT(B10), 0)+3, "會員搜尋")」後, 引數「連結位置」就會指定成「新竹!A4」。完成後, 「會員搜尋」字串就會超連結到「新竹」工作表的儲存格 A4。

STEP 3 **在設定格式化的條件中設定不顯示錯誤值**

❶ 從**常用**頁次的**樣式**區中按下**設定格式化的條件**鈕, 然後從出現的選單中選擇**新增規則**。

❷ 開啟**新增格式化規則**交談窗後, 選擇**只格式化包含下列的儲存格**。

❸ 在規則選單中選擇**錯誤值**。

❹ 按下**格式**鈕, 開啟**儲存格格式**交談窗後, 在**字型**頁次中將字型色彩設定成白色, 然後按下**確定**鈕。

❺ 完成後, 在縣市及會員名稱輸入資料後, 就會顯示「會員搜尋」, 點選後工作表就會切換到該會員的工作表及選取其儲存格。

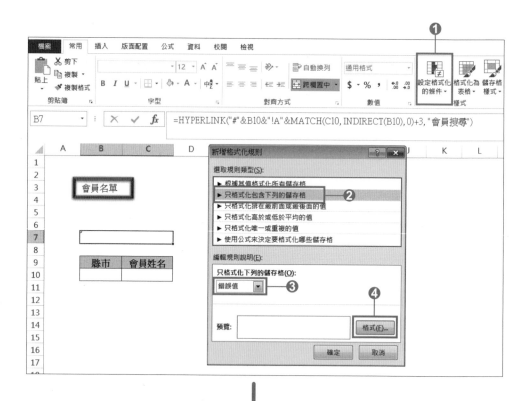